博碩文化

博碩文化

圖解 人體生理學

一看就懂的身體運作奧秘

Understanding the Wonders of the Body at a Glance

醫學知識不再枯燥，生動插圖+淺白解說，讓你輕鬆學習生理學！

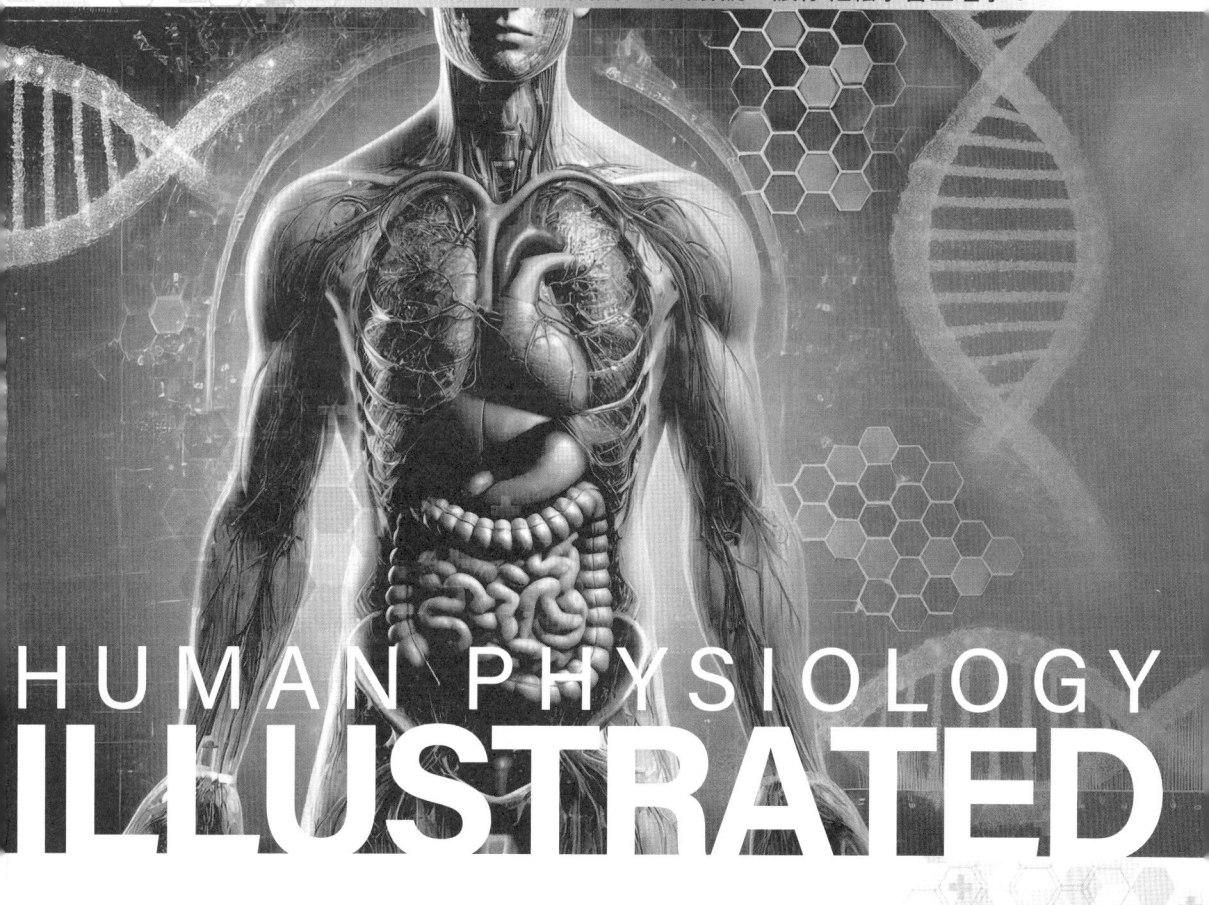

HUMAN PHYSIOLOGY
ILLUSTRATED

- 圖解解析人體運作，讓生理學知識更直觀易懂
- 完整剖析免疫系統，深入理解身體協同運作
- 結合日常現象，解答人體健康與機能疑問
- 語言淺顯易懂，拋開艱深術語，輕鬆學習

Kevin Chen 著

博碩文化

作　　者：Kevin Chen
編　　輯：林楷倫

董 事 長：曾梓翔
總 編 輯：陳錦輝

出　　版：博碩文化股份有限公司
地　　址：221 新北市汐止區新台五路一段 112 號 10 樓 A 棟
　　　　　電話 (02) 2696-2869　傳真 (02) 2696-2867

發　　行：博碩文化股份有限公司
郵撥帳號：17484299　戶名：博碩文化股份有限公司
博碩網站：http://www.drmaster.com.tw
讀者服務信箱：dr26962869@gmail.com
訂購服務專線：(02) 2696-2869 分機 238、519
（週一至週五 09:30 ～ 12:00；13:30 ～ 17:00）

版　　次：2025 年 3 月初版一刷

建議零售價：新台幣 500 元
ＩＳＢＮ：978-626-414-174-1
律師顧問：鳴權法律事務所 陳曉鳴律師

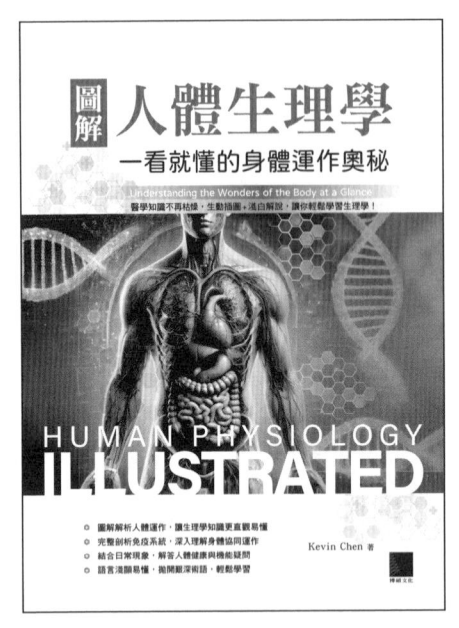

本書如有破損或裝訂錯誤，請寄回本公司更換

國家圖書館出版品預行編目資料

圖解人體生理學：一看就懂的身體運作奧秘 /
Kevin Chen 著 . -- 初版 . -- 新北市：博碩文化股
份有限公司, 2025.03
　　面；　公分

ISBN 978-626-414-174-1(平裝)

1.CST: 人體生理學

397　　　　　　　　　　　　　　114002555

Printed in Taiwan

歡迎團體訂購，另有優惠，請洽服務專線
博碩粉絲團　(02) 2696-2869 分機 238、519

商標聲明

本書中所引用之商標、產品名稱分屬各公司所有，本書引用
純屬介紹之用，並無任何侵害之意。

有限擔保責任聲明

雖然作者與出版社已全力編輯與製作本書，唯不擔保本書及
其所附媒體無任何瑕疵；亦不為使用本書而引起之衍生利益
損失或意外損毀之損失擔保責任。即使本公司先前已被告知
前述損毀之發生。本公司依本書所負之責任，僅限於台端對
本書所付之實際價款。

著作權聲明

本書著作權為作者所有，並受國際著作權法保護，未經授權
任意拷貝、引用、翻印，均屬違法。

前言
Preface

　　人體，是這個世界上最精密、最神奇的「機器」。它比任何工具都要複雜，比任何建築都要精妙。

　　你有沒有想過，你的身體到底是怎麼工作的？為什麼你一餓就會肚子咕咕叫？為什麼熬夜後第二天腦子像漿糊？為什麼有些人怎麼吃都不胖，而有些人喝口水都長肉？你知道你的心臟是如何日復一日地跳動，血液又如何在身體裡迴圈流動嗎？你知道你的大腦是如何產生思維，調控情緒，甚至讓你感受到愛與悲傷的嗎？你是否想過，你每天吃下的食物是如何被消化、吸收，最終轉化成能量的？

　　所有這些問題的答案，都藏在一門被稱為生理學的科學中。

　　生理學是一門研究人體如何工作的學科，它不僅關心人體的結構，還試圖揭示生命活動背後的奧秘。

　　如果說解剖學是「地圖」，向我們展示身體的結構，那麼生理學就是「指南」，告訴我們這些結構如何協同運作，讓生命得以維持。可以把人體想像成一座高度智慧化的城市，心臟是強大的發電站，為整個城市提供能源，循環系統是高速公路，運輸氧氣和營養，神經系統是超級電腦，控制整個城市的運行，而消化、呼吸、免疫、內分泌等系統各司其職，確保這個「城市」健康穩定地運作。

前言 Preface

這本書的誕生，就是希望我們能夠對自己的身體有更深的理解。它不是一本晦澀難懂的醫學教科書，而是一本充滿趣味、易於理解的生理學指南。

你不需要具備任何醫學背景，也不需要背誦複雜的專業術語，只要你對自己的身體有一點點好奇，這本書就能帶你進入一個全新的世界。在這裡，你將發現一個遠比科幻電影還要神奇的生命系統，一個由數萬億個細胞構成的龐大帝國，一個超越任何機器的智慧體。

從最基本的細胞開始，你會看到這個微觀世界裡隱藏著的生命秘密——細胞核如何指揮整個細胞運作，粒線體如何製造能量，DNA 如何承載著你的生命資訊，並一代代傳遞下去。你將瞭解到，儘管人體的所有細胞看似各自獨立，但它們卻能形成組織、器官和系統，最終構建出一個完整的人體。而更令人驚訝的是，這一切的基礎，只是由 59 種元素組成——這些元素曾經是宇宙星辰的一部分，如今卻成為了你的一部分。

然後，我們將進入骨骼和肌肉世界。你是否知道，嬰兒的骨骼數量比成人多？你是否想過，骨骼為什麼如此堅硬，而肌肉又是如何在運動中收縮和增長的？每當你站立、行走、跳躍，甚至只是伸個懶腰，你的運動系統都在高效運作，而你卻可能從未真正瞭解它。我們將揭開骨骼、關節、肌肉的神秘面紗，告訴你為什麼你的膝蓋會「咔吧咔吧」作響，為什麼運動後肌肉會酸痛，以及如何透過科學的方法讓自己變得更強壯。

在瞭解運動系統後，我們還要進入神經系統深入觀察——神經系統是人體最複雜的網路，它像一個超級電腦，不僅控制你的動作，還影響你的思維、記憶和情緒。為什麼有些人天生樂觀，而有些人容易焦慮？為什麼熬夜會讓你感覺大腦遲鈍，甚至情緒低落？你的大腦到底是如何處理資訊，形成意識，並做出決策的？甚至，我們還將討論「聰明」的秘密——你的智商和大腦結構真的有關嗎？左腦和右腦真的有明確的分工嗎？生理學能為這些問題提供科學的解答。

在神經系統之外，我們還將探索人體的「化學信使」——內分泌系統。你可能聽說過「激素」這個詞，但你知道它們在你的身體裡發揮著怎樣的作用嗎？皮質醇如何影響你的壓力水準？生長激素如何決定你的身高？甲狀腺激素的紊亂為何會影響你的體重？人體的八大內分泌腺，就像是一個個精密的工廠，分泌各種激素，調控你的身體狀態。你每天的情緒、能量水準，甚至是飢餓感和睡眠品質，都受它們的影響。

此外，人體的呼吸系統、消化系統、泌尿系統、生殖系統和免疫系統，每一個都擁有令人驚嘆的生理機制。從你吸入的每一口空氣，到你吃下的每一口食物，從你體內的廢物如何被排出，到生命如何延續，這些系統無時無刻不在默默地工作，確保你的生存和健康。

如果你想瞭解人體、瞭解生理學，本書就將成為你手中的地圖，引導你探索自己的身體，幫助你打開理解生命的大門。掌握這些知識，我們不僅可以更好地照顧自己的健康，還能提升科學素養，不再被各種健康謠言誤導。現在，讓我們一起開啟這場關於人體的探索之旅，揭開生理學的神秘面紗。

目錄
Contents

01 不可思議的人體

1.1 你真的瞭解人體嗎？ 1-2
1.2 細胞：構成人體的最小單位 1-4
1.3 細胞核是細胞的核心 1-9
1.4 組成人體的四種組織 1-15
1.5 從組織到器官 1-18
1.6 構成人體的 59 種元素 1-20
1.7 人體不止是一台機器 1-22

02 運動系統：人體的超級支撐

2.1 認識運動系統 2-2
2.2 嬰兒的骨頭比成人更多？ 2-5
2.3 軟骨：柔軟又堅韌 2-6
2.4 骨密度：骨骼健康的指標 2-8
2.5 關節為什麼會「咔吧咔吧」響？ 2-10
2.6 肌肉是如何養成的？ 2-11
2.7 為什麼運動會讓肌肉疼痛？ 2-13
2.8 肌肉中的蛋白質 2-15

03 神經系統：人體的指揮中心

- 3.1　人體最複雜的系統 3-2
- 3.2　神經系統的組成 3-2
- 3.3　神經元：神經系統的功能單位 3-4
- 3.4　神經傳遞質：快樂分子的秘密 3-10
- 3.5　反射弧：從接受刺激到給出反應 3-12
- 3.6　神奇的人類大腦 3-16
- 3.7　什麼樣的大腦更聰明？ 3-20
- 3.8　左腦和右腦，有什麼不一樣？ 3-22
- 3.9　脊髓：連接大腦和身體 3-25
- 3.10　分佈全身的周圍神經系統 3-32
- 3.11　熬夜的代價：紊亂的自主神經系統 3-36
- 3.12　自主神經系統的隱藏能力 3-39

04 內分泌系統：人體的化學信使

- 4.1　外分泌 VS 內分泌 4-2
- 4.2　多功能的內分泌系統 4-3
- 4.3　人體八大內分泌腺 4-5
- 4.4　激素是如何發揮作用的？ 4-19
- 4.5　皮質醇：最重要的壓力激素 4-20
- 4.6　成長和發育的激素 4-23

目錄 Contents

05 循環系統：生命的動脈

5.1 人體的運輸系統 5-2
5.2 循環系統的唯一功能 5-4
5.3 被堵塞的血管 5-5
5.4 永不停歇的心臟 5-7
5.5 心動的週期 5-10
5.6 心臟為什麼能一直跳動？ 5-13
5.7 血液裡面有什麼？ 5-14
5.8 血液功能大揭秘 5-18
5.9 為什麼會有不同的血型？ 5-19
5.10 血栓是如何形成的？ 5-22
5.11 靜脈曲張是怎麼回事？ 5-25

06 呼吸系統：呼吸的藝術

- 6.1 每一次呼吸背後，經歷了什麼？ 6-2
- 6.2 呼吸系統的功能 6-4
- 6.3 人體為什麼有兩個鼻孔？ 6-5
- 6.4 鼻屎也很重要 6-7
- 6.5 鼻涕的顏色，反映了什麼？ 6-8
- 6.6 你是如何聞到花香的？ 6-9
- 6.7 咽喉：聲音的發源地 6-11
- 6.8 肺泡：氣體交換的神奇小泡泡 6-13
- 6.9 人為什麼會打哈欠？ 6-15
- 6.10 深呼吸，讓人放鬆 6-18

目錄 Contents

07　消化系統：食物的奇妙旅程

7.1　消化系統 = 消化道 + 消化腺 7-2

7.2　消化的本質：化食物為營養 7-5

7.3　胃液與胃酸：你肚子裡的化學工廠 7-9

7.4　幽門螺旋桿菌：胃癌的隱秘「幫兇」..................... 7-11

7.5　小腸到底有多長？ 7-14

7.6　腸道是人體的「第二大腦」................................. 7-16

7.7　為什麼一緊張就拉肚子？ 7-18

7.8　70% 的免疫力源自腸道 7-19

7.9　腸道菌群：腸道免疫的最佳搭檔 7-21

7.10　腸道菌群知多少？ 7-23

7.11　腸道細菌是從哪裡來的？ 7-25

7.12　「胖子菌」和「瘦子菌」................................... 7-31

08 泌尿系統：身體的清潔系統

- 8.1 身體的天然過濾器 8-2
- 8.2 尿液是如何產生的？ 8-4
- 8.3 腎結石是怎麼形成的？ 8-6
- 8.4 膀胱：儲存和排出尿液的器官 8-8
- 8.5 為什麼一緊張就想尿尿？ 8-11
- 8.6 尿液裡面有什麼？ 8-12
- 8.7 水喝多了就會水腫嗎？ 8-15

09 生殖系統：生命是如何延續的？

- 9.1 生殖系統：生命的起源 9-2
- 9.2 性高潮：性反應週期的頂點 9-4
- 9.3 妊娠：從受精到分娩的生命歷程 9-6
- 9.4 試管嬰兒：從試管裡誕生的寶寶 9-8
- 9.5 女性天生就有生殖細胞？ 9-9
- 9.6 女生為什麼有月經？ 9-14
- 9.7 月經是如何形成的？ 9-18
- 9.8 為什麼會有更年期？ 9-21
- 9.9 精子是如何誕生的？ 9-23
- 9.10 荷爾蒙是如何影響生殖系統的？ 9-31

目錄 Contents

10 免疫系統：人體的超級防護的？

10.1 免疫全景：人體的內在保護系統 10-2

10.2 免疫系統是如何工作的？ 10-4

10.3 疫苗：對抗疾病的免疫武器 10-7

10.4 皮膚：人體最大的保護器官 10-11

10.5 黏膜：內部器官的保護層 10-13

10.6 怎麼判斷免疫力強不強？ 10-15

10.7 愛滋病：攻破人體免疫系統 10-16

10.8 過敏：免疫系統的過度反應 10-19

10.9 免疫系統會自己攻擊自己嗎？ 10-22

10.10 急性炎症：是身體在保護你 10-25

10.11 我們為什麼會發燒？ 10-28

10.12 慢性炎症的真面目 10-31

參考文獻

第一章	1
第二章	1
第三章	3
第四章	4
第五章	4
第六章	6
第七章	7
第八章	8
第九章	10
第十章	11

01 CHAPTER

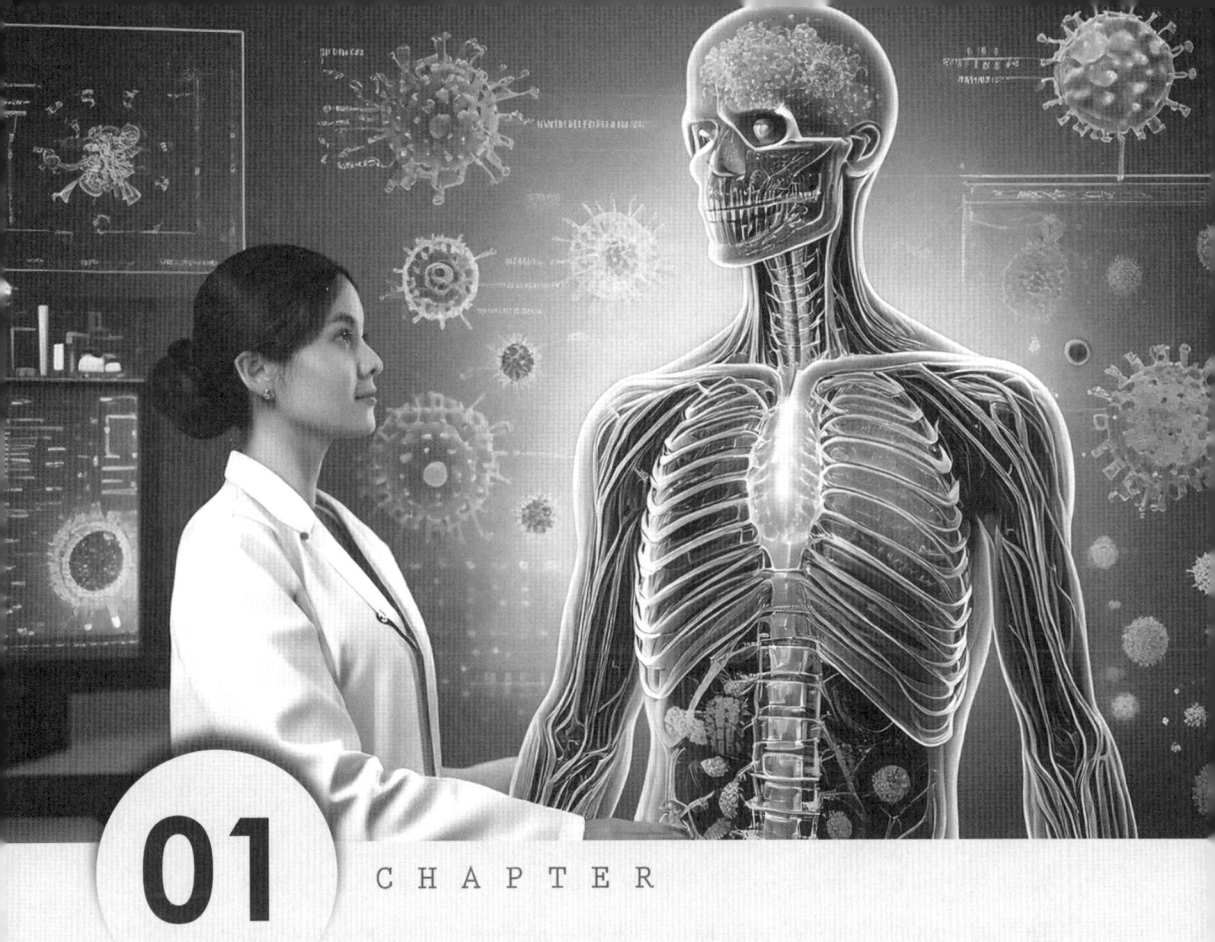

不可思議的人體

1.1 你真的瞭解人體嗎？

1.2 細胞：構成人體的最小單位

1.3 細胞核是細胞的核心

1.4 組成人體的四種組織

1.5 從組織到器官

1.6 構成人體的 59 種元素

1.7 人體不止是一台機器

1.1 你真的瞭解人體嗎？

在經過幾億年漫長的自然進化，尤其是經歷了最近 300 萬年大腦皮質爆長的進化過程後，人類這個物種，已經成為了地球上認知能力最強的生物。如今，地球上生活著大約 81 億人口，雖然皮膚顏色、語言、人種不同，但都有一個結構相同的身體。那麼，什麼是人體？你瞭解人體嗎？

從人體的構成來看，細胞是構成人體形態結構和功能的最小單位。

當形態相似和功能相關的細胞藉助細胞間質構成起來時，就成為組織。不同類型的組織在人體中有著不同的功能和結構。比如，上皮組織覆蓋了我們身體的表面；結締組織則在支援和連接其他組織；肌肉組織幫助我們運動；而神經組織負責傳遞資訊，控制我們的身體活動和反應。每一種組織都在扮演著重要的角色，共同構成了我們身體的基礎。

當幾種不同的組織組合在一起，共同執行特定功能時，就形成了器官。心臟是由肌肉組織、結締組織和神經組織組成的，它們共同工作，維持心臟的跳動，推動血液在全身流動。類似地，肝臟、胃、肺等器官也都是由多種組織組成的，它們各自有特定的功能，確保我們身體的正常運作。

器官不會單獨工作，而是與其他功能相關的器官聯合起來，共同完成某一特定的連續性生理功能，這就形成了系統。而人體的器官按照功能，可分為運動、消化、呼吸、迴圈、泌尿、生殖、內分泌、神經、免疫九大系統。這九大系統最終形成了人體這一個開放的複雜巨系統。

細胞
組織
器官
系統

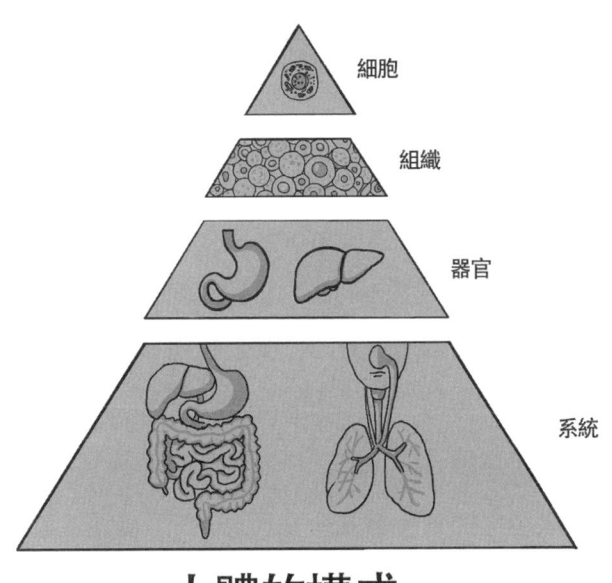

人體的構成

　　人體作為一個複雜巨系統，與一般系統有所不同。首先，人體是一個開放的系統。人體的開放性使得我們不斷與外界進行物質和資訊的交流。我們吃食物，食物中的營養物質被消化系統吸收，轉化為我們身體所需的能量和物質；我們呼吸空氣，吸入氧氣，排出二氧化碳；我們感知周圍的環境，透過視覺、聽覺、嗅覺、味覺和觸覺獲取資訊。這些外部的資訊和物質，經過人體的處理，成為我們生活和活動的基礎。

　　此外，人體是由億萬個分子組成的，這些分子彼此之間有著複雜的相互作用。正因為如此，人體不是一個簡單的系統，而是一個極其複雜的巨系統。每個分子、每個細胞、每個組織和器官，甚至每個系統，都在這個巨系統中發揮著至關重要的作用，共同維持我們的生命和健康。

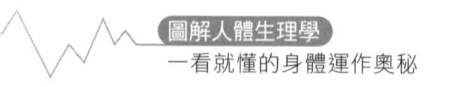

1.2 細胞：構成人體的最小單位

人體有多少細胞？

　　細胞是構成人體的最基本單位，所有生命活動都是由細胞完成的。從你早晨睜開眼睛開始的那一刻起，直到你晚上入睡，每一刻你的身體都在依賴這些微小的細胞進行各種活動。無論是你呼吸的每一口空氣、心臟的每一次跳動，還是你大腦中的每一個思考，這些看不見的細胞都在背後默默地工作。

　　為了計算人體內的細胞數量，德國馬克斯·普朗克數學研究所的研究團隊分析了 1500 多篇學術論文，這些論文記錄了人體內各種細胞類型的數量、每種組織中的細胞類型，以及這些細胞的平均大小和品質等資料——這項研究的複雜性超出了我們的想像，因為人體內部的多樣性和複雜性是如此之高。

　　為了更精確地估算人體內的細胞數量，研究團隊還參考了國際放射防護委員會的資料。國際放射防護委員會曾整理了體重 70 公斤的成年男性、體重 60 公斤的成年女性和體重 32 公斤的兒童的每個組織的品質。

　　通過這些詳盡的資料，研究團隊得以對人體內的細胞數量進行估算。根據他們的分析，一名兒童的體內大約有 17 萬億個細胞，一名成年女性則有約 28 萬億個細胞，一名成年男性則多達 36 萬億個細胞。

成年男性

成年女性

兒童

17兆個細胞　28兆個細胞　36兆個細胞

　　而人體內的細胞類型多達 400 多種，分佈在 60 種不同的組織中。每一種細胞都有其獨特的功能和結構，彼此間的合作與協調確保了我們身體的正常運作。例如，紅血球負責攜帶氧氣，白血球負責免疫防禦，神經細胞負責傳遞資訊，肌肉細胞則負責運動和力量。這些細胞共同構成了一個有機的整體。

　　不管是細胞數量，還是細胞類型，都是從一個受精卵開始，經歷了連續的細胞分裂和分化，最終形成了一個含有數萬億細胞的生物體。

　　研究人員還發現了一個令人困惑的現象：人體內的小細胞（如血細胞）和大細胞（如肌肉細胞）的總品質竟然大致相等。直觀上，我們可能會認為大細胞的品質應該遠遠超過小細胞，但事實並非如此。研究顯示，無論是非常小的細胞還是非常大的細胞，或是介於兩者之間的細胞，它們的總品質都相當。

從科學的角度來看，量化人體細胞的多樣性是非常有趣且有意義的。這不僅幫助我們更好地理解人體的基本構造和功能，還為醫學研究提供了寶貴的資料支援。比如，瞭解不同細胞類型的數量和分佈，就可以幫助科學家更好地研究疾病的發生和發展機制，開發更有效的治療方法。

人體細胞，七年一換？

人體細胞是有壽命的，每天都在更新，衰老死掉的細胞會被新的代替。所以從新生兒階段一直到老年，我們的身體都在不斷地變化。有一個廣為流傳的說法是，人體全身的細胞全部替換掉，需要經過七年，也就是在生理上，我們每過七年就擁有一個新的身體。

這聽起來很有趣，但是真實情況是這樣嗎？其實不完全是。雖然人體內的細胞每天都在進行更新和更替，但並不是所有細胞都以相同的速度進行更新。

具體來看，人體細胞透過有絲分裂不斷複製自己，產生新的細胞來替換受損或死亡的細胞。這個過程稱為細胞再生，是保持身體健康和修復組織的重要機制。但不同類型的細胞有不同的壽命，有些細胞幾天就會更新一次，而有些細胞則可以存活多年甚至終生。

胃細胞的壽命大約為 7 天，因為胃酸對細胞的侵蝕非常嚴重，需要頻繁更新。比如，胃黏膜的結締細胞更新速度很快，每分鐘約有 50 萬個細胞會脫落，被新生的胃黏膜細胞取代，整個胃黏膜更新的時間約為 3 天；而胃部其他的特殊細胞則負責分泌胃酸及保護性的黏液，讓胃部保持酸性，也同時防止酸性造成的傷害。所有的胃部細胞，更新一次

的時間約為 7 天。同樣，味蕾是舌頭表面細胞的集合，每個味蕾有大約 50 個味覺細胞，整個舌頭則約有 9000 個味蕾，幫助人們感受食物的酸甜苦鹹等味道。味蕾舌表面的細胞每 10 天左右就會更新一次，以保持味覺的敏銳。皮膚細胞大約每 28 天更新一次。肺表面細胞的更新週期為 2 到 3 週，而紅血球的壽命大約為 4 個月。

另一些細胞需要更長的時間才能更新。比如，肝細胞的更新週期為 5 個月，也就是大約 150 天。事實上，只要血液供應充足，肝自我恢復和再生的能力是驚人的。英國萊斯特皇家醫院的肝臟外科醫生大衛‧勞埃德曾說：「我可以在一次手術中切除患者肝臟的 70%，只要 2 個月的時間，大約 90% 的肝就會長出來。」但這並不意外著肝就不會受到傷害，酗酒者的軟組織細胞（肝臟的主要細胞）可能會逐漸受損，形成疤痕組織──也就是「硬化」。因此，雖然健康的肝可以不斷自我更新，而硬化損傷是永恆的，有時甚至是致命的。

指甲細胞的生長速度也比較慢，大約每 6 到 10 個月完全更換一次。骨細胞的更新則需要 7 到 10 年，這是一個緩慢但持續的過程。心臟細胞的更新速度則更慢，一生中只有約 40% 的心肌細胞被替換。

還有一些細胞永遠不會被替換。比如，大腦的神經元，事實上，大腦神經元不可逆的損傷也是患上癡呆症的根本原因以及頭部受傷破壞性很大的原因。但是，大腦有兩個部位的細胞會自我更新，那就是支配我們嗅覺的嗅球和用於學習的海馬狀突起。眼睛也是身體中少數的在我們的生命期間不會改變的身體部分之一，眼部唯一不斷更新的部位是角膜，如果角膜受損，它能在 24 小時內復原。除了角膜外，隨著我們的老化，眼睛的晶狀體會失去彈性，這也是隨著年齡的增大我們的視力越來越差的原因。

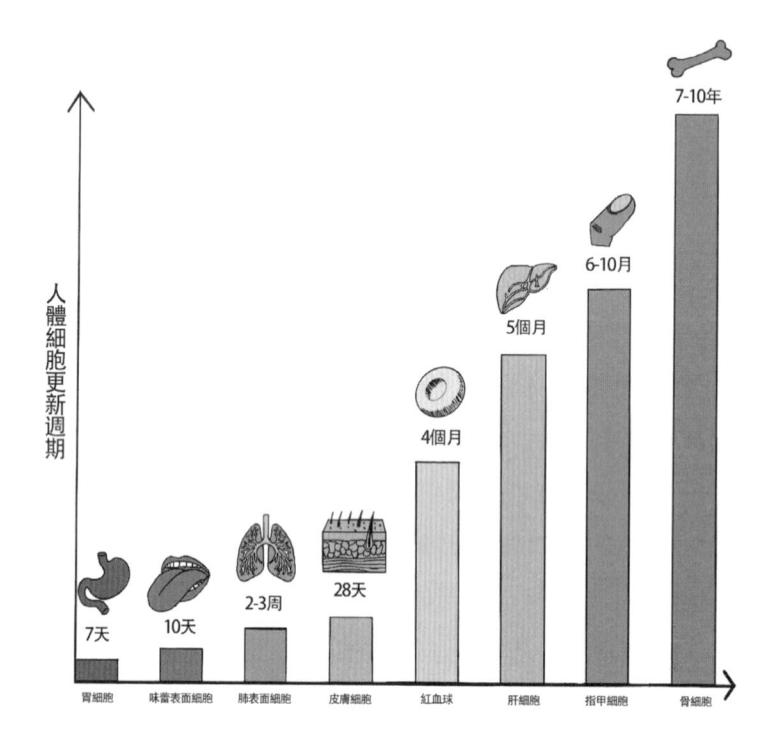

圖解人體生理學
一看就懂的身體運作奧秘

人體細胞更新週期

胃細胞	味蕾表面細胞	肺表面細胞	皮膚細胞	紅血球	肝細胞	指甲細胞	骨細胞
7天	10天	2-3周	28天	4個月	5個月	6-10月	7-10年

另外，儘管某些細胞確實會在七年內完全更新，但並不是所有細胞都遵循這個週期。細胞的更替是一個複雜而多樣的過程，涉及到不同類型細胞的不同壽命和更新速度。即使某些細胞能夠不斷更新，我們依然會感覺到衰老。這是因為在細胞複製過程中，DNA 也會不斷複製並可能出現突變。隨著時間的推移，這些突變會累積並影響細胞功能，從而導致身體的老化。

所以，總的來說，人體並不會每七年就完全更換一次細胞。不同細胞的壽命和更新速度各不相同，細胞的更替是一個持續且複雜的過程。就算過了七年，一部分的細胞可能已經迭代了數次，而另一部分的細胞依然是原來的細胞。

1.3 細胞核是細胞的核心

細胞核是細胞的核心。從結構上來看，細胞核被細胞膜包圍，內部充滿了稱為染色質的物質，這裡儲存著我們全部的遺傳訊息。染色質是由 DNA 和蛋白質組成的，它在細胞分裂時會進一步濃縮形成染色體。細胞核內有一個核仁，它是核糖體生成的地方。核糖體是細胞中的「蛋白質工廠」，它們在細胞質中合成蛋白質，而蛋白質又是細胞的主要「建築材料」和「工作機器」。

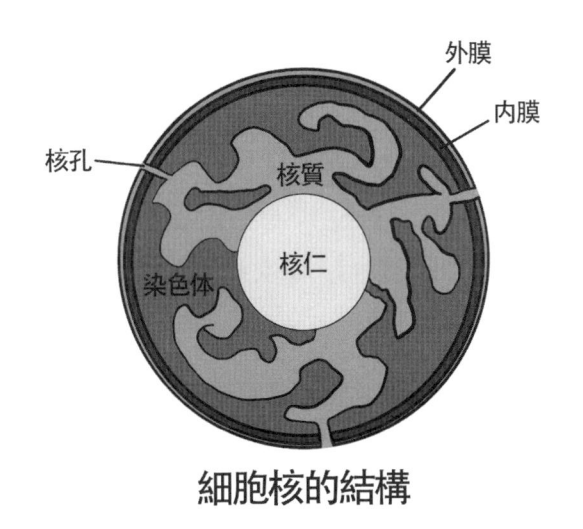

細胞核的結構

細胞核還在細胞週期的調控中發揮著關鍵作用。細胞週期是指細胞生長和分裂的過程。細胞核透過監控 DNA 的完整性，確保在細胞分裂之前修復任何 DNA 損傷，從而維持遺傳訊息的穩定性。這就像是細胞的「品質控制」系統，確保每次分裂出來的新細胞都是健康和完整的。在細胞分裂前，細胞核會檢查 DNA 是否有任何損傷。如果發現問題，細胞核會啟動修復機制來修復這些損傷。這種修復機制對於防止基因突變和癌症等疾病的發生至關重要。

▨ DNA：生命的基本藍圖

DNA（去氧核糖核酸）是攜帶遺傳訊息的分子。它由兩條長鏈組成，這兩條鏈以雙螺旋的形式纏繞在一起。每條鏈由四種核苷酸（A、T、C、G）組成，核苷酸的排列順序決定了基因的具體資訊。每個人體細胞的 DNA 長度大約有兩公尺，但它們被緊密地包裝在細胞核內，DNA 不僅在細胞功能中起重要作用，還在細胞分裂時複製自身，以確保每個新細胞都具有相同的遺傳訊息。

DNA 非常穩定，可以保存數萬年。正是靠著 DNA 的穩定特點，科學家們才得以推測出遙遠過去的人類資訊。我們現在擁有的東西，不管是信件、珠寶，大概沒有哪一件，到了 1000 年之後還存在，但只要有人肯費心尋找，我們的 DNA 卻肯定存在，而且可以恢復。DNA 以非凡的保真度傳遞資訊，它每複製 10 億個鹼基可能才產生一個錯誤。不過，即便按照這樣的精確度運行，每次細胞分裂大概也會出現三個錯誤或突變。

身體可以忽略大多數的突變，但偶爾，突變也會帶來持久的影響——特別是一些突變對生存和繁殖有利，它們就會被保留下來，並通過世代的累積，推動物種的進化，這就是演化。

▨ 基因：遺傳訊息的基本單位

人類大約有 20,000 到 23,000 個基因。基因由去氧核糖核酸（DNA）組成。DNA 包含編碼或藍圖以指導蛋白質或核糖核酸（RNA）分子的合成。基因的大小各不相同，具體取決於它們編碼的蛋白質或 RNA 的大小。基因是 DNA 的特定片段，它們包含了構建和維持生命所需的資訊。基因的具體工作，是為構建蛋白質提供指導說明。

人體內大多數有用的東西都是蛋白質。有些蛋白質能加速化學變化，它們叫作酶；另一些蛋白質傳遞化學資訊，叫作激素；還有一些蛋白質攻擊病原體，叫作抗體。在所有蛋白質裡，最大的叫作肌聯蛋白，它有助於控制肌肉伸縮。沒人知道我們體內有多少種蛋白質，但估計範圍從幾十萬到上百萬種，甚或更多。基因就是透過編碼蛋白質來執行其功能。

每個 DNA 分子都是一個像擁有千百萬階梯的盤旋樓梯一樣的雙螺旋結構。樓梯的每一級臺階由四種稱為鹼基（核苷酸）的分子配對組成。每一級中，腺嘌呤（A）與胸腺嘧啶（T）配對，或者鳥嘌呤（G）與胞嘧啶（C）配對。每個極長的 DNA 分子都纏繞在一條染色體中。

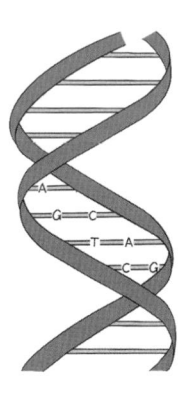

基因表達的過程包括轉錄和翻譯。在轉錄過程中，DNA 被轉錄成信使 RNA（mRNA），mRNA 是 DNA 的資訊副本，就像是一封從細胞核發出的「指令信」。轉錄結束後，mRNA 離開細胞核進入細胞質，在那裡，核糖體會「讀取」這些指令並將其翻譯成蛋白質。這個過程確保了基因能夠準確地執行其功能，從而維持細胞的正常運作。

染色體：DNA 的包裝形式

染色體是由 DNA 和蛋白質組成的結構，它們在細胞分裂期間將遺傳訊息傳遞給新細胞。

人類細胞有 23 對染色體，總共 46 條染色體。每一對有 2 條染色體，1 條染色體遺傳自爸爸，1 條染色體遺傳自媽媽。分為體染色體（第 1~22 對）和性染色體（X 或 Y）。其中性染色體，決定了個體的性別，其餘 22 對是體染色體，攜帶了其他遺傳訊息。這些染色體攜帶了所有基因，這些基因決定了我們的特徵和功能，包括我們眼睛的顏色、身高、血型等等。這些染色體確保了在細胞分裂時，每個新細胞都能得到完整的遺傳訊息。

正常男性的染色體核型為 46,XY，正常女性的染色體核型為 46,XX，其中 46 是細胞中所有染色體的數目（23 對染色體，每對有 2 條染色體，23 x 2 =46）；X、Y 代表兩條不同的性染色體。

有些遺傳疾病是因染色體的數量或結構異常造成，例如染色體三倍體症，包括唐氏症（Trisomy 21）、愛德華氏症（Trisomy 18）、巴陶氏症（Trisomy 13）；以及少一條 X 染色體的透納氏症（45,X）；多一條 X 染色體的克林菲特氏症（47,XXY）。

Chapter 01 不可思議的人體

染色體編號:1-22, XX, XY

13 巴陶氏症
18 愛德華氏症
21 唐氏症
XX 透納氏症
XY 克林菲特氏症

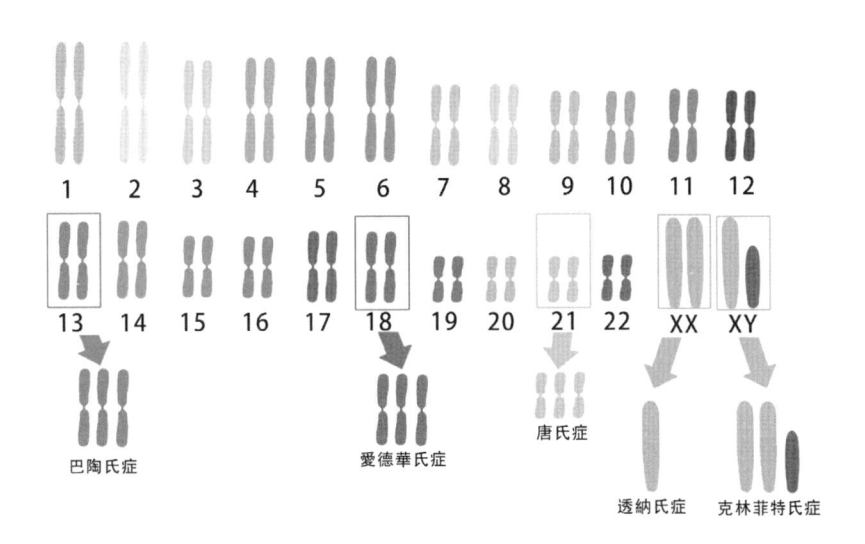

遺傳學的悖論

遺傳是指基因從父母傳遞到子女的過程。每個子女從父母那裡繼承一半的基因，這些基因決定了他們的特徵。遺傳訊息的傳遞是透過配子（精子和卵子）進行的。在受精過程中，精子和卵子結合，形成一個新的個體，這個個體的基因組由父母雙方的基因組成。

遺傳學上有一個悖論——人與人雖然極為不同，但在遺傳上實際又是相同的。儘管所有人類共用 99.9% 的 DNA，但沒有哪兩個人一模一樣。我們的 DNA 和他人的 DNA 之間有著 300 萬到 400 萬個不同之處，這些差異雖然只占總數的極小比例，但它們足以導致我們在外貌、性格和健康等方面的巨大差異。

此外，每個人體內還有約 100 個只屬於自己的個人基因突變，這些突變是專屬於個體的，也就是說，這些基因跟你雙親賦予你的基因無一

相符，而是專屬於你自己。這些突變進一步增加了個體間的差異，但這一切的運作細節到底是怎樣，對今天來說仍然是個謎。

人類基因組是指個體所有基因的總和。但事實上，只有 2% 的人類基因組負責編碼蛋白質，這就是說，只有 2% 的基因組從事著有明確意義的操作。其餘的基因做什麼，我們不知道。看起來，大量基因就像是皮膚上的雀斑，它們在那裡，但並沒什麼用處。

還有一些基因讓人百思不得其解。比如，有一種叫作「Alu 元件」的特殊短序列，在整個基因組中重複超過 100 萬次，有時還出現在重要的蛋白質編碼基因當中。不管讓誰說，它都是一個完全沒有意義的存在，但它還是占了我們所有遺傳素材的 10%。這些神秘部分一度被稱為「垃圾 DNA」，也被叫做「黑暗 DNA」，意思是，我們不知道它是幹什麼的，以及為什麼要出現在那裡。一些黑暗 DNA 參與了基因的調製，但其餘的大部分仍有待確定。

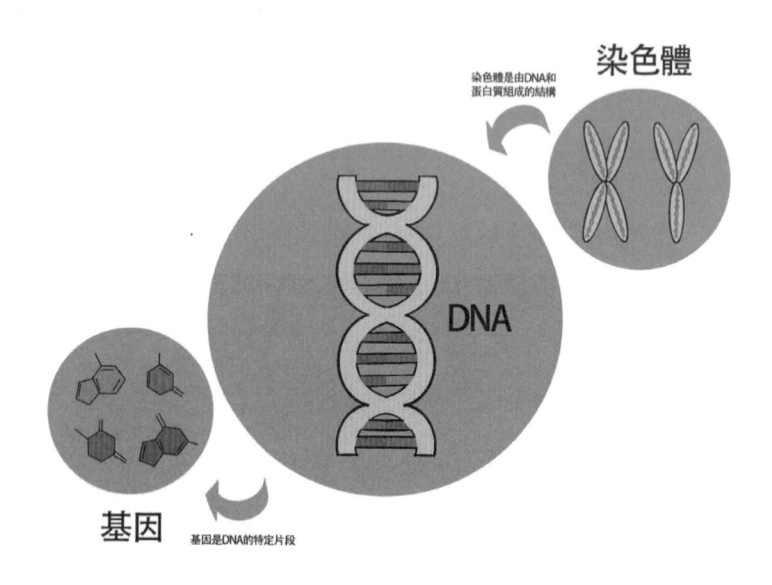

染色體

染色體是由DNA和蛋白質組成的結構

DNA

基因

基因是DNA的特定片段

1.4 組成人體的四種組織

人體的基本單位是細胞，而這些細胞並不僅僅是獨立存在的，它們會聚集起來形成不同的組織。人體主要由四種基本組織類型組成：上皮組織、結締組織、肌肉組織和神經組織。每一種組織都有其獨特的功能和特點。

▨ 上皮組織：身體保護屏障

上皮組織也叫做上皮，是我們的身體保護屏障。你可以把上皮組織想像成一層保護膜，覆蓋在身體的外部和內臟的表面。上皮組織的細胞緊密相連，幾乎沒有空隙，這使得它們能夠有效地阻擋外界的侵害，防止病菌的進入和損傷。這些細胞還具有吸收、分泌和排泄的功能。

上皮組織可以進一步分為被覆上皮和腺上皮。

被覆上皮又分成單層上皮和複層上皮。單層上皮由單層細胞組成，常見於物質容易通過的地方。如鼻腔、喉、氣管、支氣管等內腔表面的假複層上皮。複層上皮由多層細胞組成，如皮膚的表皮，口腔、咽食管、肛門和陰道的表面，還有眼睛的角膜。被覆上皮有保護、吸收、分泌、排泄作用，可以防止外物損傷和病菌侵入。

腺上皮更具有分泌功能。以腺上皮為主要組成成分的器官為腺體。腺體分為外分泌腺和內分泌腺。外分泌腺有胃腺、腸腺、汗腺等。它們是由腺上皮圍成的腺泡，分泌物流入其中央腔內，再由導管排到管腔或體表。內分泌腺有腎上腺、垂體、甲狀腺、性腺等。腺細胞常排列成團狀、索狀或泡狀，沒有導管，激素分泌後立即進入微血管和淋巴管。

◪ 結締組織：連接和支撐的關鍵結構

結締組織由細胞和大量細胞間質構成，是一種連接和支撐其他組織的關鍵結構。結締組織包括了液態的血液和淋巴、鬆軟的固有結締組織、堅固的軟骨和骨。結締組織就像是身體的「膠水」，把不同的部分連接在一起，同時提供支援和保護。結締組織還負責運輸營養物質和廢物，是我們身體內的「運輸系統」。

◪ 肌肉組織：身體的動力來源

肌肉組織，它們是我們身體運動的動力來源。肌肉組織由肌細胞組成，這些細胞可以收縮和放鬆，使我們能夠進行各種動作。根據不同的功能和分佈，肌肉組織可以分為骨骼肌、心肌和平滑肌。

骨骼肌，也叫條紋肌，就是我們日常生活中所說的肌肉。骨骼肌是通過肌腱連接到骨頭上的，骨骼肌的收縮受意志支配，屬於隨意肌，它可以讓你有意識地控制自己的動作，你腿上的股四頭肌或手臂上的二頭肌都是骨骼肌。

心肌與平滑肌受自主性神經支配，屬於不隨意肌。心肌只存在於心臟的壁上。和骨骼肌一樣，心肌也是條紋狀的，或者説是條狀的，但它不受自願控制。平滑肌存在於血管壁，以及消化道、子宮、膀胱和其他各種內部結構的壁中，幫助推動血液、食物等在體內移動。平滑肌不是條狀的、條紋狀的，它也是不受意識控制的。

神經組織：負責資訊傳遞

神經組織神經組織是高度分化的組織，構成人體神經系統的主要成分。它廣泛分佈於人體各組織器官內，具有聯繫、調節和支配各器官的功能活動，使機體成為協調統一的整體。

神經組織是由神經元（即神經細胞）和神經膠質所組成。神經元是神經組織中的主要成份，具有接受刺激和傳導興奮的功能，也是神經活動的基本功能單位。神經元包括細胞體和突起兩部分。一般每個神經元都有一條長而分支少的軸突，幾條短而呈樹狀分支的樹突。神經元的突起也叫神經纖維。神經纖維末端的細小分支叫神經末梢，分佈到所支配的組織。神經元受刺激後能產生興奮，並能沿神經纖維傳導興奮。相鄰2個神經元之間通過突觸傳遞。神經膠質在神經組織中起著支援、保護和營養作用。

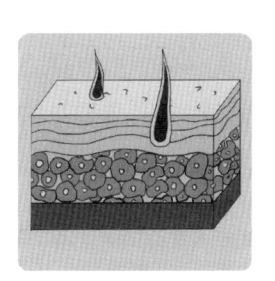

上皮組織

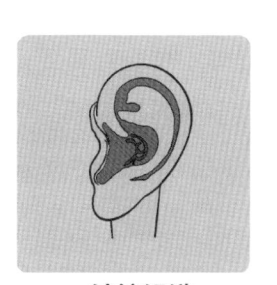

結締組織

肌肉組織

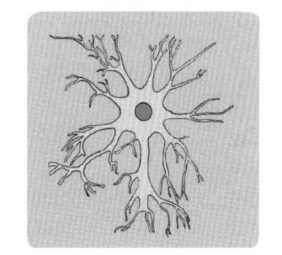

神經組織

1.5 從組織到器官

當多種組織組合在一起，共同完成一定功能時，就形成了器官。大多數器官都包含人體四種組織類型。

一個很好的例子就是我們的小腸。小腸是負責消化和吸收營養的重要器官，它的結構非常複雜，涉及到多種組織的緊密合作。

小腸的內壁由上皮細胞排列，這些細胞分為不同的類型：一些細胞分泌激素或消化酶，幫助分解食物；另一些細胞負責吸收分解後的營養物質。上皮細胞形成了一層保護性屏障，防止有害物質進入體內。

在上皮層的周圍，是一層結締組織和平滑肌。結締組織提供結構支撐和保護，而平滑肌則負責腸道的蠕動。這些肌肉在神經元網路的控制下，進行有節奏的收縮和放鬆，使食物順利通過腸道。

此外，小腸壁中還夾雜著各種腺體、血管和神經元。腺體分泌各種消化液，血管則負責運輸吸收的營養物質和氧氣，神經元則協調這些複雜的活動，使小腸能夠高效地完成其消化和吸收的功能。

心臟也是一個由多種組織組成的器官，包括心肌組織、結締組織和神經組織。心肌組織是心臟的主要組成部分，負責心臟的收縮和泵血功能；結締組織提供支撐和保護；神經組織調控心臟的跳動節律，確保心臟能夠有節奏地工作。

人體器官的種類繁多，每個器官都具有獨特的功能，根據不同的用途可以分為幾類：

- **感覺器官**：包括眼睛、耳朵、鼻子和舌頭。眼睛負責視覺，耳朵負責聽覺和平衡，鼻子負責嗅覺，舌頭則負責味覺。
- **呼吸器官**：主要是肺。肺是進行氣體交換的場所，吸入氧氣，排出二氧化碳。
- **消化器官**：包括口腔、食道、胃、小腸和大腸等。它們共同完成食物的消化和營養物質的吸收。
- **迴圈器官**：主要是心臟和血管。心臟通過泵血，使氧氣和營養物質能夠到達全身各個組織和器官。
- **泌尿器官**：包括腎臟、膀胱、輸尿管和尿道。它們負責過濾血液中的廢物並排出體外。

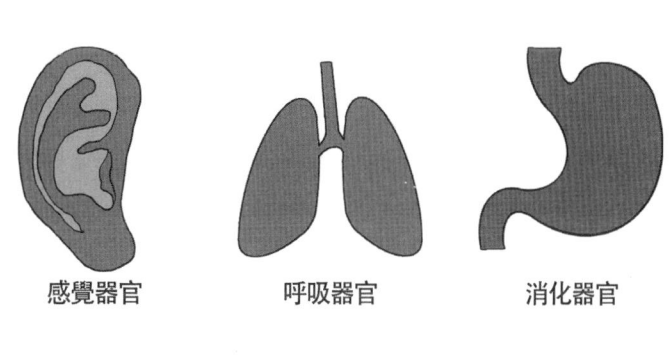

感覺器官　　呼吸器官　　消化器官

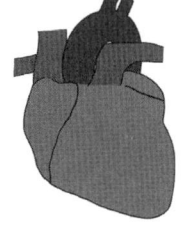

循環器官 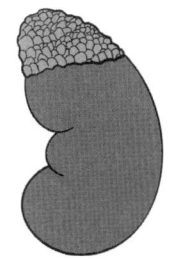　　泌尿器官

1.6　構成人體的 59 種元素

根據英國皇家化學學會的研究，人體一共含有 59 種元素，這些元素中有 6 種——氧、氫、氮、碳、鈣和磷——占了我們身體的 99.1%。人體的健康與這些化學元素有著很大的關係。

我們身體裡最多的成分是氧，占了可用空間的 61%。這就意謂著，幾乎三分之二的我們是由這種無色無味的氣體構成的。那麼，為什麼我們不是像氣球一樣輕飄飄的？原因是，氧大多數與氫結合形成了水，而水的重量是相當可觀的。另外，人在呼吸時，吸進的是氧氣。人一星期不喝水才會造成死亡，但如果停止呼吸 6～7 分鐘便會死亡。氧氣對人的生命有多麼重要不言而喻。

氮是人體另一種必需的定量元素，也是構成蛋白質的重要元素。我們知道，一切生命現象都離不開蛋白質。蛋白質是構成細胞膜、細胞核、各種細胞器的主要成分。動植物體內的酶也是由蛋白質組成。各種蛋白質都是由多種胺基酸組合而成的，而氮則是各種胺基酸的一種主要組成元素。在蛋白質中常見的 20 種胺基酸中，其中含氮原子最多的胺基酸是精氨酸。此外，氮也是構成核酸、腦磷脂、卵磷脂、葉綠素、植物激素、維生素的重要成分。

碳也是人體裡的重要元素。碳的化合物廣泛存在於我們身體的各個角落，比如我們呼吸時呼出的二氧化碳。碳原子可以形成長鏈和環狀結構，這使得它們能組成各式各樣的複雜分子，如糖類、脂肪和蛋白質。科學家發現，碳幾乎無處不在，是生命活動的核心元素之一。

鈣是構成人體骨骼和牙齒的主要成分。我們的骨骼之所以堅硬，是因為磷酸鈣沉積在其中。人體內 99% 的鈣都存在於骨骼中，這使得骨骼能夠支撐身體的重量並保護內臟。鈣不僅僅對骨骼有益，它在血液中也起著重要作用，幫助血液凝結並維持神經和肌肉的正常功能。如果血液中鈣濃度過低，可能會引起肌肉痙攣和抽搐。

磷主要以磷酸鹽的形式存在。磷在能量的儲存和轉移過程中扮演著重要角色。ATP（腺苷三磷酸）是細胞內的主要能量貨幣，幾乎所有的細胞活動都需要 ATP 的參與。磷也是 DNA 和 RNA 的重要組成部分，參與遺傳訊息的傳遞。

此外，人體還需要一些微量元素來維持正常的生理功能。其餘的元素雖然含量很少，甚至可以用百萬分之一或十億分之一來度量，但它們同樣重要。比如，鐵是血紅蛋白的核心成分，負責運輸氧氣；鋅是許多酶的組成部分，參與免疫反應和蛋白質合成；碘是甲狀腺激素的重要組成部分，影響新陳代謝；鈉和氯在人體中是以氯化鈉的形式出現的，起著調節細胞內外的滲透壓和維持體液平衡的作用。人體的健康與這些化學元素息息相關。沒有這些元素，我們的身體就無法正常運轉。

當然，並不是所有人體內的元素就是好元素。有些顯然是有益的，有些可能有益，但作用尚不明確，其他的既不有害也不有益，只是搭了個便車，而極少的幾種是徹底的壞元素。比如，鎘也是體內最常見的元素，但毒性極大。我們擁有它不是因為身體需要它，而是因為它通過土壤進入了植物，而我們吃植物時也順便攝入了它。

6種元素佔了我們身體的99.1%

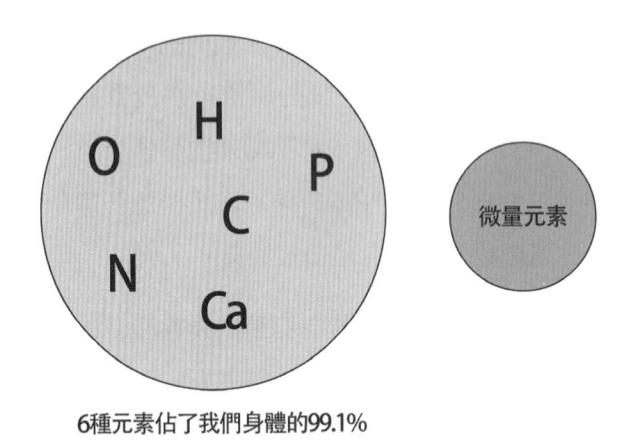

1.7　人體不止是一台機器

　　人們通常把身體比喻成一台精密的機器，但它遠不止如此——畢竟，什麼機器能夠一天24小時不停地工作，幾十年如一日地運轉，只需水和少量有機化合物，無需定期保養或更換零件呢？

　　但我們的身體就是這樣一種存在。它由數萬億個細胞組成，這些細胞在一起協調工作，形成組織和器官，每個部分都在共同努力維持生命。比如，心臟每天泵送大約7000升血液，透過血液迴圈將氧氣和營養物質輸送到全身各處，而大腦通過複雜的電信號和化學信使，控制著我們的思想、感覺和行為。

　　身體具有驚人的自我修復能力。當皮膚受傷時，它會透過細胞分裂和組織再生來修復創口；當骨骼骨折時，通過骨細胞的活動重新連接和癒合。與此相比，通常，機器一旦損壞，就需要外部的修理和零件更

換。也就是說，身體不僅能自我維持，還能在面對損傷時自我恢復，展現出非凡的適應性和韌性。

人體的適應性和韌性更是令人驚嘆。無論面對高溫還是低溫，劇烈運動還是久坐，身體都能透過一系列複雜的生理過程來保持內部平衡。在高溫環境中，我們透過出汗來降溫；在寒冷環境中，我們會產生顫抖來產生熱量。這種適應性讓我們能夠生存在各種環境中，而這也是機器所不具備的特性。

更為神奇的是，人體不僅僅是一個高效運作的系統，它還具有感知和情感體驗的能力。我們的感官系統能夠感知外界的聲音、光線、氣味和觸覺，並通過大腦的複雜處理產生情感反應。我們能感受到快樂、悲傷、恐懼和愛，這些情感反應是任何機器都無法模擬的。

每個人的身體都是獨一無二的。儘管我們有相似的生理結構，但每個人的基因組合、生活經歷和環境因素都使得我們的身體具有獨特的特性。例如，免疫系統在每個人體內的表現都不同，有些人對某些疾病有天然的抵抗力，而另一些人則可能更易感。這種獨特性進一步證明了身體的複雜性和奇妙性。

可以說，雖然將人體比作機器可以幫助我們理解其複雜的運作原理，但這種比喻遠不能涵蓋人體的全部奇妙。身體不僅能高效地運轉，還具有自我修復、適應環境、感知情感和獨特性的能力。無論從哪個角度來看，人體都是一部遠超任何機器的自然傑作，是一個真正的奇跡。

Note

02 CHAPTER

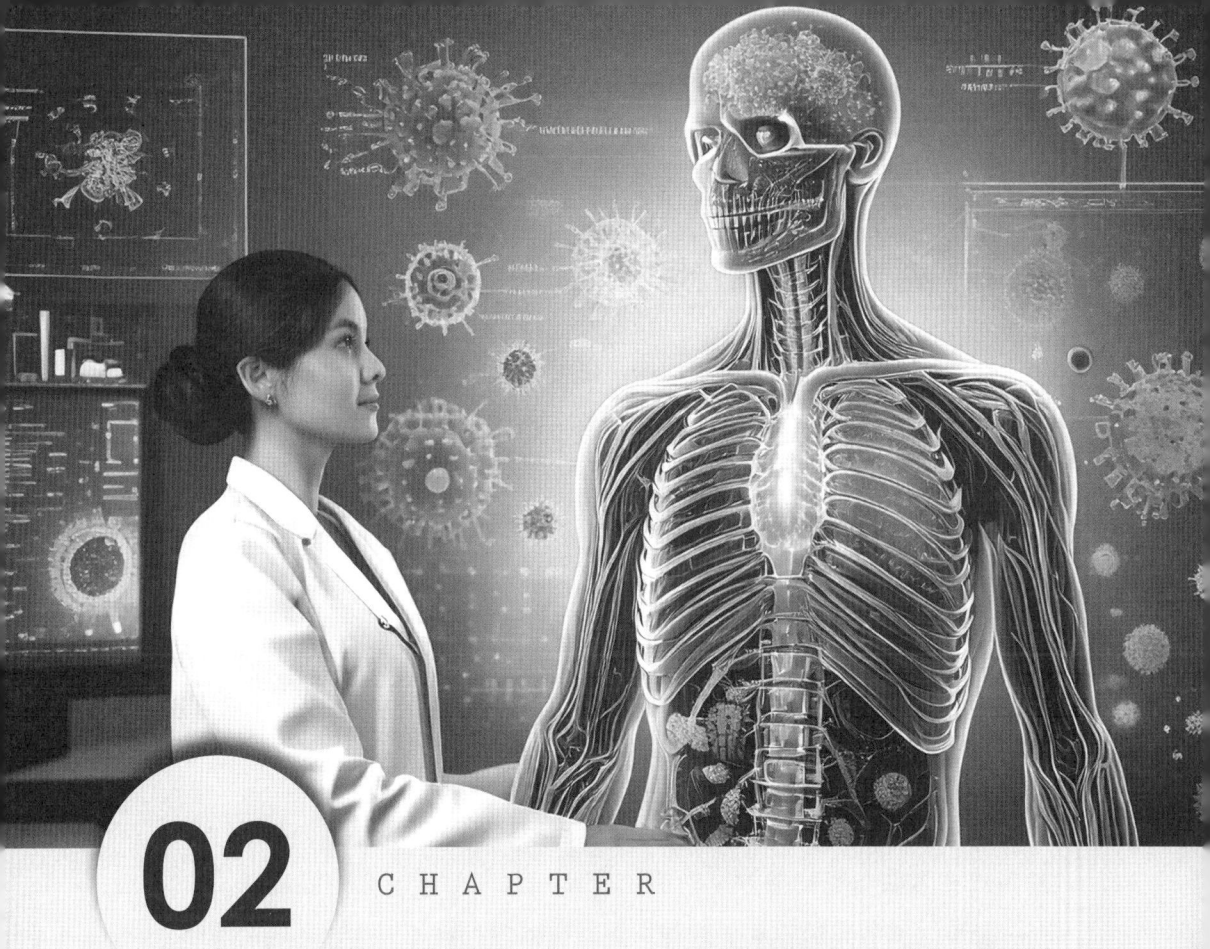

運動系統：人體的超級支撐

2.1. 認識運動系統
2.2. 嬰兒的骨頭比成人更多？
2.3. 軟骨：柔軟又堅韌
2.4. 骨密度：骨骼健康的指標
2.5. 關節為什麼會「咔吧咔吧」響？
2.6. 肌肉是如何養成的？
2.7. 為什麼運動會讓肌肉疼痛？
2.8. 肌肉中的蛋白質

2.1 認識運動系統

我們的身體之所以能自由活動、維持姿勢和完成各種複雜的動作，離不開運動系統的支援。運動系統骨骼、關節（骨連接）和骨骼肌三種器官組成。

▨ 骨骼：運動系統的基礎

骨骼是運動系統的基礎。沒有骨骼，我們的身體會像一堆軟泥，無法支撐起自己。骨骼提供了身體的基本結構，支撐著我們站立、行走和坐下。

骨骼不僅決定了我們的形狀，還保護著內部的重要器官。我們的身體內部有幾個重要的體腔，它們由骨骼構成，保護著內部的臟器。例如，顱腔保護著大腦和感覺器官，胸腔保護著心臟、大血管和肺，腹腔和盆腔則保護著消化、泌尿和生殖系統的眾多臟器這些體腔不僅提供了堅固的保護，還支撐了器官的位置，防止它們在體內移動。骨骼和肌肉共同構成的保護機制，使得我們的內部器官在受到外部衝擊時能夠得到有效的防護。

骨骼還儲存著重要的礦物質，包括鈣和磷，這些礦物質對神經傳導和肌肉收縮至關重要。此外，骨骼中的骨髓是血細胞生產的主要場所，紅血球、白血球和血小板在這裡誕生，為身體提供必要的氧氣運輸、免疫防禦和凝血功能。

關節：骨與骨的連接點

關節是骨與骨之間的連接點，它們的靈活性和穩定性決定了我們的運動範圍和能力。根據活動範圍的不同，關節可以分為不活動、半活動和活動關節。

頭骨中的顱縫是典型的不活動關節，它們幾乎沒有運動能力，而脊柱中的椎間盤是半活動關節，提供了一定程度的運動和靈活性。最常見的活動關節包括肩關節和髖關節，它們允許大範圍的運動，如轉動和擺動。

關節周圍的韌帶和肌腱在穩定關節和傳遞力量方面起到了重要作用。韌帶連接骨與骨，確保關節在運動時不會脫位，而肌腱連接肌肉與骨，幫助肌肉力量傳遞到骨骼，產生運動。

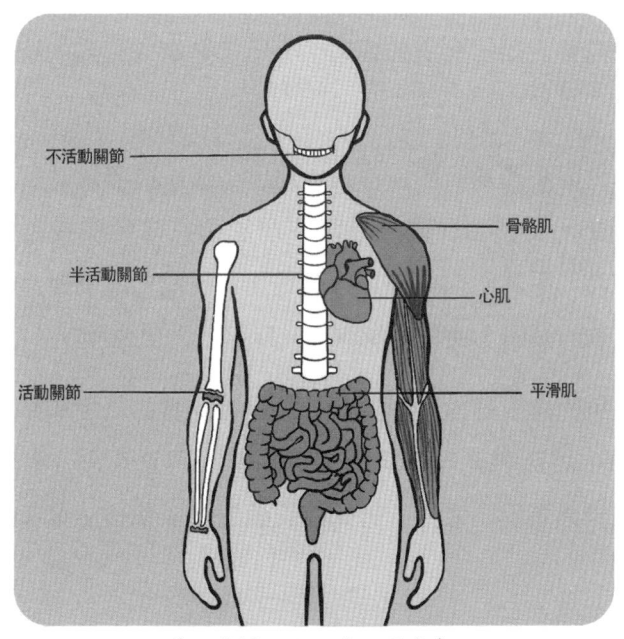

認識運動系統

肌肉：動力裝置

　　肌肉是人體運動的主動力量，它們透過收縮和放鬆來產生運動。肌肉由肌纖維組成，這些纖維是通過神經信號進行協調工作的。每一塊肌肉由成千上萬的肌纖維組成，這些纖維按照一定的方向排列，以最大化力量和效率。當大腦發出信號時，這些纖維會同時收縮，產生運動。

　　肌肉收縮的過程是一個複雜的生化反應，是鈣離子和肌肉蛋白質的相互作用。當神經信號到達肌肉時，鈣離子釋放，促使肌動蛋白和肌凝蛋白相互滑動，使肌纖維縮短，產生收縮，這種協調的肌肉運動，使得我們能夠完成各種複雜的動作，從跳舞到舉重，甚至是微妙的面部表情。

　　人體內的肌肉主要分為三類：骨骼肌、平滑肌和心肌。骨骼肌附著在骨骼上，負責大部分的自願運動；平滑肌存在於內臟器官中，負責控制非自願的運動，如消化道的蠕動；心肌則是構成心臟的肌肉，負責泵血。

　　其中，骨骼肌通過肌腱連接到骨骼上，當肌肉收縮時，它們拉動骨骼，產生運動。這種合作關係使得我們能夠完成各種複雜的動作。比如，在舉重時，手臂肌肉收縮，拉動骨骼，使我們能夠舉起重物。關節則提供了運動的樞紐，使骨骼能夠在一定範圍內自由移動。

　　此外，肌肉還會透過不斷的微調，保持身體的平衡和姿態。比如，當你站立時，腿部和背部的肌肉會不間斷地調整張力，確保你不會倒下。這種肌肉緊張度的維持，對保持正確的體姿和預防背部疼痛至關重要。

2.2 嬰兒的骨頭比成人更多？

你知道嗎？嬰兒出生時體內的骨骼數量比成年人還多。新生兒大約有 270 塊骨頭，而成年人只有 206 到 213 塊骨頭。隨著嬰兒的成長，這些骨頭中的一些會融合，最終形成成年人的骨骼系統。

嬰兒的骨骼中有更多的軟骨，這使得他們的骨骼更加柔軟和靈活。軟骨比骨頭更能抵抗壓力，同時提供支撐和彈性。這種柔軟的結構讓嬰兒能夠更安全地經歷出生過程，並適應快速的生長和發育。

與硬骨不同，軟骨中沒有鈣，而是含有軟骨素，這使得軟骨能夠保持其柔韌性和彈性。對於嬰兒來說，軟骨的主要作用就是作為骨頭的前身——隨著時間的推移，大部分軟骨會逐漸硬化成骨頭，這個過程稱為骨化。骨化從胎兒期的第六或第七週開始，並一直持續到 20 多歲。

骨化分為兩種類型：膜內骨化和軟骨內骨化。膜內骨化主要發生在頭骨、面骨、鎖骨和其他扁平骨中。這個過程直接從結締組織中形成骨頭，而不經過軟骨階段。膜內骨化一個典型例子就是頭蓋骨的形成。軟骨內骨化則是長骨、短骨和一些不規則骨形成的主要過程，這種骨化類型主要是透過軟骨來形成骨頭。手臂和腿的長骨，比如股骨和肱骨，就是透過這種方式形成的。軟骨內骨化確保了骨頭的長度和形狀，從而支撐身體的運動和負重。

嬰兒骨骼是如何變化的？

嬰兒的骨骼從出生時的柔軟逐漸變得堅硬。這一變化是從頭骨開始的，頭骨由多塊骨頭組成，包括兩塊額骨、兩塊頂骨和一塊枕骨。這些

骨頭最初保持靈活性以適應出生過程和大腦發育。頭骨之間的空間稱為囟門，前囟門在孩子兩歲左右閉合，後囟門通常在三個月大時閉合。

此外，嬰兒的脊柱一開始呈簡單的 C 形。隨著嬰兒開始抬頭、坐、爬和行走，脊柱的頸椎和腰椎曲線逐漸形成，使脊柱具有更好的靈活性和支撐力。然而，脊柱也可能出現異常，如脊柱後凸、脊柱前凸和脊柱側彎。這些異常會導致脊柱的過度彎曲或側向彎曲，這可能就需要透過支架或手術進行矯正。

2.3 軟骨：柔軟又堅韌

軟骨是我們身體中一種非常重要的組織，它能讓我們的關節保持靈活並減少磨損。軟骨主要由水和基質組成，關節軟骨中約 65% 至 80% 是水，但隨著年齡的增長，水分會減少。基質由膠原蛋白、蛋白聚糖和非膠原蛋白組成。軟骨細胞是軟骨中唯一的細胞，它們負責產生並維持軟骨基質。

雖然軟骨是一種高度組織化的結構，但不同類型的軟骨具有不同的特性，能夠在體內發揮特定功能。具體來看，人體內有三種不同類型的軟骨：透明軟骨、彈性軟骨和纖維軟骨。

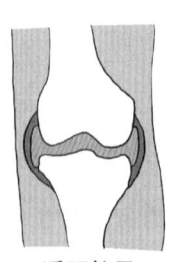

透明軟骨　　彈性軟骨　　纖維軟骨

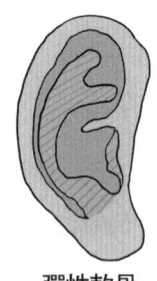

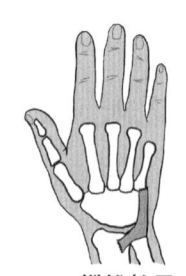

其中，透明軟骨，也稱為關節軟骨，是最常見的軟骨類型，存在於我們的關節、鼻中隔和氣管中。它的光滑表面可以減少骨頭之間的摩擦，使得關節在運動時更加順暢。這種減少摩擦的特性對於關節的正常功能和健康至關重要。透明軟骨還能夠吸收運動時的衝擊力，像緩衝墊一樣保護我們的骨頭，防止它們在劇烈運動時受到損傷。

彈性軟骨是一種非常靈活的軟骨，能夠在受到壓力後恢復原狀。這個特性在需要頻繁變形的部位（如耳朵）尤為重要，彈性軟骨還存在於部分鼻子和氣管中。

纖維軟骨是三種軟骨中最堅韌和最不靈活的類型。它主要存在於需要承受大量壓力的部位，如膝蓋的半月板和脊柱的椎間盤。一方面，纖維軟骨具有很強的抗壓能力，能夠吸收並分散巨大的壓力，這對於保護關節和脊柱的正常功能至關重要；另一方面，由於纖維軟骨的高強度和低靈活性，因此，它能為需要強大支撐的部位提供必要的結構穩定性。比如，纖維軟骨在膝蓋的半月板中，能夠幫助分散膝蓋在行走、跑步和跳躍時所承受的壓力。

軟骨磨損後會發生什麼？

當軟骨受損或磨損時，會引起一系列的問題。健康的軟骨能夠減少骨頭之間的摩擦並吸收運動時的震動，就像汽車的減震器一樣。如果軟骨受損或磨損，骨頭之間的摩擦增加，導致關節疼痛和僵硬，活動範圍也會受到限制。

如果不及時治療，磨損嚴重的軟骨甚至會完全消失，使得骨頭直接接觸並摩擦。這種情況下，關節會出現劇烈的疼痛，並且可能會導致關

節功能障礙，嚴重影響生活品質。這種現象在骨關節炎患者中尤為常見，他們的軟骨逐漸退化，關節變得僵硬，甚至無法正常活動。

雖然軟骨的自我修復能力非常有限，但現代醫學已經開發出多種修復軟骨的方法。比如，骨軟骨移植技術可以將健康的骨和軟骨移植到受損部位，從而幫助恢復關節功能。自體軟骨細胞植入則是將健康的軟骨細胞培養後植入受損部位，這些細胞會在受損部位生長並修復受損的軟骨。

保護軟骨的關鍵在於保持健康的生活方式。首先，保持適當的體重可以減輕關節的負擔，防止軟骨過度磨損。過重的體重會對關節，特別是膝蓋和髖關節，施加額外的壓力，加速軟骨的磨損。其次，避免過度使用關節和保持良好的姿勢也很重要。正確的姿勢和動作可以減少關節的壓力，防止軟骨的過度磨損。

2.4 骨密度：骨骼健康的指標

判斷一個人的骨骼是否健康，有一個重要的指標，那就是骨密度——骨密度是單位體積骨組織中礦物質的含量。想像一下，骨骼就像一塊多孔的海綿，礦物質就像填充這些孔隙的物質。骨密度越高，骨骼就越堅固。這些礦物質主要包括鈣和磷，它們是構成骨骼硬度和強度的關鍵成分。

骨密度在我們的一生中經歷了不同的變化階段。

在兒童期和青春期，骨骼快速生長，骨密度迅速增加。充足的營養（特別是鈣和維生素 D）和適量的運動對骨骼發育至關重要。骨密度通

常在年輕時達到峰值，大約在 25 至 30 歲左右，這時我們的骨骼最為堅固，具有最高的礦物質含量。進入中年後，骨密度開始緩慢下降。女性在絕經期後由於雌激素水準下降，骨密度的下降速度會加快。男性隨著年齡的增長，睪固酮水準下降，也會導致骨密度減少。老年期骨密度則會進一步下降。

骨密度是骨骼強度的一個重要指標，高骨密度意謂著骨骼結構緊密且堅固，能夠更好地承受壓力和衝擊。低骨密度則表示骨骼變得脆弱，更容易發生骨折。

如何測量骨密度？

骨密度不僅僅是一個數字，通過測量骨密度，醫生可以評估一個人的骨骼健康狀況。目前，最常用的測量骨密度方法是雙能 X 線吸收法（DEXA），這種方法不僅準確，還相對簡便。

雙能 X 線吸收法是一種利用低劑量 X 射線來測量骨密度的技術。DEXA 掃描會利用兩種不同能量水準的 X 射線穿透骨骼和軟組織。當 X 射線穿過身體時，骨骼和軟組織會吸收部分射線。由於骨骼和軟組織的密度不同，它們吸收射線的能力也不同。DEXA 掃描器能夠檢測到這些不同能量水準的 X 射線在穿透骨骼和軟組織後剩餘的強度，並透過電腦演算法來確定骨密度。

簡單來說，掃描器會發射兩束能量不同的 X 射線，一束主要被骨骼吸收，另一束則主要被軟組織吸收。通過比較這兩束 X 射線在穿過身體後的剩餘能量，電腦會計算出骨骼的礦物質密度。這個過程既快速又無痛，僅需幾分鐘即可完成。

2.5 關節為什麼會「咔吧咔吧」響？

你有沒有在彎曲膝蓋或伸展手指時聽到過「咔吧咔吧」的響聲？這種「咔吧咔吧」的響聲往往來自於我們的關節。

很多人都會好奇，為什麼關節會發出這種聲音？

首先，我們要知道，關節是由兩塊或多塊骨頭相連組成的，它們被一個叫作關節囊的袋子覆蓋著。關節囊的內部充滿了關節液，這種液體起到潤滑劑的作用，幫助骨頭在關節中順暢地滑動。

關節液主要由水、蛋白質和少量的糖類組成，具有類似潤滑油的功能。它不僅減少了關節表面之間的摩擦，還提供了營養物質，幫助維持關節的健康。關節液的存在使得我們的關節能夠承受日常活動中的各種壓力和運動。

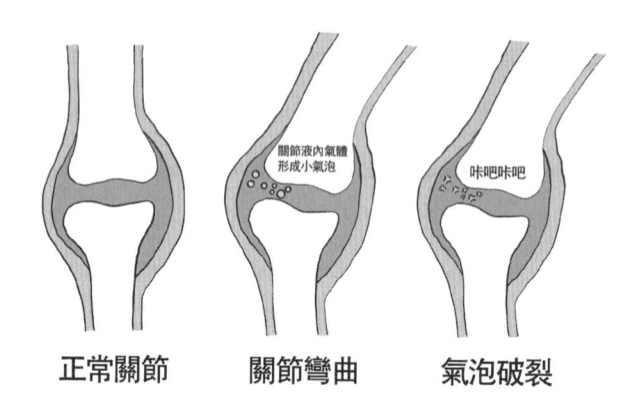

正常關節　　關節彎曲　　氣泡破裂

那麼，為什麼關節會發出「咔吧咔吧」的響聲呢？

這主要與關節液和關節內部的壓力變化有關。當我們彎曲或伸展關節時，關節囊內的壓力會發生變化。具體來說，當關節被彎曲時，關節

囊內的壓力會下降，導致關節液中的氣體（主要是二氧化碳）形成小氣泡。當這些氣泡突然崩裂時，就會發出「咔吧咔吧」的響聲。

這種現象可以想像成我們開一瓶汽水時聽到的「嘶嘶」聲。當瓶蓋被打開時，瓶內的壓力突然降低，溶解在液體中的二氧化碳氣體迅速形成氣泡並釋放出來，產生聲音。同樣的原理也適用於關節液中的氣泡爆裂。

除了關節液中的氣泡爆裂，還有其他幾種原因也可能導致關節發出響聲，比如，肌腱和韌帶移動，當肌腱或韌帶在骨頭上滑動時，它們可能會突然移動，發出「哢吧」的聲音。這種情況通常發生在關節周圍的肌肉和韌帶非常緊張時。此外，關節表面不光滑或出現磨損時，骨頭在運動時會摩擦，也會發出聲音，這種情況在關節炎患者中比較常見。另外，當關節在某些角度上移動時，關節面之間的接觸面積發生變化，也可能會發出聲音。

對於大多數人來說，關節發出響聲並不是一個大問題。只要不伴隨疼痛或不適，這種聲音基本上就是無害的。但有些人覺得讓關節發出響聲很好玩，反覆地這麼做，這其實對關節不太好。因為頻繁地施加不必要的力量可能會損傷關節組織，導致關節疼痛或炎症。

2.6　肌肉是如何養成的？

當你在健身房裡揮汗如雨時，你是否曾好奇過，肌肉是如何透過鍛鍊來養成的？

想要知道答案，首先要瞭解肌肉的基本結構。肌肉透過肌腱將多條肌肉與骨頭連接在一起。肌肉本身是由多條肌肉纖維束構成的，而這些纖維束又是由許多肌肉纖維組成的。更深入地觀察這些肌肉纖維，我們會發現它們是由更小的肌原纖維構成的。這些肌原纖維是肌肉的最小單位，其直徑大約是 0.001 毫米。

想要練出肌肉，關鍵就在於強化肌肉纖維。當我們進行肌肉鍛鍊、增加負荷時，體內的肌肉纖維會經歷微小的斷裂。這聽起來可能有點可怕，但這實際上是肌肉增長的關鍵。肌肉纖維在斷裂後會迅速修復，並長出新的肌肉纖維。

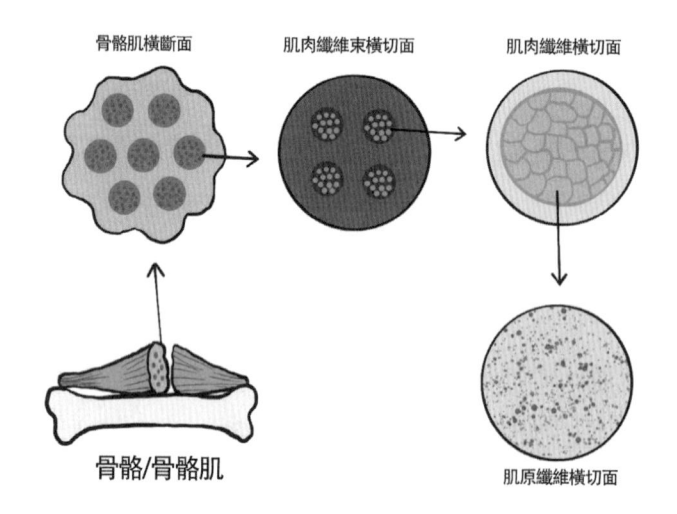

骨骼肌橫斷面　肌肉纖維束橫切面　肌肉纖維橫切面

骨骼/骨骼肌　　　　　　　　　　　肌原纖維橫切面

在修復過程中，蛋白質起到了至關重要的作用。受損的肌肉纖維需要蛋白質來修復和重建。通過攝入足夠的蛋白質，我們的身體能夠提供所需的胺基酸，這些胺基酸是構建新肌肉纖維的基礎材料。新修復好的肌肉纖維通常比以前的更粗壯，這就是為什麼經過一段時間的訓練後，肌肉會變得越來越大、越來越強壯的原因。

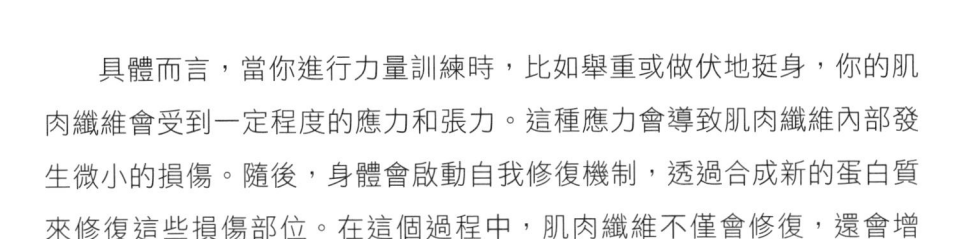

具體而言，當你進行力量訓練時，比如舉重或做伏地挺身，你的肌肉纖維會受到一定程度的應力和張力。這種應力會導致肌肉纖維內部發生微小的損傷。隨後，身體會啟動自我修復機制，透過合成新的蛋白質來修復這些損傷部位。在這個過程中，肌肉纖維不僅會修復，還會增大，以應對未來可能出現的更大負荷。

營養和休息在肌肉增長過程中同樣重要。比如，雞蛋、魚類、瘦肉、豆類和乳製品都是優質蛋白質的良好來源。此外，充分的休息和睡眠也是不可或缺的，因為大部分肌肉修復和生長都是在休息時進行的。

另外，要使肌肉持續增長，逐漸增加訓練負荷是必要的。這可以透過增加重量、增加訓練次數或增加訓練強度來實現。每次訓練都要給肌肉提供新的挑戰，這樣才能不斷促進肌肉纖維的增長和強化。

2.7　為什麼運動會讓肌肉疼痛？

你有沒有經歷過這樣的情況：在進行了劇烈的運動後，感覺身體充滿了力量，但過了一兩天卻發現肌肉酸痛，甚至連坐下或走路都感到困難。這其實就是典型的肌肉酸痛，也是很多健身愛好者和運動員都曾經歷過的一個常見問題。

過去，人們普遍認為肌肉酸痛是由於運動後體內乳酸堆積引起的。然而，事實上，乳酸實際上並不是罪魁禍首。乳酸只是作為能量被肌肉細胞利用，但卻並不是導致人體最終疲勞疼痛的物質。那麼，真正的原因是什麼呢？答案其實是炎症反應——簡言之，是炎症引發了疼痛。

具體而言，在我們進行劇烈運動時，尤其是那些我們不常做的運動，肌肉纖維會受到微小的撕裂。這些微小的撕裂會導致肌肉纖維的炎症反應，從而引發疼痛。炎症反應中會產生一些化學物質，如組織胺、乙醯膽鹼和緩激肽，這些物質會刺激疼痛感受器，向大腦傳遞疼痛信號。

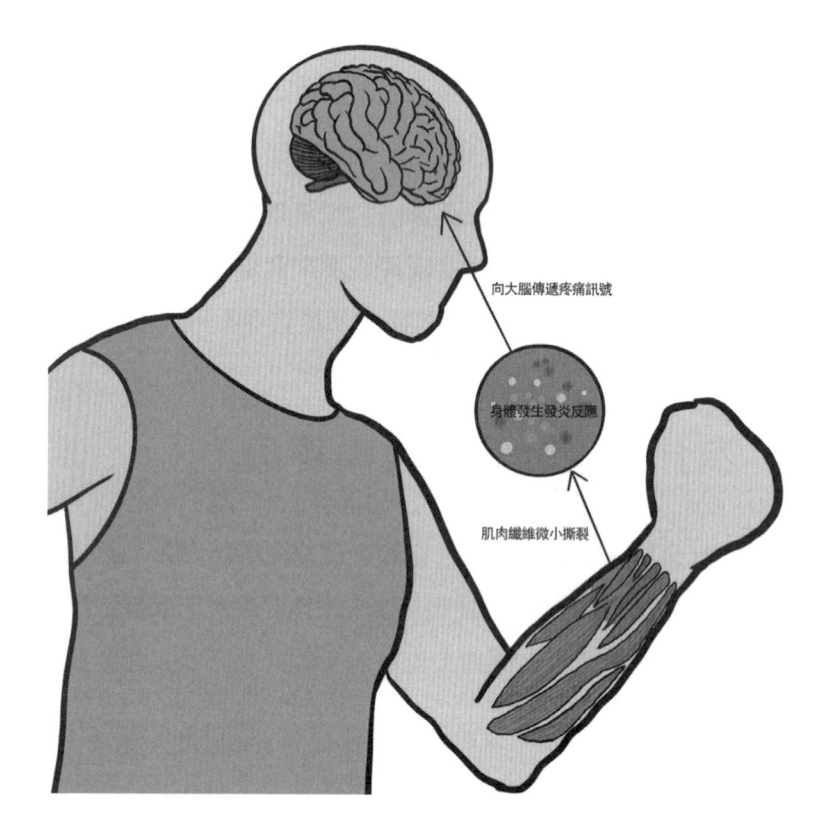

向大腦傳遞疼痛訊號

身體發生發炎反應

肌肉纖維微小撕裂

肌肉酸痛通常分為即發性和遲發性兩種。即發性肌肉酸痛在運動後立即出現，而遲發性肌肉酸痛（DOMS）則通常在運動後 12 至 24 小時之間開始，疼痛高峰通常出現在運動後的 24 至 72 小時。遲發性酸痛通常就是因為運動引起的肌肉纖維微損傷和隨後的炎症反應。

當然，因為劇烈運動帶來的肌肉疼痛只是暫時的。當肌肉纖維受損後，身體會啟動自我修復機制。白血球和其他免疫細胞會移動到受損部位，清除受損的細胞和組織碎片，同時釋放抗炎症因子來促進修復。在這個過程中，新的肌肉纖維會生成並替代受損的纖維。這種修復過程不僅使肌肉纖維變得更強壯，也為將來更高強度的運動做好準備。

雖然肌肉酸痛是一種自然的身體反應，但我們可以採取一些措施來減輕不適並加快恢復過程。最基礎的就是適當休息，給肌肉足夠的時間進行自我修復，避免過度使用同一組肌肉。另外，還可以進行一些低強度的活動，如步行、游泳或瑜伽，這有助於促進血液迴圈，加速肌肉的恢復。

為了預防肌肉酸痛，最重要的是逐漸增加運動強度，讓身體有時間適應新的運動量。避免突然進行高強度的運動，特別是那些你不常做的運動。另外，做好充分的熱身和拉伸也有助於減少肌肉酸痛的發生。

2.8　肌肉中的蛋白質

肌肉的作用不只是保持身體強壯，當你鍛鍊時，你的肌肉──特別是骨骼肌中還會釋放出各種蛋白質，其中最重要的一種蛋白質，就是肌動蛋白。肌動蛋白是一種球狀蛋白質，它可以聚合成長長的纖維，這些纖維被稱為微絲或 F- 肌動蛋白。微絲是細胞骨架的一部分，提供了細胞結構的支撐和形狀。

肌動蛋白主要有兩種形式：G- 肌動蛋白（球狀）和 F- 肌動蛋白（纖維狀）。G- 肌動蛋白分子可以聚合成 F- 肌動蛋白，這些纖維構成了細胞的結構框架。

肌動蛋白在細胞內的許多關鍵過程中發揮作用。首先，它是肌肉收縮的主要成分之一。在肌肉細胞中，肌動蛋白和另一種叫做肌球蛋白的蛋白質共同作用，使肌肉能夠收縮和放鬆。肌動蛋白纖維和肌球蛋白纖維交替排列，當肌肉收縮時，肌球蛋白頭部「抓住」肌動蛋白纖維並拉動它們，使肌肉收縮。

　　肌動蛋白還在細胞的運動和分裂中起著重要作用。比如，細胞在移動時，肌動蛋白纖維不斷組裝和拆卸，使細胞能夠改變形狀並移動到新的位置。這種能力對於免疫細胞追蹤和消滅病原體，以及在胚胎發育過程中細胞遷移至關重要。

　　除了肌動蛋白和肌球蛋白外，肌肉中還會釋放白血球介素-6（IL-6）、腦源性神經營養因子（BDNF）、機械生長因子（MGF）等蛋白質。

　　白血球介素-6是一種抗炎症的肌肉因子，當我們鍛鍊時，肌肉細胞會釋放 IL-6 到血液中。IL-6 通過與其受體結合，啟動抗炎症信號通路，減少體內的炎症反應。此外，IL-6 還能促進脂肪分解，增加能量消耗，從而幫助調節體重。

　　腦源性神經營養因子是一種對大腦非常重要的蛋白質。它能夠促進神經細胞的生長和連接，提高記憶力和學習能力。鍛鍊時，BDNF 水準會顯著增加，從而改善認知功能。

　　機械生長因子是一種促進肌肉修復和生長的蛋白質。鍛鍊後，受損的肌肉細胞會釋放 MGF。這種因子能啟動衛星細胞，這些細胞是肌肉修復和再生的關鍵。MGF 促進衛星細胞增殖，並使其分化為新的肌肉纖維，從而修復受損的肌肉並增加肌肉品質。

03 CHAPTER

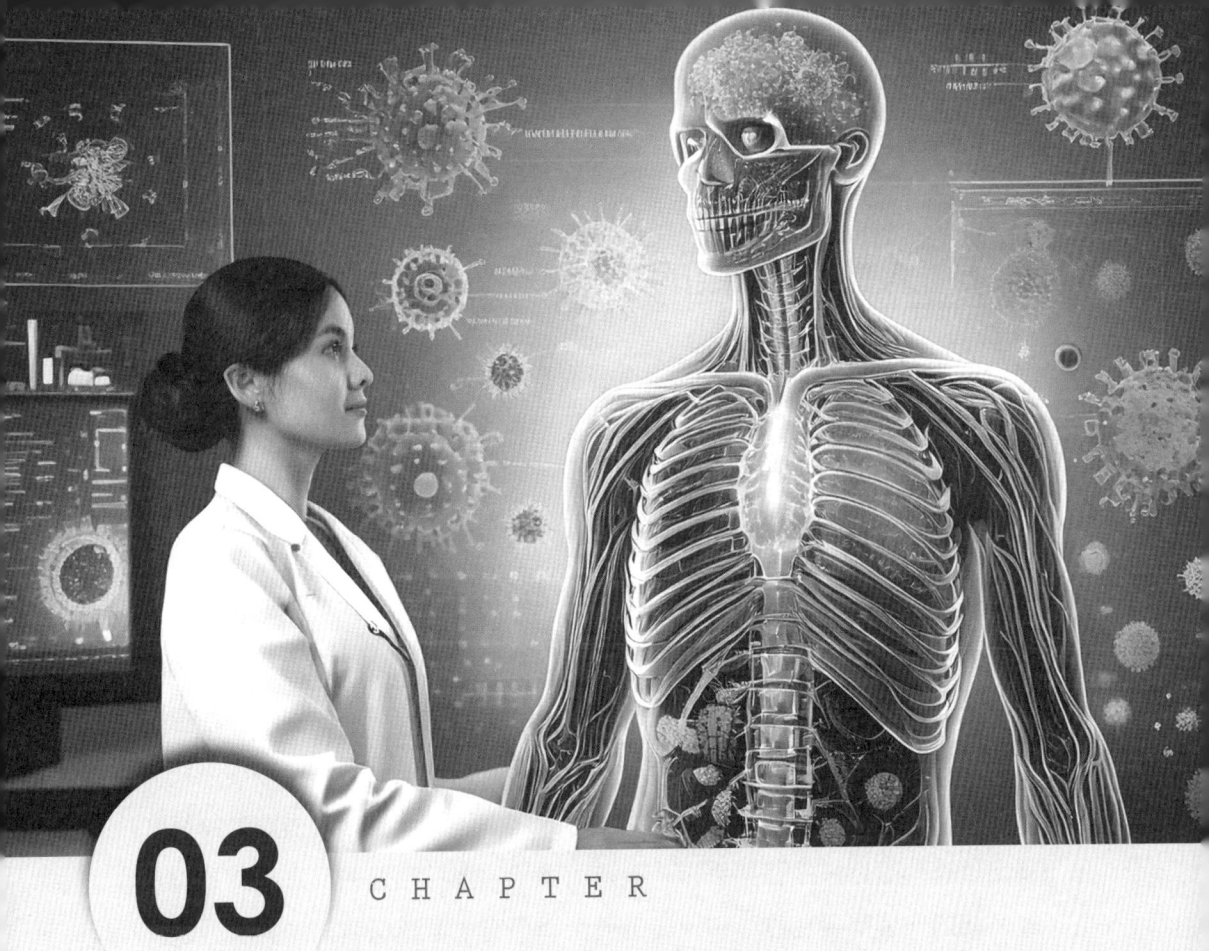

神經系統：人體的指揮中心

3.1. 人體最複雜的系統
3.2. 神經系統的組成
3.3. 神經元：神經系統的功能單位
3.4. 神經傳遞質：快樂分子的秘密
3.5. 反射弧：從接受刺激到給出反應
3.6. 神奇的人類大腦
3.7. 什麼樣的大腦更聰明？
3.8. 左腦和右腦，有什麼不一樣？
3.9. 脊髓：連接大腦和身體
3.10. 分佈全身的周圍神經系統
3.11. 熬夜的代價：紊亂的自主神經系統
3.12. 自主神經系統的隱藏能力

3.1 人體最複雜的系統

　　神經系統是人體最複雜、最重要的系統之一，它在人體各系統中起著至關重要的主導作用。它既能調節人體各系統的活動，維持內部環境的恆定，使人體成為一個完整的統一體；又能通過各種感受器接受外界刺激，並做出反應，使人體與外界環境經常保持平衡和統一。

　　比如，當人們從事體力勞動時，神經系統會調動骨骼肌的收縮，同時加快心跳和呼吸，確保身體能夠提供足夠的氧氣和能量來應對勞動的需求。而在這個過程中，胃腸的蠕動會減弱，以便將更多的血液和能量資源配置給需要的肌肉和心肺系統。當你感受到熱或者燙時，神經系統又會透過感覺神經將資訊傳遞到大腦，大腦處理資訊後，通過運動神經發出信號，讓你快速移開手指，以避免燙傷。這種迅速的反應機制是神經系統的一個重要功能，它保護身體免受傷害，並確保我們能夠有效地與外界環境互動。

　　雖然神經系統在調節人體活動中起主導作用，但其他系統對神經系統也有重要的支援作用。比如，當大腦進行緊張活動時，循環系統會及時向大腦輸送氧氣和營養物質，並運走代謝產物，保證大腦的正常運作。這種相互作用和協同工作確保了人體的各個部分能夠高效運行。

3.2 神經系統的組成

　　神經系統由兩個主要部分組成：中樞神經系統（CNS）和周圍神經系統（PNS）。

周圍神經系統
中樞神經系統

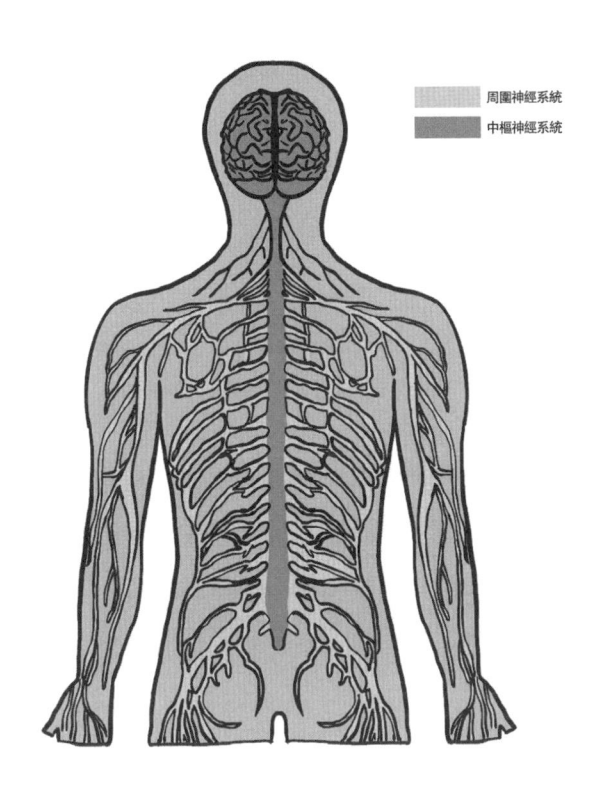

　　中樞神經系統包括大腦和脊髓，是神經系統的核心部分，負責處理和整合所有的資訊，並發出指令來控制身體的各項功能。

　　大腦是中樞神經系統中最大的部分，由左右兩個半球組成，每個半球又分為額葉、頂葉、顳葉和枕葉。大腦表面覆蓋著大腦皮層，充滿了皺褶和溝槽，增加了表面積以容納更多的神經元。大腦是思維、記憶、情感和意識的中心。它處理來自感覺器官的資訊，並作出相應的反應。額葉負責決策和運動控制，頂葉處理感覺資訊，顳葉與聽覺和語言有關，而枕葉則處理視覺資訊。

脊髓是連接大腦和身體其他部分的重要通道，位於脊柱內。它由許多神經纖維組成，這些纖維被稱為脊神經。脊髓傳遞感覺和運動信號，是反射活動的中樞。當身體某個部位受到刺激時，脊髓能迅速作出反應，比如當你觸碰到熱物體時，脊髓會立即發出信號讓你收回手指。

　　周圍神經系統由分佈在全身的神經組成，這些神經將中樞神經系統與身體的其他部分連接起來。周圍神經系統可以進一步分為體神經系統和自主神經系統。

　　體神經系統由感覺神經和運動神經組成。感覺神經將外界的刺激資訊傳遞到中樞神經系統，而運動神經則將中樞神經系統的指令傳遞到肌肉，控制其運動。體神經系統控制所有自願運動，比如走路、寫字和搬東西。當你決定做某個動作時，大腦會通過體神經系統發出指令，使肌肉收縮完成動作。

　　自主神經系統進一步分為交感神經系統和副交感神經系統。交感神經系統負責應對緊急情況，通常被稱為「戰鬥或逃跑」反應；副交感神經系統則負責休息和消化，幫助身體恢復和保存能量。比如，當你感到危險時，交感神經系統會加速心跳，增加血流量，讓你能夠迅速做出反應。而在吃飯後，副交感神經系統會促進胃腸蠕動，幫助消化食物。自主神經系統調節不隨意的功能，包括心跳、呼吸、消化和體溫等等。

3.3　神經元：神經系統的功能單位

　　神經系統就像是人體內一條資訊傳送的高速通道，連接著身體的各處，那麼，神經系統和各個系統之間又是靠什麼傳遞資訊的呢？這就要提到神經系統的功能單位——神經元了。

神經元的結構

神經元,又稱神經細胞。神經元的結構可以分為幾個主要部分,分別是細胞體、樹突和軸突。

細胞體是神經元的核心部分,包含細胞核,負責細胞的代謝和維持基本的生命活動。

樹突是從細胞體發出的短小突起,一個神經元上可能有多個樹突。樹突負責接收來自其他神經元的電信號,並將這些信號傳遞給細胞體。

軸突是從細胞體延伸出的長纖維,負責將電信號從細胞體傳遞到其他神經元或效應細胞。一個神經元通常只有一個軸突,但這個軸突可以分支,接觸多個目標細胞。

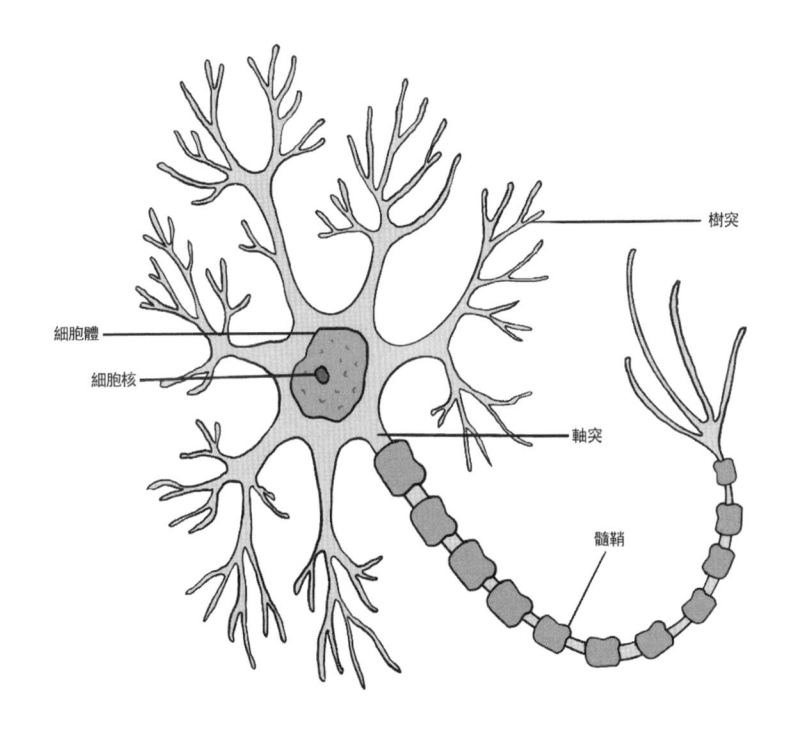

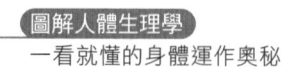

神經元是如何工作的？

神經元的主要任務就是接收和傳遞電信號，與其他神經元、肌肉細胞等效應細胞進行訊息傳遞。

具體來看，首先，神經元的樹突會接受電信號，並傳遞給細胞體。當樹突接收到足夠強的刺激信號時，細胞體內的電壓會發生變化。如果電壓變化超過一定閾值，神經元就會產生一個動作電位。這個動作電位是一種快速的電壓變化，它會沿著軸突向遠端傳遞。

許多軸突表面覆蓋著一層叫做髓鞘的結構，這層由脂質和蛋白質組成的髓鞘能夠加速電信號的傳導。髓鞘是由施旺細胞（在周圍神經系統中）或少突膠質細胞（在中樞神經系統中）形成的，這些細胞在軸突上形成一層絕緣層，使得電信號可以跳躍傳導，從而提高速度。

這層絕緣層非常重要，因為它能讓神經細胞之間不會相互干擾。試想一下，如果髓鞘出現了問題，那麼身體會發生什麼？答案就是「漏電」，因為髓鞘不絕緣了，比如說，你想食指動，其他都不動，但是，支配食指和支配中指的神經，是兩個不同的神經，它們原本相互之間是絕緣的，而沒有絕緣就漏電了，這個時候，你食指動，中指也動，無名指也動，整個手都可能動。這也體現出了髓鞘的重要性。沒有髓鞘，我們的神經元傳遞資訊就不會精準。

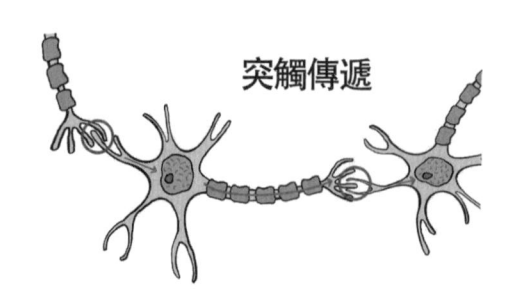

突觸傳遞

最終，電信號會到達軸突的遠端，即軸突末端。在軸突末端，信號通過一個稱為突觸的結構傳遞給下一個神經元或效應細胞。

突觸傳遞也是神經元之間以及神經元與效應細胞之間傳遞訊息的關鍵過程。當動作電位到達軸突末端時，會引發突觸前膜上的鈣離子通道開放。鈣離子從突觸前膜外部流入突觸前膜內部。鈣離子的流入促使突觸前膜中的神經傳遞質囊泡與突觸前膜融合，並將神經傳遞質釋放到突觸間隙。神經傳遞質與突觸後膜上的受體結合，啟動這些受體。神經傳遞質在完成信號傳遞後會被酶降解或被重新吸收，確保信號傳遞的精確性。受體啟動引起突觸後神經元的電壓變化，從而繼續傳遞信號。

各式各樣的神經元

神經元也有不同類型，根據結構和功能的不同，神經元可以分為單極神經元、雙極神經元、多極神經元和假單極神經元。每種類型的神經元都有其獨特的形態和功能，適應於不同的神經信號傳導需求。

單極神經元是指僅具有一個突起的神經元，這些神經元有一個單獨的長軸突，一端起樹突作用，接受神經衝動；另一端起軸突作用，傳導神經衝動，常見於脊髓神經節和大腦部分感覺神經節。

雙極神經元具有兩個獨立突起的神經元，這種結構使雙極神經元能夠高效地傳遞感覺資訊。它們通常位於感覺器官和中樞神經系統之間，起到橋樑作用。雙極神經元的結構使其能夠高效地將感覺資訊傳遞給大腦。這種高效傳遞對於感知環境變化至關重要，在嗅覺和視覺系統中，它們能夠快速傳遞感官資訊，使我們能夠迅速做出反應。因此，雙極神經元通常作為感覺神經元，將感覺資訊傳遞給中樞神經系統。比如，位

於鼻腔頂部的雙極細胞可以將嗅覺資訊傳遞給大腦，使我們能夠聞到氣味。類似地，視網膜中的雙極細胞將視覺資訊從光感受器傳遞到視神經，然後傳遞給大腦。

多極神經元有多個樹突和一個軸突，是神經系統中最常見的類型。它們的細胞體通常較大，從中發出多個樹突，這些樹突接收來自其他神經元的信號。單一的長軸突則將信號傳遞給其他神經元或效應細胞。

多極神經元主要負責將資訊從一個神經元傳遞到另一個神經元或從神經元傳遞到效應細胞。由於其複雜的樹突結構，多極神經元能夠處理大量資訊並進行複雜的信號整合和傳遞。這使它們成為大腦和脊髓中主要的神經元類型，處理從簡單反射到複雜認知任務的各種資訊，特別是在負責控制自主肌肉的運動神經元中。比如，當你決定移動手臂時，大腦中的多極神經元會啟動，傳遞信號到脊髓，再透過脊髓中的多極神經元將信號傳遞到手臂的肌肉，促使其收縮。

假單極神經元有一個從細胞體延伸出來並分成兩部分的突起，看起來像是單一突起，但實際上分為兩部分。一個部分延伸到感覺受體，另一部分延伸到中樞神經系統。假單極神經元的結構使得信號從感受器到中樞神經系統的路徑更加直接。這樣的結構特別適合於傳遞需要快速反應的觸覺和疼痛信號，幫助我們迅速感知並回應外界刺激。比如，皮膚中的觸覺或疼痛受體產生的電脈衝會通過假單極神經元傳遞到脊髓和大腦。

單極神經元　雙極神經元　假單極神經元　多極神經元

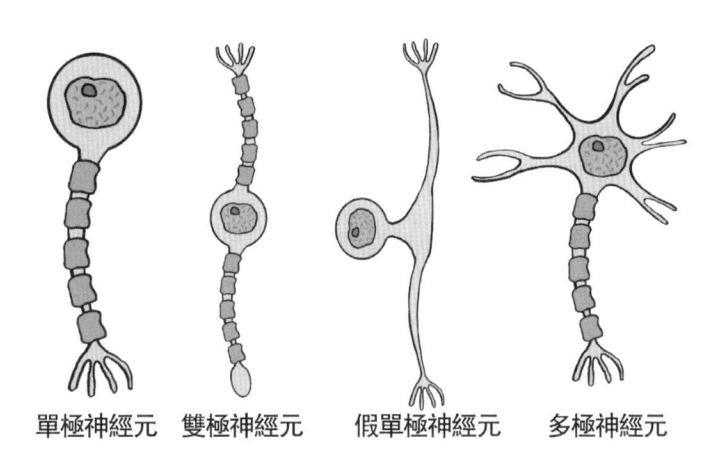

骨質疏鬆的背後

骨質疏鬆症是一種常見的骨骼疾病，這種疾病在女性中更為常見，尤其是絕經後的女性，因為她們的骨質流失速度加快。骨質疏鬆症的特點就是骨密度降低，骨骼變得脆弱易碎。究其原因，骨骼通常是網格狀的，類似於蜂窩結構。當骨質疏鬆症成為問題時，支撐骨骼的礦物質減少，網格中的間隙變大，導致骨骼變弱。這意謂著，即使是輕微的創傷也可能導致骨折。

骨質疏鬆症帶來的骨折問題不容小覷。雖然有些骨折可以透過簡單的治療來處理，但另一些骨折可能需要手術和長時間的復健。例如，髖部骨折不僅需要手術，還可能導致長期的行動不便，甚至是生活品質的顯著下降。

骨質疏鬆症的常見症狀

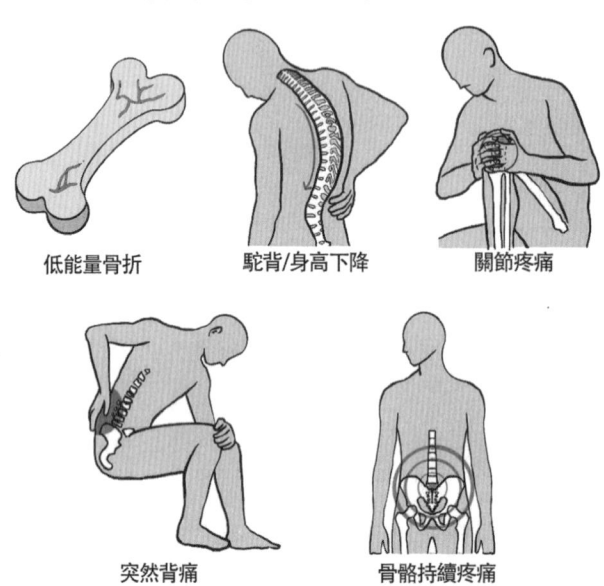

低能量骨折　　駝背/身高下降　　關節疼痛

突然背痛　　骨骼持續疼痛

3.4 神經傳遞質：快樂分子的秘密

如果說神經元是神經系統的功能單位，那麼神經傳遞質就是神經系統中負責傳遞信號，讓神經元之間能夠進行交流的重要「差使」。

簡單來說，神經傳遞質就是由神經元（神經細胞）釋放的化學物質，用於在神經元之間傳遞資訊。每個神經元有一個叫做突觸的小間隙，通過釋放神經傳遞質，信號可以從一個神經元傳遞到下一個神經元或目標細胞，如肌肉細胞或腺體。

神經傳遞質的主要作用是傳遞資訊，使大腦和身體的不同部分能夠協調工作。它們在調節情緒、睡眠、食慾、心率、體溫和其他生理功能方面起著關鍵作用。

不同的神經傳遞質有不同的功能和效果，這取決於它們作用的受體和信號通路。

比如，多巴胺是一種與愉悅和獎勵機制相關的神經傳遞質，在大腦中，多巴胺的釋放與愉快的體驗和獎勵有關。這也是為什麼多巴胺被稱為「快樂化學物質」的原因。多巴胺失衡則與帕金森氏症和精神分裂症等疾病有關。

血清素則與情緒、睡眠和食慾相關，它的平衡對情緒穩定至關重要。血清素水準不足與抑鬱症和焦慮症有關，許多抗抑鬱藥物正是透過增加血清素的可用性來緩解症狀。

乙醯膽鹼參與肌肉控制和記憶形成，它在運動神經元和肌肉之間的信號傳遞中起關鍵作用，幫助我們進行各種運動。此外，乙醯膽鹼在大腦中也與記憶和學習過程有關。

腎上腺素是一種在應激反應中釋放的神經傳遞質和激素。它能迅速提升心率、增加血流量和提高能量水準，幫助我們應對緊急情況。

神經傳遞質的工作

神經傳遞質的工作可以分為幾個步驟：

第一步是合成和儲存，神經傳遞質在神經元內合成，並儲存在突觸前神經元的突觸小泡中。

當一個神經衝動（電信號）到達突觸前神經元末端時，觸發鈣離子通道開放，鈣離子進入細胞內，導致突觸小泡與細胞膜融合，並釋放神經傳遞質進入突觸間隙。

在神經傳遞質通過擴散穿過突觸間隙後，神經傳遞質會與突觸後神經元上的特定受體結合，受體是專門接收並回應神經傳遞質信號的蛋白質。

當神經傳遞質與受體結合後，引發突觸後神經元內的化學反應，繼續傳遞信號，可能導致突觸後神經元產生新的神經衝動。

神經傳遞質的作用可以透過幾種方式終止，包括再攝取（神經傳遞質被突觸前神經元重新吸收）、酶降解（酶分解神經傳遞質）和擴散（神經傳遞質離開突觸間隙）。

3.5 反射弧：從接受刺激到給出反應

面對各種刺激信號，我們的神經系統需要及時做出反應，而控制我們做出反應的重要的人體裝置，就是反射弧。

反射弧是一條神經路徑，控制著反射動作。它允許信號在不經過大腦處理的情況下，通過脊髓快速傳遞。我們神經對任何刺激信號的調節，都是通過這一個完整的反射弧進行的。

反射弧由五個組成部分，分別是感受器、感覺神經元、中樞神經系統、運動神經元和效應器。

眼睛受到強光刺激

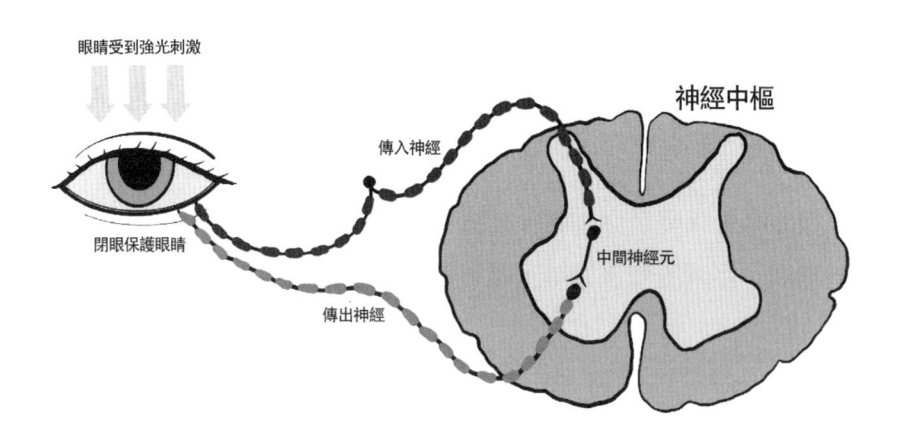

神經中樞

傳入神經

閉眼保護眼睛

中間神經元

傳出神經

　　具體來看，感受器是位於皮膚、肌肉或其他組織中的特殊細胞，可以感受我們身體受到的各式各樣的刺激信號。刺激信號可能來源於體內，也可以來於體外，可能是光線刺激，也可能是聲音刺激，或者文字的刺激、視覺的刺激等等。

　　當感受器檢測到刺激時，會將這些資訊轉換成電信號，這是反射弧啟動的第一步。接下來的工作就交到了感覺神經元上——感受器會通過感覺神經元（傳入神經）傳遞到中樞神經系統。

　　感覺神經元的主要功能就是將感受器的信號傳遞到脊髓或大腦。比如，當你觸摸到一個熱物體時，熱感受器將溫度變化轉換為電信號，這些信號通過感覺神經元傳遞到脊髓。在脊髓或大腦中，這些信號會與其他神經元進行突觸連接。

　　中樞神經系統是反射弧中處理和整合資訊的核心部分。它包括脊髓和大腦。在脊髓或大腦的灰質中，感覺神經與運動神經通過突觸連接。中樞神經系統在這裡對信號進行初步處理，並決定適當的反應。在反射弧中，許多反射動作不需要大腦的參與，而是直接在脊髓中完成。比

如，當你觸摸到一個熱物體時，信號會在脊髓中快速處理，並通過運動神經發出指令，使你迅速收回手指。這種快速反應是因為信號不需要經過大腦處理，從而節省了時間。

效應器是接受運動神經元信號並執行反應的器官或肌肉。效應器包括骨骼肌、平滑肌和腺體等。當運動神經元傳遞信號到效應器時，效應器會立即作出反應。

控制不住的膝跳反射

膝跳反射是反射弧工作的一個經典例子。當你用小錘子輕敲膝蓋下方的韌帶時，腿會突然跳動，這就是膝跳反射。這也展示了神經系統究竟是如何快速、高效地處理刺激並作出反應的。

膝跳反射在醫學上也被稱為髕腱反射。在膝跳反射中，當小錘輕敲你的膝蓋下方的髕腱時，會產生一個機械刺激。緊接著，股四頭肌內的肌梭就會感受到快速的拉伸——肌梭是肌肉中的感受器，能夠檢測到肌肉的長度變化和拉伸速度。

這種拉伸刺激會通過感覺神經元傳遞到脊髓，感覺神經元負責將肌梭檢測到的信號傳遞到脊髓的後角。在脊髓內，感覺神經元與運動神經通過一個突觸相連，這種簡單的連接使得信號可以迅速傳遞，而無需經過大腦的複雜處理。

隨後，運動神經元的電信號透過運動神經元傳遞到股四頭肌。股四頭肌接收到信號後迅速收縮。這種收縮使得小腿迅速抬起，完成膝跳反射。

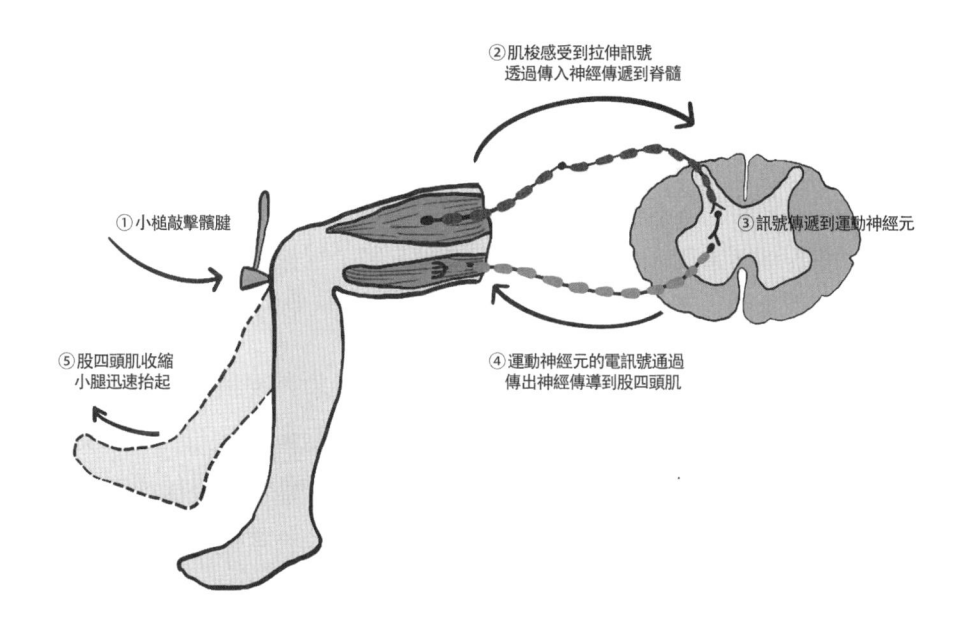

② 肌梭感受到拉伸訊號
透過傳入神經傳遞到脊髓

① 小槌敲擊髕腱

③ 訊號傳遞到運動神經元

⑤ 股四頭肌收縮
小腿迅速抬起

④ 運動神經元的電訊號通過
傳出神經傳導到股四頭肌

▨ 反射弧有多重要？

反射弧最大的作用，就是保護作用，事實上，反射弧本身就是人體的一種保護機制。當你不小心觸摸到一個非常熱的物體時，你的手會在意識到痛之前迅速地收回。這就是反射弧的作用。感受器（熱感受器）感知到高溫後，立即透過感覺神經元將信號傳遞到脊髓。脊髓快速處理信號，並透過運動神經元指令手部肌肉收縮，使手迅速遠離熱源，避免灼傷。這一系列反應發生得非常快，甚至在你還沒有意識到疼痛之前，手已經收回了。

再舉個例子，如果你不小心踩到一個尖銳的物體時，你的腳會立即抬起。這是因為你的腳部感受器（痛覺感受器）感知到痛覺後，立即透過感覺神經元將信號傳遞到脊髓。脊髓快速處理信號，並透過運動神經元指令腳部肌肉收縮，使腳迅速抬起，防止進一步受傷。

除了保護我們的身體，反射弧在維持身體姿勢和平衡方面也起著重要作用。當你站立時，身體會透過反射弧不斷調整肌肉的緊張度，以保持平衡。當你站在一個不平的地面上時，腳部和腿部的肌肉會根據地面的變化自動調整，使你保持站立的姿勢而不摔倒。這種自動調整是通過反射弧實現的，感受器檢測到平衡的變化，並透過感覺神經元將信號傳遞到脊髓，脊髓再透過運動神經元指令相應的肌肉進行調整。

另外，在臨床上，醫生常常利用反射弧來診斷神經系統的問題。膝跳反射就是一個常見的檢查方法。醫生用小錘輕敲膝蓋下方，如果反射正常，腿會不由自主地抬起。如果反應異常，這可能表明脊髓或周圍神經存在問題。這種簡單的測試能夠幫助醫生判斷神經系統的功能狀態，並確定可能的損傷位置。通過檢測反射的存在和強度，醫生可以更準確地診斷神經系統的疾病和損傷。

3.6 神奇的人類大腦

人腦是人體中最複雜、最神秘的器官之一。它不僅控制我們的身體功能，還影響我們的思維、情感和行為。人腦由三個主要部分組成：大腦（cerebrum）、小腦（cerebellum）和腦幹（brainstem）。

大腦是人類大腦中最大的一部分，佔據了顱腔的大部分空間。它分為左右兩個半球，每個半球又分為四個主要的腦葉：額葉、頂葉、顳葉和枕葉。

每個腦葉都有其特定的功能。額葉負責決策、問題解決、控制行為、意識和情感。頂葉處理感覺資訊，如觸覺和空間定位。顳葉處理聽覺資訊，並在語言和視覺處理中起重要作用。枕葉主要負責視覺處理。

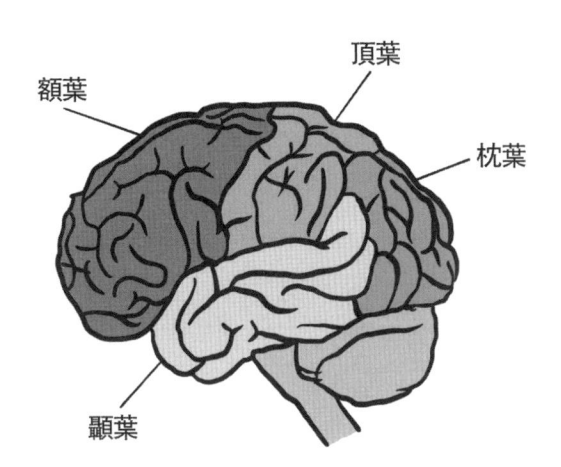

小腦位於大腦後下方，負責協調自願肌肉運動，保持姿勢和平衡，小腦還在思維、情感和社會行為中起到一定作用。

　　腦幹則連接大腦和脊髓，控制許多自動化功能，如呼吸、心跳和血壓。它包括中腦、腦橋和延髓，共同協調基本生命功能。

　　除此之外，人腦內部還有許多重要的結構，它們在調節身體功能和處理資訊方面起著關鍵作用。視丘作為大腦的「中繼站」，負責傳遞感覺和運動信號到大腦皮層。下視丘調節體溫、饑餓、口渴和睡眠，並通過垂體控制內分泌系統。垂體分泌多種激素，調節生長、代謝和生殖等功能。杏仁核參與情緒處理和記憶形成。海馬體則在記憶形成和空間導航中發揮重要作用。

　　人腦如此重要，因而也受到了特別的保護──顱骨和腦膜就是專門保護大腦的。腦膜又分為三層，腦膜的內層是軟腦膜，中間層是蛛網膜，外層是硬腦膜。軟腦膜和蛛網膜兩層之間形成了一個叫做蛛網膜下腔的間隙，裡面容納了一種叫做腦脊液的液體。腦脊液（CSF）提供額外的緩衝，保護人腦免受物理衝擊。此外，腦脊液還幫助清除大腦中的代謝廢物，維持腦組織的健康。

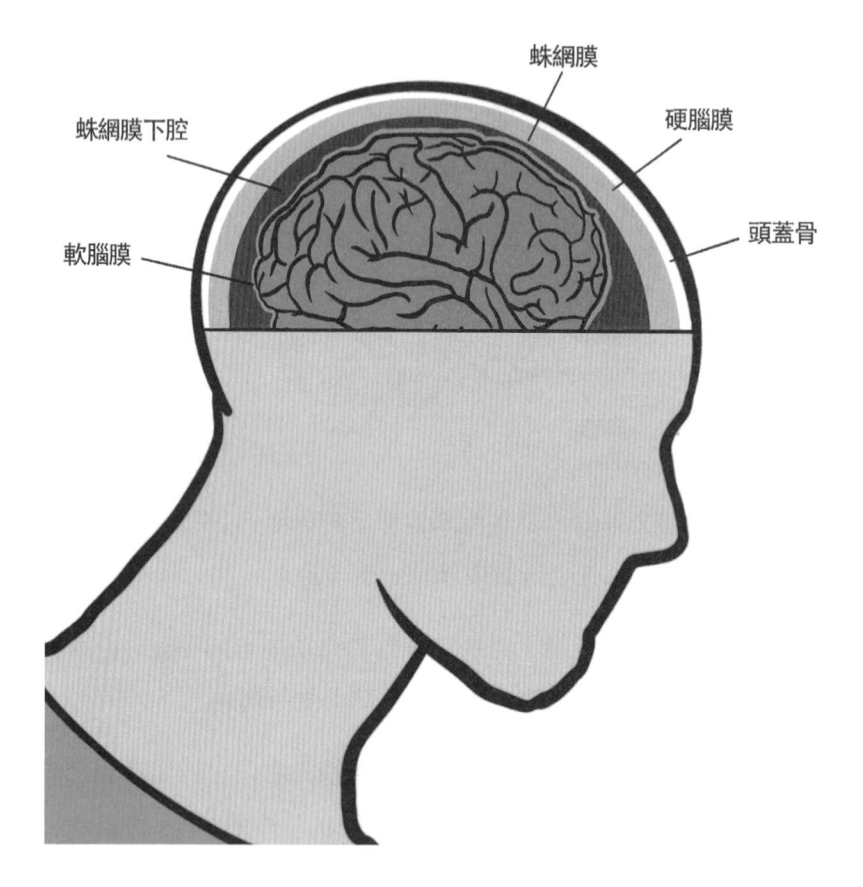

當人的頭部嚴重摔傷時，就可能會發生蛛網膜下腔出血，這是腦外科的一種常見疾病。治療方法主要是透過介入手術阻塞出血的血管，因為蛛網膜下腔裡有腦脊液分佈，所以蛛網膜下腔出血診斷的方法就包括腰椎穿刺留取腦脊液標本，並分析腦脊液中的血液或蛋白質含量。

大腦是如何工作的？

大腦是一個複雜且高效的器官，它通過灰質和白質進行資訊處理和傳遞。

灰質通常位於大腦的外層（也稱為大腦皮層），在處理感官資訊、控制運動、決策和情感等方面起著重要作用。灰質包含大量的神經元，這些神經元通過突觸連接，形成複雜的神經網路。這些網路負責處理感官輸入、生成運動指令、進行高級認知功能如記憶、學習和情感反應。

當你感受到觸覺、視覺或聽覺刺激時，這些資訊首先會傳遞到大腦皮層的相應區域進行處理。比如，視覺資訊會傳遞到枕葉進行處理，而觸覺資訊則傳遞到頂葉。大腦的額葉中包含運動皮層，負責生成和協調自願運動，當你決定移動手臂或走路時，運動皮層會發送信號到相關的肌肉，指示它們如何行動。灰質還參與更複雜的任務，如決策、計畫和解決問題。這些功能主要集中在前額葉皮層，這個區域被認為是執行功能的中心。

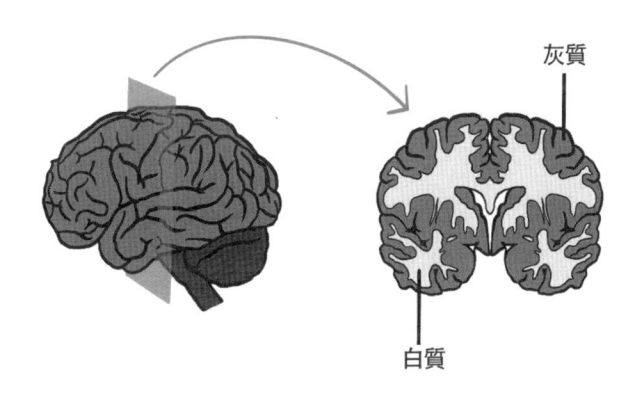

白質主要由被髓鞘包裹著的神經纖維（軸突）組成，這些纖維通過長距離連接不同的大腦區域，形成高速的通信網路。白質位於大腦的內部，負責在大腦的不同區域之間傳遞信號，確保各部分能夠高效地協同工作。

白質中的神經纖維透過髓鞘的絕緣作用，使得電信號能夠快速傳導。比如，當你看到一個物體時，視覺資訊通過白質中的神經纖維迅速傳遞到枕葉進行處理。白質的連接使得大腦的各個部分能夠整合資訊，從而進行複雜的思維和決策。比如，前額葉皮層需要從不同的感覺區域接收資訊，以便做出準確的決策和計畫。

白質中的連接還幫助協調大腦的不同功能區，使得我們能夠進行協調的動作和反應。當你決定抓住一個物體時，白質會傳遞信號，使得運動皮層和感覺皮層協調工作，確保動作的準確性。

灰質和白質雖然在功能上有所區別，但它們在大腦的運作中緊密合作。灰質負責處理和生成資訊，而白質則負責傳遞這些資訊。兩者的協同作用確保了大腦能夠高效地運行。

3.7 什麼樣的大腦更聰明？

大腦和智力之間的關係一直是科學家們探索的重要課題。在很多人的認知裡，大腦越大越聰明。事實真的如此嗎？

一直以來，科學家也試圖透過各種方法揭示大腦大小和智力之間的聯繫。早期的研究方法比較粗略，比如估算顱骨體積或頭圍，今天，隨著磁共振成像（MRI）技術的發展，科學家們可以更加精確地計算大腦的容量，從而使研究變得更加複雜和精細。然而，研究結果卻表明，大腦的大小與智力之間的關係並不直接。

具體來看，賓夕法尼亞大學和阿姆斯特丹自由大學的研究發現，大腦體積與認知能力測試成績之間雖然存在正相關關係，但這種關係非常

微弱，大腦體積只能解釋測試成績中大約 2% 的差異。也就是說，大腦的大小只是影響智力的眾多因素之一，而其他因素可能佔據更大的比重。

進一步研究顯示，智力與大腦的某些特定結構和神經連接密切相關。比如，大腦皮層前額葉的皮質較厚的人通常智商較高，前額葉皮質負責複雜的認知功能，如決策、計畫和社會行為。不過，這種關聯也不是絕對的，因為一些人儘管前額葉皮質較厚，但智商卻不高。

除了大腦的大小和特定結構外，神經連接的密度和效率也是決定智力的關鍵因素。智商較高的人通常具有更高效的神經網路，這意謂著他們的大腦能夠更快速、更有效地處理資訊。這些高效的神經連接使得大腦不同區域之間的資訊傳遞更加順暢，從而提高了整體的認知功能。

天才物理學家阿爾伯特・愛因斯坦的大腦就是一個有趣的案例。儘管愛因斯坦的大腦重量只有 1230 克，比一般成年男性的大腦重量要輕，但他的智力水準卻遠超常人。科學家們發現，愛因斯坦的大腦在某些區域的結構和連接上具有獨特之處，這可能是其非凡智力的原因。

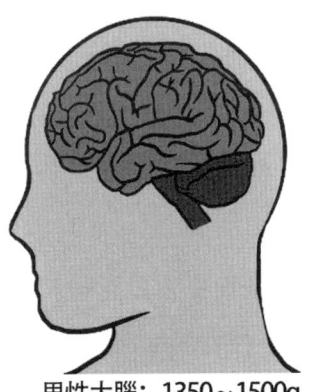

男性大腦：1350～1500g
女性大腦：1200～1300g

研究還表明，智商高低與幼年時期大腦的發育程度密切相關。幼年時期經歷豐富刺激和教育的大腦，通常會發育得更好，從而在成年後表現出較高的智力。這是因為幼年的大腦具有高度的可塑性，能夠根據環境和經歷進行重塑和優化。

環境因素對智力的影響也不容忽視。即使具備潛在的生物學優勢，如果缺乏良好的教育和刺激，智力也難以充分發揮。因此，教育和環境對大腦發育和智力發展起著至關重要的作用。

儘管已經有許多研究揭示了大腦結構與智力之間的聯繫，但關於這個問題的答案依然不是確定的，不同個體之間的差異、複雜的環境因素以及智力的多維性都使得這個研究變得複雜。另外，智力也並不僅僅是由大腦的物理結構決定的。情感、動機、教育、文化等多種因素也在智力的發展中起著重要作用。

3.8 左腦和右腦，有什麼不一樣？

眾所周知，儘管大腦在解剖學上是一個整體，但它從中間分為左右兩部分，分別叫做左腦和右腦。每一部分都與身體的相對側相連接：左腦控制右側身體，右腦控制左側身體。當我們揮動右手時，是由左腦發出指令；當我們揮動左手時，是由右腦發出指令。

雖然在執行全身運動時，左右腦能夠協調工作，但它們在各自擅長的領域上存在顯著差異。左腦主要負責邏輯思維、語言處理和數學計算。這部分大腦擅長分析、推理和組織資訊。當你閱讀文章、寫作或進

行數學運算時，左腦就在背後起著關鍵作用。研究表明，大多數右撇子的人，語言中樞位於左腦，而左撇子的人中約有 60% 的語言中樞也位於左腦。

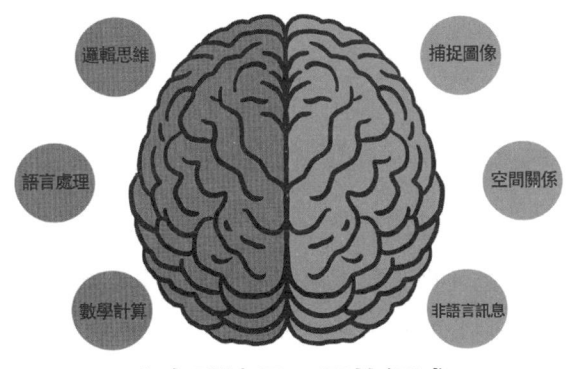

左右腦擅長不同的領域

右腦則擅長處理視覺、空間和藝術方面的資訊。它在捕捉圖像、理解空間關係以及處理非語言資訊方面表現出色。當你欣賞一幅畫、聽音樂或辨認面孔時，右腦會發揮重要作用。右腦還與創造力、藝術感知和音樂才能密切相關。

儘管左腦和右腦在某些功能上有明顯的分工，但它們並不是獨立工作的。左右腦通過胼胝體連接，形成一個資訊公路，確保兩側大腦可以快速傳遞和整合資訊。當你在閱讀一篇文章時，左腦會負責理解和分析文字的含義，而右腦則幫助你理解文章的整體結構和圖像。如果你在進行空間導航，比如駕駛汽車，右腦會幫助你處理空間資訊和方向感，而左腦則可能負責讀取地圖和解讀路標。

儘管左腦和右腦在功能上有所分工，但不同個體在左右腦的優勢上存在微妙差異。有些人右腦更具優勢，因此在視覺藝術、空間感知和創造力方面表現突出；而另一些人則左腦更具優勢，表現為在語言、邏輯和分析能力上的優異表現。這種差異可能受到遺傳和環境因素的共同影響。

當左腦和右腦分離，會發生什麼？

左腦和右腦通過胼胝體連接，這是一束將左右腦連接在一起的纖維束，起到資訊傳遞的作用。如果胼胝體受到損傷，兩側大腦的通信就會受到影響，導致一側大腦無法獲得另一側大腦的資訊。

過去幾十年來，科學家們通過各種研究揭示了左腦和右腦在功能上的差異。最著名的研究之一是20世紀60年代諾貝爾獎得主羅傑·斯佩里（Roger Sperry）對分離腦病人的研究。這些病人由於癲癇，接受了胼胝體切斷手術，以防止癲癇從一側大腦擴散到另一側。

斯佩里的研究發現，分離腦病人表現出許多有趣的現象。比如，當一個分離腦病人用右眼看到一個物體時，他們可以用語言描述這個物體，因為右眼的資訊傳遞到左腦，而左腦負責語言處理。然而，當他們用左眼看到同樣的物體時，他們無法用語言描述，因為左眼的資訊傳遞到右腦，而右腦不擅長語言處理。

斯佩里的研究還發現，分離腦病人可以同時進行兩項任務——他們可以用一隻手畫圓，同時用另一隻手畫方。這是因為左右腦各自獨立地控制不同的任務，而沒有互相干擾。這些發現揭示了左右腦在處理資訊上的顯著差異。

儘管我們可能天生在某些方面更傾向於使用左腦或右腦，但通過練習，我們可以增強大腦的整體功能。如果你認為自己在藝術方面不擅長，可以嘗試參加繪畫或音樂課程，激發右腦的潛力。反之，如果你認為自己在邏輯思維方面有所欠缺，可以透過練習數學或程式設計來增強左腦的功能。

3.9 脊髓：連接大腦和身體

作為人體中樞神經系統的組成部分，脊髓位於脊柱的椎管內，從大腦底部延伸到腰椎下部，連接著大腦和身體，並在神經資訊的傳遞中扮演著重要作用。

脊髓分為五個主要部分：頸段、胸段、腰段、骶段和尾段。每一段都有相應的脊神經根，這些神經根通過椎間孔從脊柱中出來，分別支配身體的不同區域。

頸段共有 8 對頸神經（C1-C8），負責支配頭部、頸部、上肢及部分胸部的感覺和運動。胸段有 12 對胸神經（T1-T12），主要支配軀幹和部分內臟器官的感覺和運動。腰段有 5 對腰神經（L1-L5），支配下肢及部分骨盆區域。骶段有 5 對骶神經（S1-S5），支配臀部、腿部及部分骨盆器官。尾段有 1 對尾神經（Co1），功能相對較少。

和大腦一樣，脊髓內部的解剖結構也分為灰質和白質。灰質位於中央，呈「H」形或蝴蝶形，主要由神經元的胞體構成。灰質包含前角、後角和側角。前角主要負責運動功能，後角負責感覺功能，側角則與自主神經功能相關。

白質則位於灰質的周圍，主要由神經纖維（軸突）組成。白質包含上行束和下行束，上行束傳遞感覺資訊到大腦，下行束傳遞運動命令到身體各部位。

脊髓的超級功能

脊髓在很多功能上都扮演著重要的角色。脊柱位於人體背部的正中央，由椎骨組成，藉助椎間盤、韌帶和關節相連接。脊柱從上到下可分為頸椎、胸椎、腰椎、骶椎和尾椎五個部分。脊柱有四個自然彎曲，即頸椎前凸、胸椎後凸、腰椎前凸和骶椎後凸。這些彎曲能夠幫助脊柱在承受重力時更好地分散壓力，減少肌肉緊張，並為脊髓提供一定的緩衝空間，保護脊髓和神經根免受損傷。

首先，脊髓是感覺資訊的傳遞者。我們的皮膚、肌肉和內臟器官都會通過神經末梢感知到各種刺激，比如疼痛、溫度、觸摸等。這些感覺資訊通過感覺神經傳遞到脊髓，再由脊髓上傳到大腦。比如，當你手指被刺痛時，感覺神經將疼痛信號傳遞到脊髓，然後脊髓再將這些信號傳到大腦，你才會感覺到疼痛。

脊髓也負責運動控制。大腦發出運動指令後，這些指令通過運動神經傳遞到脊髓，再由脊髓傳遞到身體各個部位的肌肉。當你決定站起來時，大腦發出的命令會通過脊髓傳遞到腿部的肌肉，促使你站立起來。

脊髓還有一個非常重要的功能，就是反射活動。反射是指身體對外界刺激做出的快速反應。比如，當你不小心碰到熱東西時，手會自動縮回來。這種反應是透過反射弧來完成的。反射弧包括感受器、感覺神經元、神經中樞、運動神經元和效應器。感受器感知到熱刺激後，透過感覺神經元將信號傳遞到脊髓，脊髓中的神經中樞進行處理後，透過運動神經元將信號傳遞到手部的肌肉，使手迅速縮回。這個過程非常快速，甚至都不需要大腦的參與。

此外，脊髓還參與控制自主神經系統的功能。自主神經系統負責調節我們體內的許多自動功能，比如心跳、消化、呼吸和排尿等。這些功能在很大程度上是自動進行的，不需要我們的意識去干預。脊髓中的自主神經中樞就可以控制心臟的跳動速度，調節胃腸道的消化活動，以及管理膀胱的排尿功能。

脊髓的超級功能

- 運動控制
- 反射活動
- 感覺訊息的傳遞者
- 參與控制自主神經系統

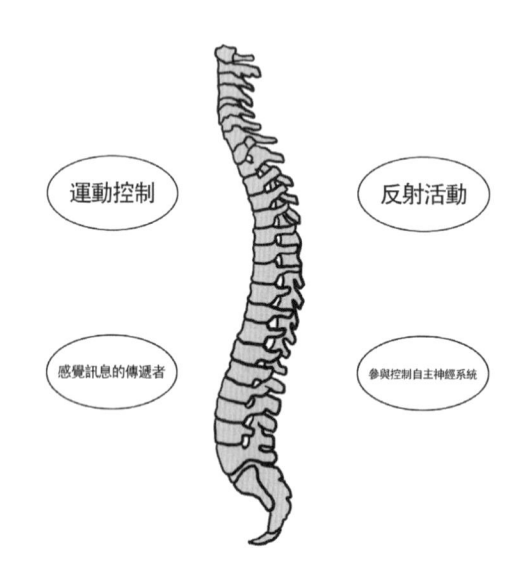

脊柱與健康

成人的脊柱由 26 塊椎骨構成,這些椎骨通過椎間盤、韌帶和肌肉群緊密相連。脊柱的靈活運動得益於這些肌肉和韌帶的收縮與伸展,以及椎間盤和髓核的位置變化。

現代醫學認為,人體的所有活動都由與脊柱密切相關的神經系統進行調控。脊髓作為神經系統的重要組成部分,從頭至尾貫穿於脊柱正中的椎管內。因此,神經系統和脊柱之間有著密切的聯繫。如果脊柱出現問題,如椎體錯位,會引發各種疾病,甚至影響整體健康。自主神經系統與脊柱緊密相連,因此脊柱的健康直接影響到自主神經系統。無論脊椎的哪一節出現異常,如骨刺、小錯位、椎間盤突出,或脊柱周圍的韌

帶和肌肉損傷，都會影響脊髓，進而影響自主神經系統。例如，頸椎病可能引發頭暈、頭痛、耳鳴、高血壓，甚至嘔吐；胸椎問題可能導致心臟病、動脈硬化、肺炎、胃病；腰椎問題則可能引發下肢麻木、腹瀉、肝病、貧血等。因此，保持脊柱的健康對於整體健康至關重要。

脊椎與器官的關係

頸椎：

1. **頸椎 1 節**：呼吸困難、休克、聽力下降、肥胖、眩暈、歇斯底里、癲癇。
2. **頸椎 2 節**：頭痛、腦部血液迴圈障礙、發燒、心臟病。
3. **頸椎 3 節**：鼻塞、假性近視、眼睛疲勞、胃弱、胃下垂。
4. **頸椎 4 節**：打嗝、嘴歪斜、中耳炎、肺氣腫。
5. **頸椎 5 節**：甲狀腺疾病、胃酸過多、肝病、麻疹。
6. **頸椎 6 節**：呼吸停止、發聲困難、咳嗽、手部麻痺、手腕神經痛。
7. **頸椎 7 節**：動脈硬化、心臟病、流鼻血。

胸椎：

1. **胸椎 1 節**：便秘、高血壓、腦中風、感冒、支氣管炎。
2. **胸椎 2 節**：扁桃體炎、痙攣、抽筋、骨折、肺炎、感冒。
3. **胸椎 3 節**：酸性體質、腹膜炎、心臟病、母乳分泌不佳。
4. **胸椎 4 節**：過敏性體質、心臟麻痺、膽結石、脫水症、肝病。
5. **胸椎 5 節**：外傷性頸部症候群、胃及十二指腸潰瘍、低血壓、更年期障礙。

6. 胸椎6節：狹心症、糖尿病、肝病、多汗、膽結石。
7. 胸椎7節：盲腸炎、食慾不振、腳部麻痺、神經衰弱。
8. 胸椎8節：手腳冰冷、打冷顫、貧血、肝臟充血、歇斯底里性偏頭痛。
9. 胸椎9節：失眠、頭痛、肝病、膽結石。
10. 胸椎10節：肥胖、自律神經失調、胃痛。
11. 胸椎11節：扭傷、氣喘、蕁麻疹、腎臟病。
12. 胸椎12節：腎臟病、尿毒症、蕁麻疹。

腰椎：

1. 腰椎1節：腰痛、虛弱、胃及十二指腸潰瘍、胃部脹氣。
2. 腰椎2節：腰痛、精力減退、夜尿症、腹膜炎、便秘。
3. 腰椎3節：腰痛、突發性腰痛、腹瀉、浮腫、腎炎、痛風。
4. 腰椎4節：坐骨神經痛、頭痛、難產。
5. 腰椎5節：腰痛、膀胱炎、腹瀉、痔瘡、子宮內膜異位症。

骶椎：

1. 骶椎1節：頻尿、浮腫、盜汗。
2. 骶椎2節：生理痛、月經不順、青春痘、皮膚乾裂、曬傷。
3. 骶椎3、4節：月經量過多、痔瘡、膀胱炎、更年期障礙、早洩。

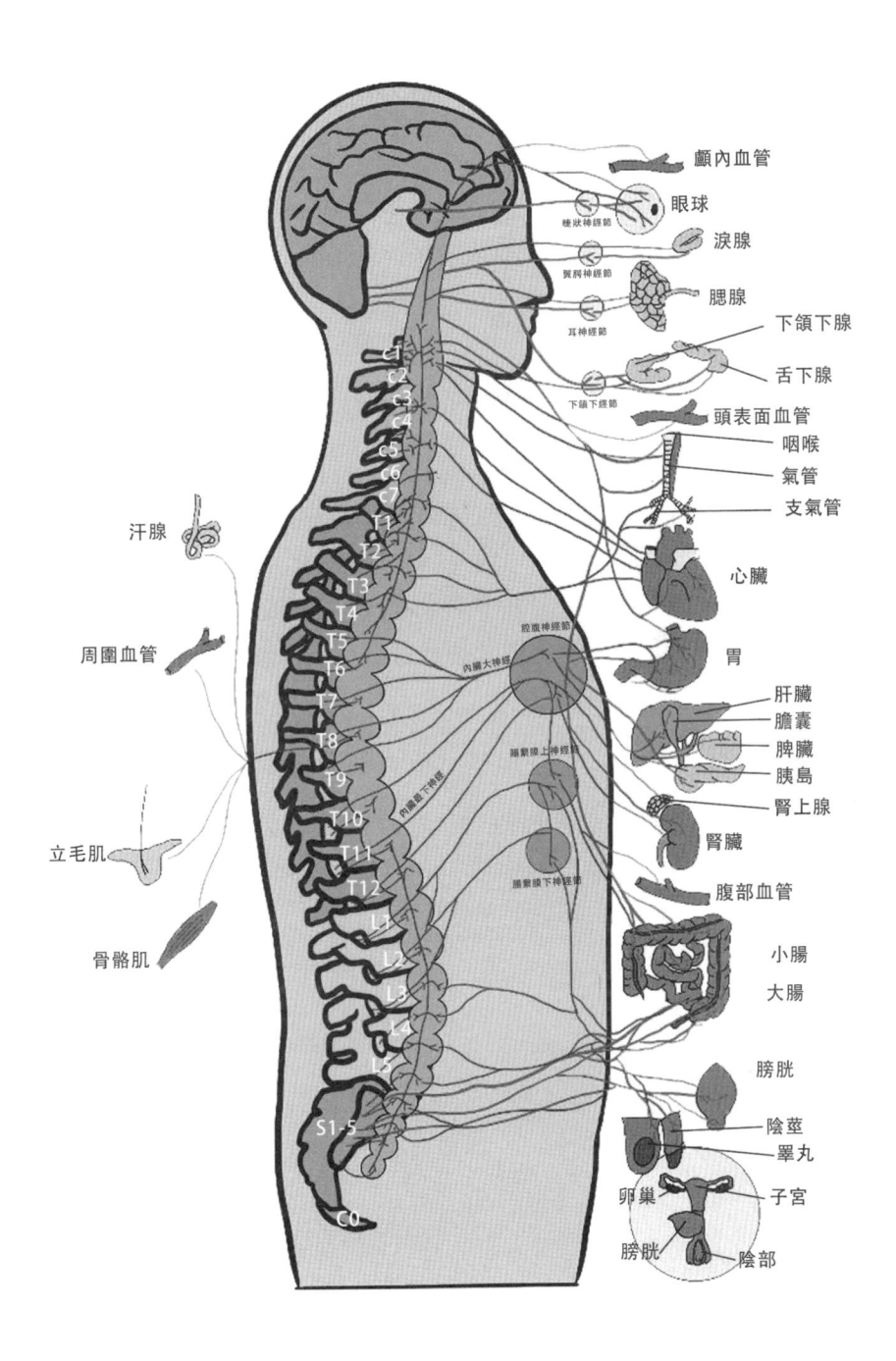

Chapter 03 神經系統：人體的指揮中心

3-31

3.10 分佈全身的周圍神經系統

人體神經系統包含兩個分支,一個是中樞神經系統,另一個就是周圍神經系統。周圍神經系統是連接中樞神經系統與全身各部分的關鍵網路,它能將中樞神經系統——即大腦和脊髓——連接到身體的其他部分。

脊神經和顱神經

周圍神經系統主要包括兩類神經:脊神經和顱神經。

脊神經是從脊髓延伸出來的神經,負責將資訊傳遞到身體的各個部分。人類共有 31 對脊神經,這些神經從脊柱的不同部位分佈到全身。每對脊神經都由兩個根組成:背根和腹根。背根傳遞感覺資訊,腹根則負責傳遞運動指令。

脊神經根據它們從脊髓出來的部位分為五個部分:

頸神經（8 對）：從頸椎部分出來，負責頸部、肩膀和手臂的感覺和運動。

胸神經（12 對）：從胸椎部分出來，控制胸部和上腹部的感覺和運動。

腰神經（5 對）：從腰椎部分出來，管理下背部、臀部和腿部的感覺和運動。

骶神經（5 對）：從骶骨部分出來，負責骨盆區域的感覺和運動。

尾神經（1 對）：從尾骨部分出來，涉及尾部區域的感覺和運動。

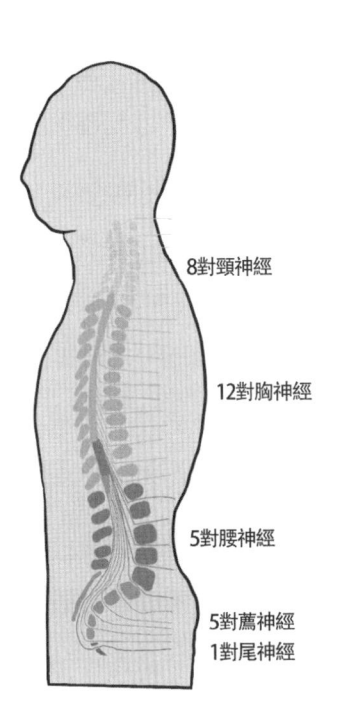

顱神經是直接從大腦延伸出來的神經，有 12 對。這些神經控制頭部和部分身體的感覺和運動功能。每對顱神經都有特定的功能，有些是純感覺神經，有些是純運動神經，還有些是混合神經，即同時傳遞感覺和運動信號。

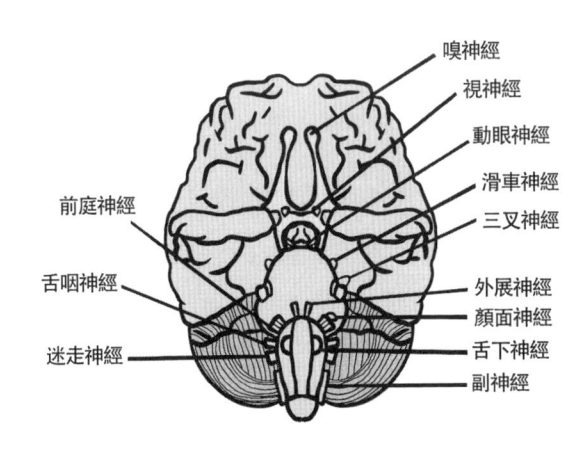

雖然脊神經和顱神經在解剖位置和具體功能上有所不同，但只有它們共同作用，才能確保我們身體的感覺和運動功能正常運行。

比如，當你聞到食物香味（嗅神經）並決定拿起食物（脊神經控制手臂運動）時，就需要這兩個系統協同工作。

體神經系統和自主神經系統

根據周圍神經系統在身體中的不同功能和控制方式，周圍神經系統又可以分為兩大部分：體神經系統（SNS）和自主神經系統（ANS）。

體神經系統負責控制自願肌肉運動和傳遞感覺資訊。它連接中樞神經系統與身體的骨骼肌，允許我們對環境做出有意識的反應，

體神經系統包括運動神經元和感覺神經元，運動神經元將運動指令從中樞神經系統傳遞到骨骼肌，控制自願運動。當你決定移動某個身體部位時，大腦發出指令，通過脊髓傳遞到相應的運動神經元，這些神經元再將信號傳遞給目標肌肉，促使它們收縮。感覺神經元則將感覺資訊從皮膚、關節和肌肉傳遞到中樞神經系統，幫助我們感知觸覺、溫度和疼痛等。

一些反射動作——比如膝跳反射，就是由體神經系統控制的，這些反射動作是身體對外界刺激的快速、不自覺的反應。

自主神經系統負責調節身體的無意識活動，如心跳、呼吸、消化等。它幫助維持體內平衡，確保身體在不同的環境條件下能夠正常運作。

自主神經系統又分為兩個子系統：交感神經系統和副交感神經系統。交感神經系統主要在緊急情況下發揮作用，啟動「戰鬥或逃跑」反應。在面對危險時，交感神經系統會加速心跳、增加呼吸頻率、提高血糖水準等。副交感神經系統主要在平靜狀態下發揮作用，幫助身體恢復和維持正常功能。在休息時，副交感神經系統會減慢心跳、促進消化、降低血壓等。

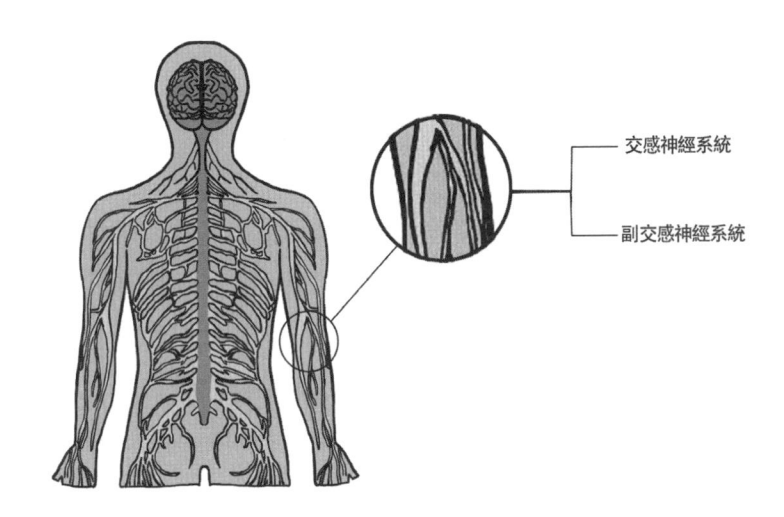

自主神經系統透過一系列複雜的神經網路調節各種不自主的身體功能。交感神經系統和副交感神經系統通常起到相反的作用，以保持身體的平衡。舉個例子，當你在跑步時，交感神經系統會加速心跳，以確保肌肉獲得足夠的氧氣；而在跑步結束後，副交感神經系統會減慢心跳，幫助身體恢復到平靜狀態。

與體神經系統不同，自主神經系統的神經傳導路徑通常涉及兩個神經元，這些神經元在一個神經節處連接。交感神經系統的神經元通常在脊髓附近的神經節處連接，而副交感神經系統的神經元則在靠近目標器官的神經節處連接。

3.11 熬夜的代價：紊亂的自主神經系統

自主神經系統的交感神經系統和副交感神經系統在人體的正常功能和健康維護中扮演著至關重要的角色。

它控制著許多不受我們意識控制的身體功能，比如，交感神經系統在緊急情況下加速心跳和提升血壓，而副交感神經系統則在休息時減緩心跳和降低血壓；在運動時，交感神經系統會增加呼吸頻率和深度，而在休息時，副交感神經系統則會降低呼吸速率；副交感神經系統在餐後促進消化功能，而交感神經系統在緊急情況下會抑制消化活動；在寒冷環境中，交感神經系統會收縮血管，減少熱量散失，而在炎熱環境中，副交感神經系統會促進汗液分泌，幫助降溫。而這一切都是透過交感神經系統和副交感神經系統的交替來實現的。

通常，在白天，交感神經系統較為活躍，幫助我們應對日常的壓力和活動。而夜晚，副交感神經系統開始占主導地位，促進休息和恢復。這種交替切換對於維持體內平衡和健康非常重要。

生物時鐘如何影響自主神經系統？

生物時鐘（biological clock，又稱生理時鐘），也稱為晝夜節律，是我們身體內部的「時間管理系統」。它位於大腦的下視丘內，由一小群神經元組成，這些神經元被稱為視交叉上核（SCN）。生物時鐘通過調節激素水準、體溫和自主神經系統的活動，幫助身體在 24 小時內維持節律。比如，心率變異性（HRV）是指心跳間隔時間的變化，反映了心臟和神經系統的健康狀態。HRV 在一天中的不同時間會發生顯著變化，這與交感和副交感神經系統的活動水準密切相關。白天，交感神經系統較為活躍，導致心率較高，HRV 較低。夜晚時，副交感神經系統活動增加，心率下降，HRV 增加。

另外，生物時鐘對血壓也有顯著影響。白天，由於交感神經系統的活躍，血壓較高。而夜晚，隨著副交感神經系統的主導作用，血壓較低。這種晝夜節律幫助身體在活動和休息時調節血壓，維持體內平衡。夜晚的低血壓就有助於心臟和血管的修復和恢復。

而生物時鐘的紊亂，則會直接影響自主神經系統。特別是作息顛倒，比如長期熬夜，會讓自主神經系統無法正常工作。

一方面，長期熬夜會導致交感神經系統在夜間過度活躍，使身體處於持續的應激狀態。這不僅會導致心跳加速和血壓升高，還可能增加心血管疾病的風險。當交感神經系統持續活躍時，身體無法有效地進入休息和恢復狀態，導致長期的健康問題。

另一方面，夜晚是副交感神經系統活躍的時間，負責身體的恢復和修復。如果長期熬夜，副交感神經系統的功能會減弱，影響身體的自我修復能力。例如，消化系統功能可能會受損，導致消化不良和其他胃腸問題。此外，免疫系統的功能也會受到影響，增加感染和疾病的風險。

事實上，免疫功能下降、代謝紊亂和情緒不穩定等問題都與自主神經系統的失調有關。長期熬夜可能導致代謝症候群、肥胖、糖尿病和精神健康問題如抑鬱和焦慮。而這些問題會進一步加重生物時鐘和自主神經系統的紊亂，形成惡性循環。

生理時鐘紊亂直接影響自主神經系統

3.12 自主神經系統的隱藏能力

你是否曾想過，為什麼在緊張或生病時，我們的身體會有那麼多奇怪的反應？這其實都與自主神經系統密切相關。事實上，自主神經系統除了調節我們的心跳、呼吸、消化和體溫，還深刻地影響著我們的免疫系統。

自主神經系統可以直接與免疫系統「對話」——自主神經系統通過神經元釋放特定的神經傳遞質就可以影響免疫細胞的活動。比如，交感神經系統釋放的去甲腎上腺素可以告訴免疫細胞加速運作，準備迎接任何潛在的威脅。這就像是在告訴你的免疫系統：「嘿，準備好，我們可能有麻煩了！」

自主神經系統還可以透過調節激素分泌來影響免疫反應。腎上腺素和皮質醇是兩種重要的激素，腎上腺素在你遇到緊急情況時會迅速釋放，讓你進入「戰鬥或逃跑」狀態。這種激素不僅讓你感覺精力充沛，還能提升免疫細胞的反應能力，就像是給它們打了一針強心劑。而皮質醇則是另一種由交感神經系統控制的激素，它具有抗炎作用，能夠防止免疫系統過度活躍而損傷組織。

自主神經系統不僅僅是直接調控，它還透過間接方式影響我們的免疫系統。想像一下，當你熬夜、吃垃圾食品或者長期處於壓力狀態時，身體會有什麼反應？這些不良習慣會擾亂你的生物時鐘，讓自主神經系統變得不平衡。副交感神經系統在夜間應該幫你進入深度睡眠，促進身體修復，但如果你熬夜，它的功能就會減弱，影響身體的自我修復能力。結果就是，消化不良、免疫力下降、情緒不穩定等問題接踵而來。

　　所以，保持良好的作息和健康的生活方式不僅僅是為了讓你感覺更好，還能幫助你的自主神經系統維持平衡，從而增強免疫力。比如，適當的運動、充足的睡眠和健康的飲食，都能讓交感和副交感神經系統在適當的時間發揮作用，讓你的身體在需要時迅速反應，在休息時徹底放鬆。

04 CHAPTER

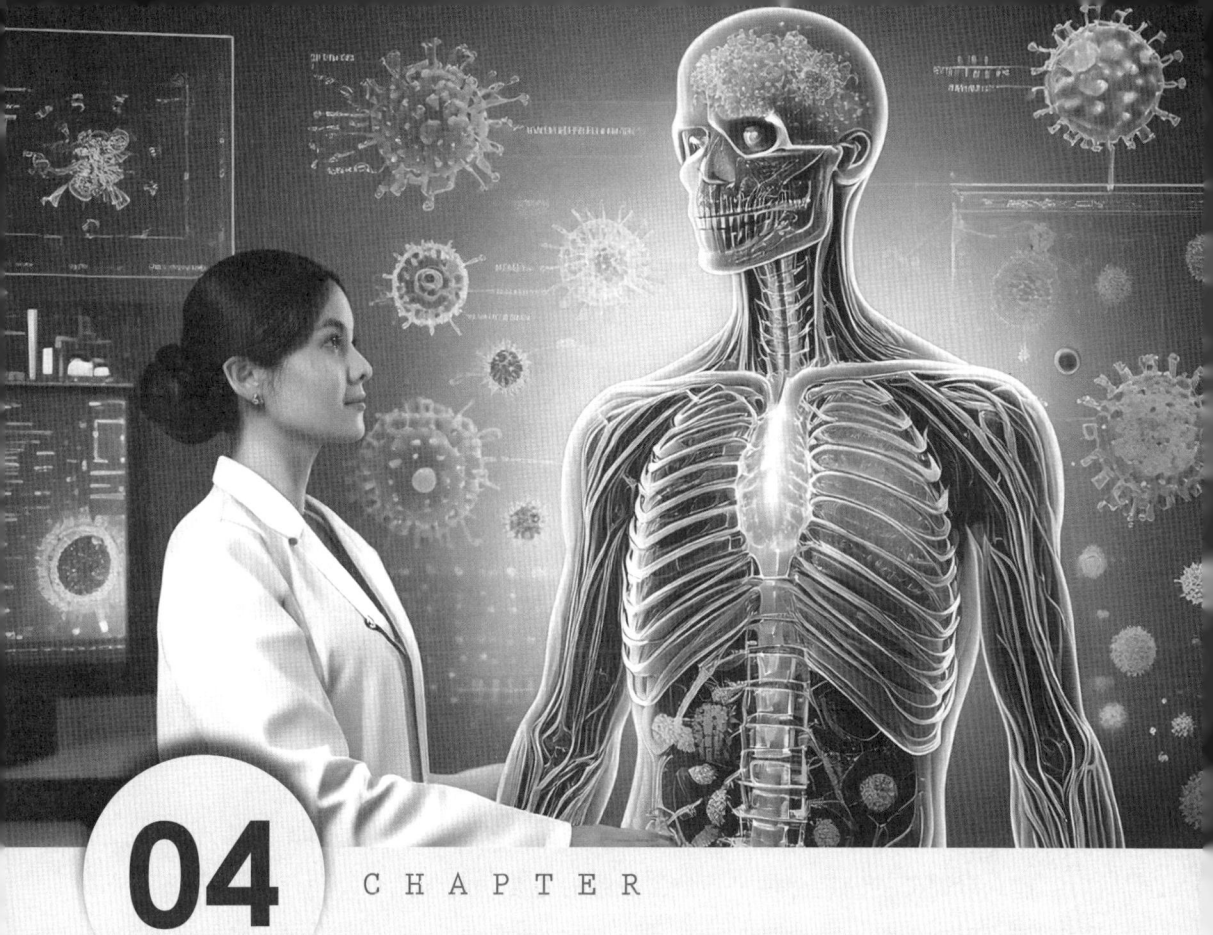

內分泌系統：人體的化學信使

4.1. 外分泌 VS 內分泌

4.2. 多功能的內分泌系統

4.3. 人體八大內分泌腺

4.4. 激素是如何發揮作用的？

4.5. 皮質醇：最重要的壓力激素

4.6. 成長和發育的激素

4.1 外分泌 VS 內分泌

人體是由多個系統集合而成的複雜巨系統,那麼,是什麼力量能讓這麼多器官和系統都協同合作,正常運行呢?答案就是內分泌系統。

內分泌系統由各種內分泌腺組成,每個內分泌腺都會分泌激素進入血液。當激素到達它們的靶細胞時,便會與細胞膜或細胞內的受體結合,使靶細胞發生相應變化。正因為有了內分泌系統,不管我們的外部環境發生了怎樣的變化,我們的內部環境才能一直保持穩態。

什麼是外分泌?

與內分泌相對,外分泌是指外分泌腺體透過導管將其分泌物輸送到體內或體外的特定部位,外分泌腺體的主要功能包括幫助消化、潤滑和保護器官內壁以及控制體溫等。

外分泌的分泌物可以是消化液、汗液、唾液等,而這些分泌物只在局部起作用。比如,胃腺分泌的胃酸幫助消化食物,但一旦離開胃進入其他消化道部分,其作用就會減弱或失效。汗腺、唾液腺、胃腺都是典型的外分泌腺體。汗腺透過導管將汗液排到皮膚表面。汗液的分泌有助於調節體溫,當身體過熱時,汗液蒸發帶走熱量,從而幫助降溫。唾液腺分泌唾液到口腔中,唾液不僅幫助消化食物,還能潤滑口腔,保護口腔黏膜。胃腺分泌胃酸和胃蛋白酶,幫助分解食物中的蛋白質,使之更易被吸收。

沒有導管的內分泌

外分泌腺體和內分泌腺體之間最大的區別，就是有無導管。外分泌腺體透過導管將其分泌物輸送到體外或體內的特定部位，而內分泌腺體因為沒有導管，直接將激素分泌到血液中，於是，這些內分泌腺體分泌的激素就能通過血液迴圈到達全身各處，調節身體的各種功能。

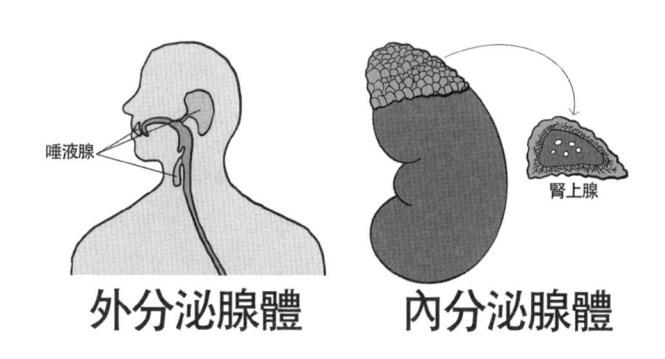

外分泌腺體　　內分泌腺體

4.2　多功能的內分泌系統

內分泌系統的功能可以說是多種多樣，幾乎涉及到身體的每一個角落。

內分泌系統的第一個功能是調節代謝，代謝是指身體將食物轉化為能量的過程，這個過程對維持生命活動至關重要。甲狀腺激素是調節代謝的重要激素之一。甲狀腺分泌的甲狀腺激素——比如甲狀腺素和三碘甲腺原氨酸——可以加速或減慢新陳代謝。這對體重控制、能量水準和體溫調節至關重要。如果甲狀腺激素分泌過多，會導致甲亢，表現為體重下降、心跳加快和出汗增多；反之，如果甲狀腺激素分泌不足，會導致甲減，表現為體重增加、疲勞和寒冷。

內分泌系統的第二個功能是控制生長和發育。生長激素由垂體分泌，它在兒童和青少年的生長發育過程中起關鍵作用，生長激素能夠促進骨骼和肌肉的生長。此外，性激素如睪固酮和雌激素則調節青春期的性特徵發育和生殖功能。睪固酮在男性中促進肌肉增長、聲音變低和毛髮生長，而雌激素在女性中促進乳房發育和月經週期的調節。

　　內分泌系統的第三個功能是維持體內平衡，即所謂的體內平衡（或穩態），這是通過負回饋機制來實現的。當血糖水準升高時，胰臟分泌胰島素幫助細胞吸收葡萄糖，從而降低血糖水準；當血糖水準過低時，胰臟分泌升糖素，促使肝臟釋放葡萄糖，從而提高血糖水準。這種調節機制確保了我們的身體始終保持在一個健康的平衡狀態，避免血糖過高或過低。

　　內分泌系統還在調節情緒和心理狀態方面起著關鍵作用，這與內分泌腺分泌的激素有關，血清素是一種與情緒調節有關的激素，血清素水準低下與抑鬱症相關；多巴胺則與愉悅和獎勵機制相關，它能夠激發我們的動力和愉快感受。

　　內分泌系統就是通過分泌這些激素，幫助我們應對情緒變化和心理壓力。比如，在面對壓力時，腎上腺分泌腎上腺素和皮質醇，這些激素幫助我們快速反應，提供應對壓力所需的能量和敏捷性。而在休息和恢復期間，其他激素如生長激素和褪黑素則促進身體的修復和再生，確保我們能夠恢復元氣，保持健康。可以說，是內分泌系統透過複雜的激素網路協調身體的各個功能，才使我們能夠應對各種內部和外部的變化。

4.3 人體八大內分泌腺

內分泌腺體遍佈全身，人體主要包括八大內分泌腺，分別是垂體、松果體、甲狀腺、甲狀旁腺（副甲狀腺）、胸腺、腎上腺、胰臟、性腺（男性的睪丸和女性的卵巢）。每個內分泌腺都有自己重要且獨特的作用，不同內分泌腺之間也有著密不可分的聯繫。

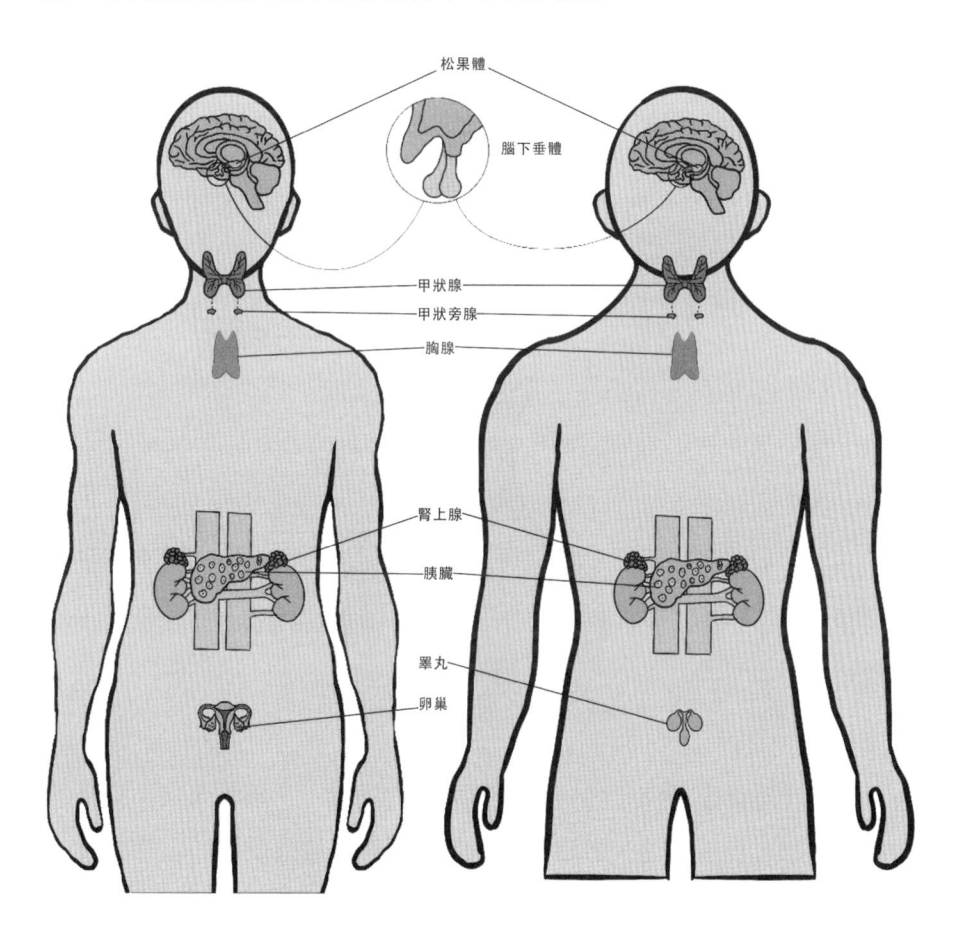

1. 腦下垂體：八大腺體的「總司令」

腦下垂體是內分泌系統一個非常重要的腺體，其地位就相當於八大腺體的「總司令」。腦下垂體位於下視丘正下方，它們在物理上由一根細莖連接在一起，緊密合作，幫助控制其他內分泌腺所分泌激素的產生。

具體來看，下視丘由幾個核團組成，這些核團是具有各種作用的神經元簇。垂體由兩個腦葉組成，前葉由腺體組織組成，後葉由神經元軸突組成，這些神經元軸突來自下視丘的視上核和室旁核。

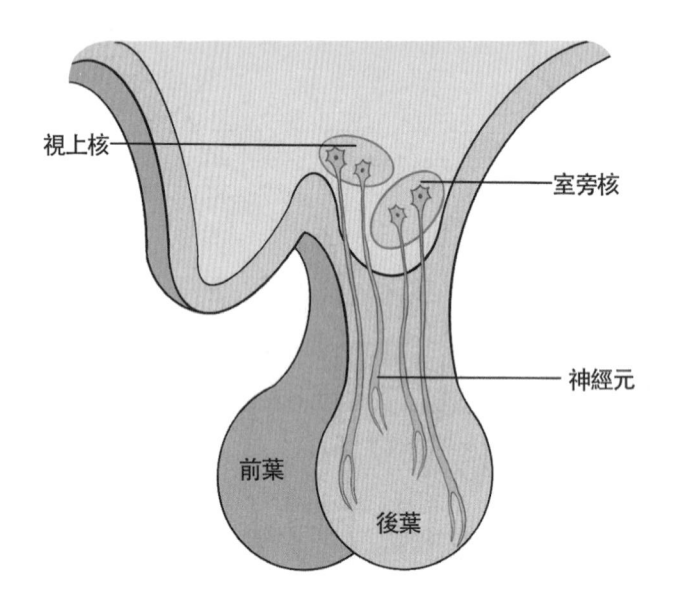

下視丘是神經系統和內分泌系統之間的鏈索，它接收來自整個身體的各種資訊，包括體溫、滲透壓等，甚至當有某種危險時，它透過產生激素來做出反應，這些激素儲存在垂體後葉，之後會釋放，或者作用於垂體前葉，使其分泌激素。簡單來說，就是下視丘下達命令，垂體執行命令。

身分資訊

下視丘

作用前葉

儲存在後葉

釋放激素

儲存激素

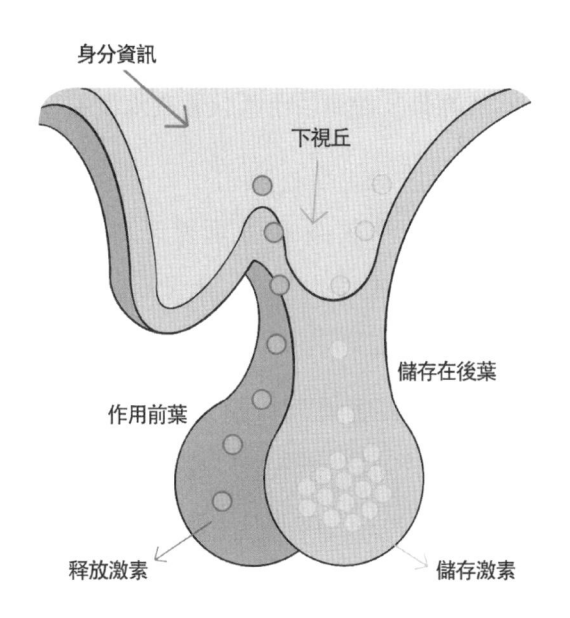

下視丘 - 垂體 - 門靜脈系統

在下視丘和垂體前葉之間，有一個微小但至關重要的微血管網路，稱為下視丘 - 垂體 - 門靜脈系統，這個系統能夠將激素從下視丘快速運輸到垂體前葉。

這些下視丘激素分為兩類：刺激性下視丘激素和抑制性下視丘激素。

刺激性下視丘激素主要包括四大類，即促甲狀腺素釋放激素（TRH）、促腎上腺皮質激素釋放激素（CRH）、促性腺激素釋放激素（GnRH）和生長激素釋放激素（GHRH），這些激素可以促使垂體前葉合成它自己的激素。

比如，促甲狀腺素釋放激素導致促甲狀腺激素（TSH）的產生，當促甲狀腺激素到達甲狀腺時，就會告訴它需要製造更多的甲狀腺激素。

當血液中的甲狀腺激素水準升高時，又會向垂體發送負回饋信號，使其生成較少的促甲狀腺激素，從而使甲狀腺激素水準保持在最佳平衡範圍內。

促腎上腺皮質激素釋放激素使垂體產生促腎上腺皮質激素（ACTH），促腎上腺皮質激素進入腎上腺，使它們分泌更多的腎上腺皮質激素。

促性腺激素釋放激素使垂體分泌促性腺激素，即促卵泡激素（FSH）和黃體生成素（LH）。促性腺激素作用於性腺，刺激卵巢或睪丸中生殖細胞的發育及性激素的生成和分泌。一般來說，性激素也會向垂體發送負回饋機制。

不過，在女性排卵期之前，雌激素水準會非常高，這使得垂體對促性腺激素釋放激素（GnRH）更加敏感。這就像一個正回饋信號，導致大量促卵泡激素（FSH）和黃體生成素（LH）激增，最終導致排卵。

最後，生長激素釋放激素（GHRH）使垂體前葉分泌更多的生長激素（GH），這對長骨和我們身體的其他組織有直接影響，會使它們生長。

抑制性下視丘激素只有兩種：生長激素抑制激素（GHIH，又稱生長抑素）和催乳素分泌抑制因子（PIH）。我們身體的其他器官也會合成生長抑素，比如我們的消化道，它會讓垂體分泌更少的生長激素。

在非哺乳期，催乳素分泌抑制因子就會抑制催乳素的產生，防止乳汁分泌。而在母乳餵養期間，當嬰兒開始吮吸時，這就向下視丘發出信號，停止產生催乳素抑制因子，之後垂體前葉便會產生催乳素。

垂體後葉的作用

下視丘通過垂體柄與垂體後葉相連，垂體柄由下視丘神經元的軸突組成，這些神經元分別來自腦室旁核和視上核。這兩個神經核團都分泌抗利尿激素（也被稱為 ADH，或血管加壓素）和催產素，它們沿著這些神經元的軸突向下移動，到達垂體後葉。在這些軸突的下方，有一個叫赫林氏體的結構（垂體後葉的透明膠質），它儲存激素，直到它們得到釋放激素的信號。

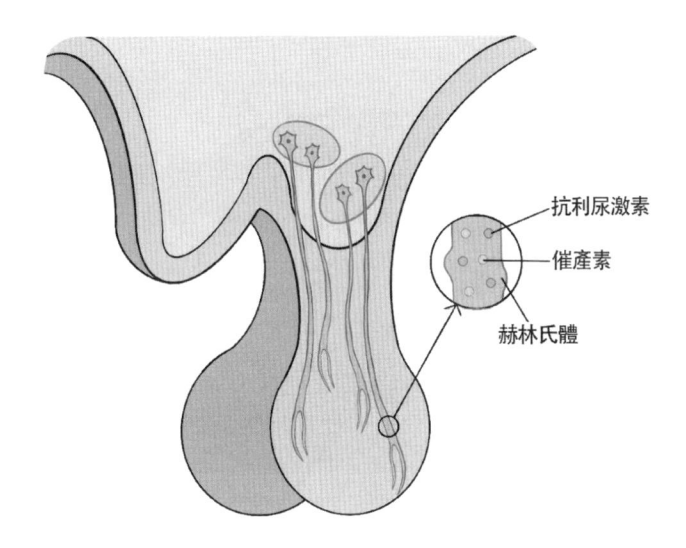

當時機成熟時，軸突將抗利尿激素或催產素釋放到垂體後葉微血管中，並從那裡進入血液迴圈。抗利尿激素幫助身體保留尿液中的水分，並引起血管收縮，降低滲透壓，提高血壓。而催產素在分娩時擴張宮頸，刺激子宮收縮，在哺乳時使乳房中的肌肉細胞收縮以排出乳汁。所以除了剛當上媽媽的女性，催產素的水準一般處於較低水準。

2. 松果體：控制你的生物時鐘

松果體是由松果體細胞組成的，我們之所以能感覺到一天的開始和結束，正是歸功於這一藏在大腦中的小小腺體。因為松果體會分泌一種叫做褪黑激素的激素，幫助我們調節晝夜節律，這種晝夜節律也是人體的「內在時鐘」。

松果體位於間腦的頂部，形狀像一顆小松果，松果體也因此得名，松果體的松果細胞負責合成和釋放褪黑激素（褪黑素）。褪黑激素是一種非常重要的激素，它告訴我們的身體何時該入睡，何時該醒來。

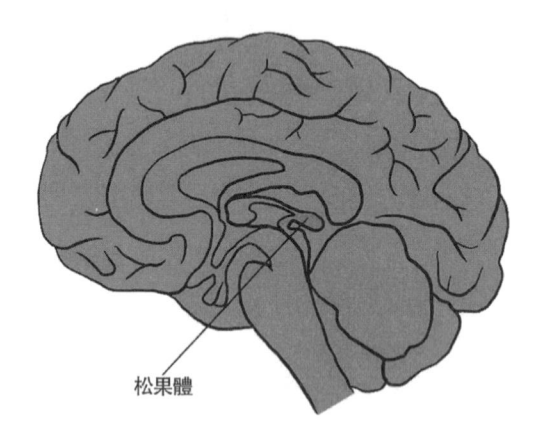

松果體

褪黑激素的分泌主要在夜間進行，這也是為什麼我們會在晚上感到困倦的原因——白天，光線通過眼睛進入大腦，抑制松果體分泌褪黑激素；而到了晚上，光線減少，松果體開始釋放褪黑激素，幫助我們進入睡眠狀態。

松果體和褪黑激素是我們生物時鐘的核心。生物時鐘，也稱為晝夜節律，是一種內在的時間管理系統，幫助我們在 24 小時內維持身體的

節奏。它通過調節激素水準、體溫和其他生理功能,讓我們的身體與外界的晝夜變化保持同步。

當生物時鐘正常運行時,我們會在白天感到清醒,晚上感到困倦,保持一個健康的睡眠模式。然而,如果作息時間混亂,比如長期熬夜或調整時差,生物時鐘會受到干擾,導致褪黑激素分泌異常,從而影響睡眠品質和整體健康。

另外,光線是影響松果體功能的重要因素。現代生活中,電子設備的藍光和夜間照明會干擾褪黑激素的分泌。研究表明,暴露在藍光下會抑制褪黑激素的產生,使人難以入睡。因此,睡前減少使用電子設備,並保持一個黑暗、安靜的睡眠環境,有助於促進褪黑激素的分泌和優質睡眠。

除了調節睡眠,松果體和褪黑激素還有其他重要功能。褪黑激素具有抗氧化作用,可以延緩細胞老化,增強免疫系統的反應能力。此外,它還能幫助我們更好地應對壓力和疼痛,減輕焦慮和抑鬱症狀。而當我們睡得越深沉的時候,松果體分泌褪黑素就越多,這也就是為什麼人在睡眠充足的時候,精神狀態和健康情況也會更好的原因。

3. 甲狀腺:調控人體的新陳代謝

甲狀腺在脖子的前面,它由左葉和右葉組成,就像蝴蝶的兩個翅膀。

甲狀腺由數千個甲狀腺濾泡組成,這些濾泡負責生成兩種重要的激素:三碘甲狀腺原氨酸(T3)和甲狀腺激素(T4)。三碘甲狀腺原氨酸進入細胞後大多轉化為甲狀腺激素,並發揮作用。

甲狀腺激素可以調節身體的代謝速率。高水準的甲狀腺激素可以加速新陳代謝，使你感覺精力充沛；而低水準的甲狀腺激素則會減慢新陳代謝，甚至感到疲倦。甲狀腺激素還能幫助身體調節體溫和能量的產生。這就是為什麼在寒冷時，甲狀腺激素會增加的原因。甲狀腺激素還參與蛋白質的合成，促進身體的生長和發育。此外，甲狀腺激素能夠調節身體對其他激素的反應，比如胰島素、腎上腺素等，這些激素對身體的各種功能也非常重要。

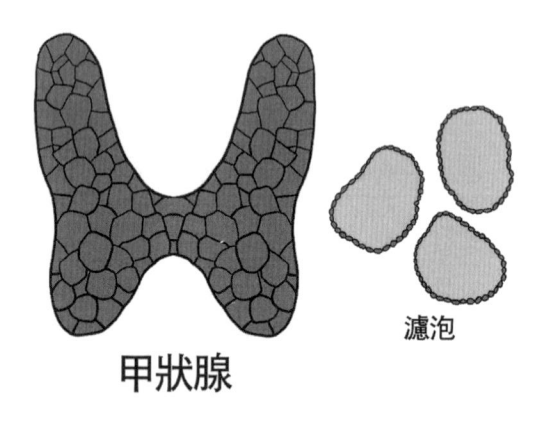

濾泡

甲狀腺

在甲狀腺濾泡之間，還有一種特別的細胞叫做濾泡旁細胞（C細胞），它們分泌一種叫做降鈣素的激素。降鈣素的主要功能是調節血液中的鈣水準，幫助維持骨骼健康。

當甲狀腺功能異常時，則會對我們的健康產生嚴重影響。甲狀腺激素分泌過多，會導致甲亢，即甲狀腺功能亢進，症狀包括體重減輕、心跳加速、焦慮和出汗增多。而甲狀腺激素分泌過少，會導致甲減，即甲狀腺功能減退，症狀包括體重增加、疲倦、抑鬱和感到寒冷。

4. 甲狀旁腺：決定血鈣水準

甲狀旁腺位於甲狀腺旁，每個人通常有四個甲狀旁腺，但有些人可能會有更多或更少。甲狀旁腺的主要任務是分泌甲狀旁腺激素（PTH）。甲狀旁腺激素是調節體內鈣、磷和骨代謝的重要激素。當血液中的鈣水準下降時，甲狀旁腺激素就會發揮作用，促使骨骼釋放儲存的鈣，幫助恢復正常的鈣水準。

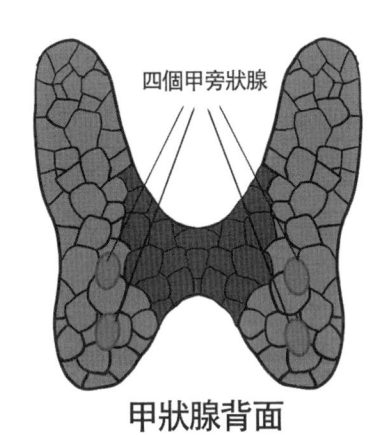

鈣不僅對骨骼健康至關重要，它還在神經系統功能中扮演重要角色。鈣是神經傳導的必要成分。當神經傳遞信號時，鈣離子會幫助釋放神經傳遞質，使信號從一個神經元傳遞到下一個。因此，血液中的鈣含量必須保持在一個精確的範圍內。

甲狀旁腺激素可以透過三種方式調節鈣水準，一是促使骨骼中的鈣釋放到血液中，這是最直接的增加血鈣水準的方法；二是促進腸道吸收食物中的鈣；三是減少腎臟排出鈣的量，從而增加血鈣水準。

5. 胸腺：一個會退化的內分泌腺

胸腺既是內分泌腺，也是免疫系統的重要組成部分。

胸腺位於胸骨後方，介於心臟和胸骨之間。它的形狀像一個小小的扁豆，由兩個不規則的葉組成，每個葉都有許多小葉，這些小葉內含大量的淋巴球。淋巴球是免疫系統的「戰士」，負責保護我們免受病原體的侵害。

胸腺的主要任務是分泌胸腺素和其他激素類物質。胸腺素是一種促進免疫細胞成熟和功能的激素。胸腺在胎兒時期就開始發揮作用，幫助建立身體的免疫系統。在這個時期，胸腺是最為活躍的。出生後，胸腺透過分泌胸腺素來增強免疫系統，使身體能夠更有效地對抗感染和疾病。

胸腺在我們的免疫系統中扮演著「訓練營」的角色。胸腺素幫助未成熟的Ｔ細胞（胸腺細胞）在胸腺內成熟。這些Ｔ細胞在成熟後會離開胸腺，進入血液和淋巴系統，尋找並摧毀入侵的病原體。

胸腺在青春期之前最為活躍，之後其功能逐漸下降。隨著年齡的增長，胸腺組織會逐漸被脂肪組織取代，這個過程稱為胸腺退化。然而，即使在退化後，胸腺仍然繼續產生少量的胸腺素，維持免疫系統的功能。如果胸腺功能下降，我們的免疫系統就會變得孱弱，無法有效地對抗感染和疾病。而這可能會導致一系列免疫相關問題，例如易感染、免疫功能紊亂和自身免疫性疾病。

胸腺

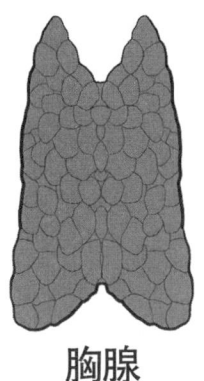

6. 腎上腺：迸發能量的腺體

腎上腺位於每個腎臟的上方。每個腎上腺都由一層叫做皮質的外層組成，圍繞著一個叫做髓質的核心。

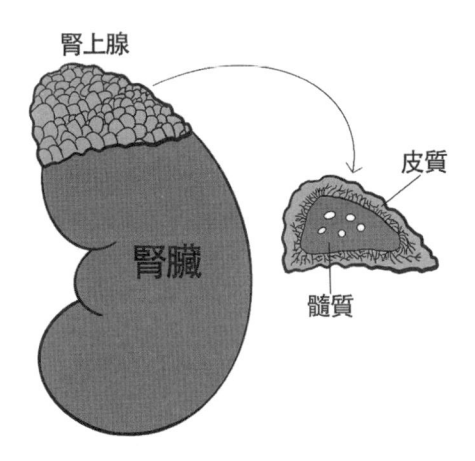

腎上腺皮質可進一步分為三個產生類固醇激素的區域：球狀帶、束狀帶以及網狀帶。

球狀帶生產醛固酮，這種激素主要調節血壓和體內的水鹽平衡。醛固酮通過調節腎臟對鈉和鉀的處理，保持血壓穩定。當血壓下降或鉀水準升高時，醛固酮會促使腎臟保留鈉和水，並排出多餘的鉀。

束狀帶生產皮質醇，也就是大家熟知的「壓力激素」，它在身體的應激反應中發揮重要作用。

網狀帶生產少量的性激素前體，如睪固酮和雌激素的前體。

腎上腺髓質位於腎上腺的中心，主要生產兩種重要的激素：腎上腺素和去甲腎上腺素。這些激素在緊急情況下會迅速釋放，幫助身體進入「戰鬥或逃跑」的狀態。

7. 胰臟：外分泌和內分泌的結合腺體

胰臟是一個非常特別的器官，它就像一個打兩份工的人，既有外分泌功能，又有內分泌功能。

胰臟的外分泌部分主要負責分泌消化酶，這些酶通過胰管直接進入十二指腸，幫助分解我們吃的食物。這些消化酶包括胰蛋白酶、胰澱粉酶和胰脂肪酶，它們能將蛋白質、碳水化合物和脂肪分解成更小的分子，讓小腸更容易吸收這些營養物質。

胰臟的內分泌部分由胰島細胞組成，主要包括 β 細胞和 α 細胞。它們分別分泌胰島素和升糖素，這兩種激素對血糖的調節起著至關重要的作用。

當我們吃完飯，血糖水準升高時，胰島中的 β 細胞會分泌胰島素到血液中。胰島素與細胞上的特定受體結合，幫助細胞吸收葡萄糖，將其用作能量，從而降低餐後的血糖水準。如果胰島素分泌不足，血糖水準就會過高。

而當我們餓了或者血糖水準過低時，α 細胞會分泌升糖素。這種激素會促使肝臟釋放儲存在其中的葡萄糖（糖原分解），從而提高血糖水準，確保我們的身體有足夠的能量供給。

胰島素和升糖素的分泌需要保持平衡，否則會引發健康問題。如果胰島素分泌過多，會導致低血糖症狀，如頭暈、虛弱、顫抖和神經緊張，甚至可能導致昏迷。如果胰島素分泌不足，血糖水準升高，則會導致糖尿病，嚴重時可能需要終身依賴胰島素治療。

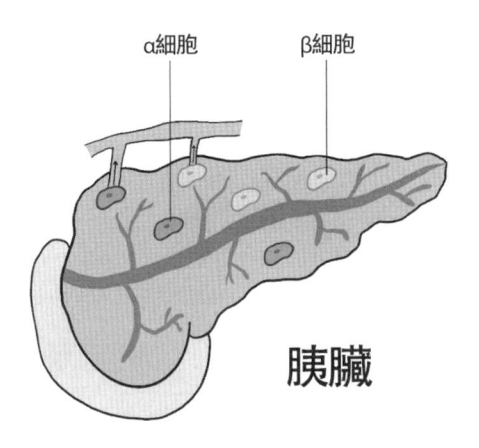

8. 性腺：分泌性激素的工廠

性腺，顧名思義，是分泌性激素的腺體，根據性別不同，性腺又分為男性的睪丸和女性的卵巢。

男性的睪丸主要分泌一種叫做睪固酮的激素。睪固酮能夠促進睪丸、前列腺等性腺及其相關器官的發育，使其能夠正常工作。睪固酮也是男性特徵的主要驅動力，包括聲音變低、鬍鬚生長等。此外，睪固酮還能夠增強肌肉的增長和修復能力，使男性更容易增肌。

女性的卵巢則分泌多種性激素，包括雄激素、雌激素和孕激素。每種激素都有其獨特的作用。雖然雄激素在女性體內的量較少，但它能夠增加肌肉的能量和強度，對維持健康的肌肉組織非常重要。雌激素則是女性特徵的主要驅動力，能夠使身體的脂肪增加，特別是在胸部和臀部，使女性具有獨特的身體曲線。孕激素主要負責女性的生育功能，包括調節月經週期，並在懷孕期間支持胎兒的發育。

可以看到，性激素不僅僅是性別特徵的標誌，它們還在多個方面影響我們的健康。比如，睪固酮和雌激素都能影響我們的情緒、骨骼健康和代謝功能，因此，保持性激素的平衡對我們的整體健康至關重要。

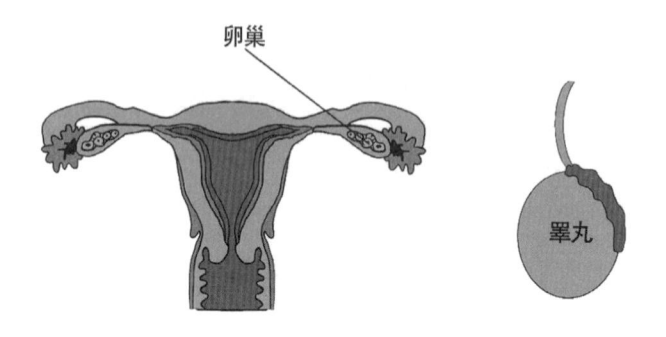

性腺

4.4 激素是如何發揮作用的？

每個內分泌腺都會分泌激素進入血液，可以說，激素，就是我們體內的化學信使。從結構上講，激素主要分為兩大類：類固醇激素和非類固醇激素。

▨ 脂溶性的類固醇激素

類固醇激素是由膽固醇衍生的脂溶性分子，主要由腎上腺和性腺（睪丸和卵巢）合成。類固醇激素可以穿過細胞膜，直接進入細胞內。它們之所以能做到這一點，是因為它們可溶於脂肪。細胞膜由磷脂雙層組成，可防止脂溶性分子擴散到細胞中。一旦進入細胞，類固醇激素就會與細胞質中的受體結合，形成激素-受體複合物，這個複合物再進入細胞核，影響基因表達。

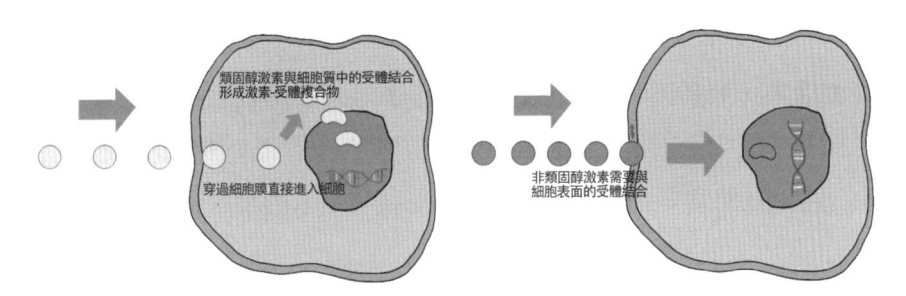

脂溶性的類固醇激素　　親水性的非類固醇激素

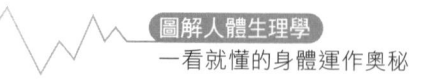

▨ 親水的非類固醇激素

非類固醇激素則分為肽類和蛋白質類,也就是胺基酸鏈,或者它們可以來自單一的胺基酸。肽激素,如胰島素和升糖素,是親水性的,這意謂著它們喜歡在我們的血液中流動。也正因為它們是水溶性的,所以無法直接穿過細胞膜。因此,非類固醇激素需要與細胞表面的受體結合,啟動一系列細胞內信號傳導過程,從而引發細胞反應。

▨ 特立獨行的胺基酸激素

胺基酸激素——比如甲狀腺激素,以及腎上腺素和去甲腎上腺素——比較特別,這些激素在結構和功能上都非常獨特,既能表現出類固醇激素的特性,又能表現出非類固醇激素的特性。

4.5 皮質醇:最重要的壓力激素

生活中,我們都會經歷各式各樣的壓力。無論是工作中的緊張任務,家庭生活中的瑣事,還是社交關係中的複雜情緒,壓力無處不在。那麼,我們的身體是如何幫我們應對這些接踵而來的壓力呢?

答案就是皮質醇——是腎上腺分泌的皮質醇,才讓我們能夠有足夠的精神和活力來應對各式各樣的壓力。具體來看,當我們面臨威脅或壓力時,身體會迅速啟動一種稱為「戰或逃」的反應。這種反應的核心就是皮質醇,皮質醇能夠在關鍵時刻將能量重新分配到最需要的地方,特別是大腦和肌肉上,從而增強決策能力、反應速度和身體的快速運動能力。

在這個過程中，皮質醇會透過促進糖質新生來實現這一目標，即將脂肪酸和胺基酸轉化為葡萄糖，從而在能量需求最高的時候提供快速的能量補充。

通常情況下，葡萄糖濃度的升高會觸發胰島素的分泌，胰島素會幫助將葡萄糖儲存起來。然而，皮質醇會抵消胰島素的作用，保持血液中的高葡萄糖濃度（高血糖狀態），以便隨時為身體提供能量。

此外，皮質醇還通過刺激肝臟中的糖原分解，將儲存在肝臟和肌肉中的糖原分解為葡萄糖。這也讓我們看到，皮質醇在控制血糖水準方面具有主導地位。

皮質醇不僅僅影響葡萄糖的代謝，還能透過刺激脂肪分解來增加血液中的酮體，這些酮體是大腦的另一種能量來源。當脂肪分解時，三酸甘油脂分解為游離脂肪酸，提供更多的能量來源。同時，皮質醇還會增加血液中的游離胺基酸濃度，這些胺基酸可以用於修復受損組織。

皮質醇還能夠透過與細胞外膜上的糖皮質激素受體結合來發揮作用。不同類型的細胞和糖皮質激素受體決定了皮質醇在不同組織中的具體效應。皮質醇會關閉一些非必要的生理功能，比如，抑制消化系統、生殖系統、生長、免疫系統、膠原蛋白合成和蛋白質合成等，皮質醇甚至還能減緩骨質的生成——這是為了保存資源應對立即的生存需求。

皮質醇在免疫系統中的作用也非常複雜和重要。在正常情況下，皮質醇有助於調節免疫反應，確保免疫系統在傷口癒合和對抗感染中發揮正常功能。急性壓力（如逃離獅子）會引發體內免疫細胞的重新分配，例如嗜中性球和單核細胞會從骨髓中釋放出來，並傳輸到皮膚，為傷口的癒合做準備。

在「戰或逃」反應中，皮質醇的急劇釋放還會影響免疫細胞的成熟和運輸，包括樹突細胞、巨噬細胞和淋巴球，先天性和適應性免疫系統都會受到皮質醇的影響和加強。

兩種異常的皮質醇調節

在健康的人體中，皮質醇的濃度會在一天中按照生理時鐘的節律波動，早晨皮質醇濃度最低，起床前一兩個小時顯著增加，起床後不久達到最高，然後在一天中逐漸減少。這個晝夜節律對維持最佳生理功能非常重要。

皮質醇在早晨的低濃度有助於睡眠中記憶的鞏固（短期記憶轉化為長期記憶），而白天逐漸升高的皮質醇濃度幫助調節能量，並支持正常的自律功能（如心律、消化、呼吸、唾液分泌、排尿和性興奮等）。

然而，長期壓力會導致皮質醇調節異常，這種異常通常有兩種表現方式：

一種是皮質醇濃度持續地慢性提升，在這種情況下，皮質醇水準會持續升高，但其日常波動模式仍然與正常情況相似。換句話說，皮質醇的濃度在一天中會有起伏，但總體水準高於正常。

另一種是皮質醇濃度在一天中劇烈波動，這種情況更為常見。皮質醇水準在一天中劇烈波動，其模式與正常情況有顯著差異。比如，早晨皮質醇濃度可能非常低，你可能會覺得起床特別困難。喝一杯咖啡後，皮質醇濃度迅速上升，讓你瞬間精神煥發。到了中午到下午三點左右，皮質醇濃度又開始下降，讓你感到精神不振，可能會渴望一份含糖的點心或一杯咖啡因飲料。到了晚上，皮質醇濃度再次上升，讓你精神振奮，決定熬夜上網。

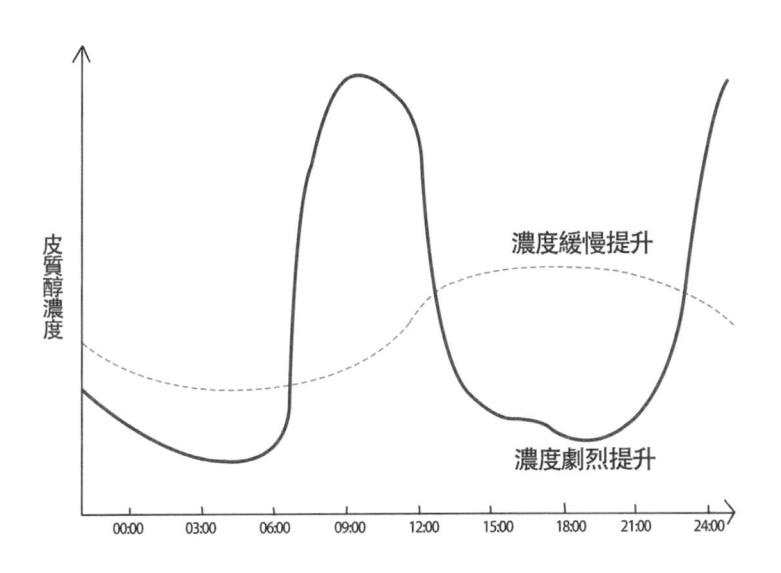

[圖表：皮質醇濃度隨時間變化，標註「濃度緩慢提升」與「濃度劇烈提升」，橫軸為 00:00 至 24:00]

無論是哪種方式，這兩種情況都會導致皮質醇長期處於高水準，從而引發糖皮質激素受體抗性。糖皮質激素受體抗性類似於胰島素抗性，意謂著細胞減少了對皮質醇的敏感性，皮質醇無法有效地與受體結合，導致身體對皮質醇的回應能力降低。

4.6 成長和發育的激素

內分泌系統在我們的成長和發育中扮演著至關重要的角色，不管是身量的成長，還是我們智力的發育，都是多種激素共同調控的結果。

◪ 生長激素：幫助成長的重要激素

在成長發育中，最重要的一種激素就是生長激素，它由腦底部的垂體前葉分泌，在促進骨骼、軟組織的生長以及調節代謝方面都起著重要作用。

生長激素通過刺激軟骨細胞的分裂和增殖，促進長骨的增長，這個過程主要在骨骺板（生長板）中進行。在兒童和青少年時期，這個過程尤為顯著，兒童和青少年時期之所以能快速長高，就是生長激素在發揮著作用。特別是每天晚上睡覺時，生長激素的分泌會達到高峰，這是因為睡眠可以促進生長激素的分泌，幫助身體在夜間進行生長和修復。

　　生長激素還能透過增加蛋白質的合成和減少蛋白質的分解，促進軟組織的生長，比如肌肉和皮膚。比如，運動員在進行劇烈運動後，肌肉會受到損傷。生長激素通過促進蛋白質合成，加速肌肉的修復和生長，使他們能夠在短時間內恢復並繼續訓練。

　　除了促進骨骼和軟組織生長，生長激素還具有調節代謝的作用。生長激素可以增加脂肪的分解，提供能量以供身體使用。這有助於保持體內能量的平衡，並防止脂肪堆積。同時，生長激素還能影響碳水化合物代謝，增加肝糖原的分解，提升血糖水準，確保身體在需要時有足夠的能量供應。

　　生長激素還能夠透過影響其他激素的分泌來間接調節身體的生長和代謝。比如，它可以促進胰島素樣生長因子1（IGF-1）的分泌，IGF-1在促進細胞增殖和分化方面發揮重要作用。

生長激素

甲狀腺激素：促進新陳代謝

除了生長激素外，甲狀腺激素在調節新陳代謝、促進生長發育方面也具有重要作用。

甲狀腺激素可以增加細胞的代謝率，提高身體的能量消耗。也就是說，它們可以加速碳水化合物、脂肪和蛋白質的代謝，使身體能更有效地利用這些營養物質。比如，當你吃完飯後，體溫可能會有所上升，這是因為甲狀腺激素在幫助你的身體快速消化和吸收食物中的能量。

甲狀腺激素不僅加速代謝，還對心臟、肌肉和消化系統的功能有重要影響。甲狀腺激素能夠增加心率和心輸出量，使血液能夠更快地運送氧氣和營養物質到全身各個部位。這對於運動員來說尤其重要，因為他們需要在比賽中保持高強度的體能輸出。甲狀腺激素還可以增強肌肉的收縮力，提高運動表現。你可能聽說過一些運動員在比賽前服用含有甲狀腺激素的藥物，以提高他們的比賽成績，當然，這種做法是不合法且危險的，因為過量的甲狀腺激素會對身體造成嚴重損害。

甲狀腺激素可以促進胃腸蠕動，加速食物的消化和吸收。我們的消化道就像是一條輸送帶，甲狀腺激素就是輸送帶的動力裝置。動力充足，食物能夠快速地被消化和運送；動力不足，食物會在胃腸道停留過久，導致消化不良。

另外，在胎兒發育階段，母親的甲狀腺激素會通過胎盤進入胎兒體內，幫助胎兒的神經系統和骨骼發育，因此，一個懷孕的女性需要確保自己有足夠的甲狀腺激素水準，否則可能會影響胎兒的大腦發育和骨骼形成，導致智力和身體發育遲緩。而在兒童時期，甲狀腺激素則有助於正常的骨骼生長和大腦發育。甲狀腺激素缺乏會導致兒童生長遲緩和智力發育障礙。

甲狀腺激素還通過調節體溫、心率和血壓等生理參數，維持身體的內環境穩定。這對於成人的健康和生理功能的正常運作尤為重要。

性激素：青春期的關鍵激素

性激素包括雌激素和睪固酮，分別在女性和男性中起主要作用。這些激素在青春期的發育過程中扮演關鍵角色——不僅影響外貌和生殖系統的發展，還對整個身體的代謝和健康產生深遠的影響。

雌激素主要由卵巢分泌，它們在女性的生殖系統發育和月經週期調節中起關鍵作用。一個女孩在青春期會發生一系列顯著的變化，這些變化背後的推動力就是雌激素。因為在青春期，雌激素會刺激乳房發育、臀部變寬和脂肪分佈的改變，使女性身體逐漸呈現出成年女性的特徵。

除了外表上的改變，雌激素還會調節子宮內膜的生長，為女性的生育做好準備，每個月的月經週期就是由雌激素和孕激素共同調節的結果。

與女性不同，男性在青春期的主要變化是由睪固酮驅動的。睪固酮主要由睪丸分泌，在男性的生殖系統發育和精子生成中起關鍵作用。一個男孩在進入青春期後，聲音會變得更低沉，肌肉開始增長，臉上也開始長出鬍鬚。這些變化都是睪固酮的作用。睪固酮還刺激骨骼和肌肉的增長，使男性在體格上變得更強壯。

性激素不僅僅影響生殖系統，還對整個身體的代謝和健康產生廣泛影響。比如，雌激素可以調節脂肪分佈，使女性的脂肪主要集中在臀部和大腿，而睪固酮則有助於肌肉的生長和維持低脂肪的體型。

性激素還對骨密度有重要影響。雌激素有助於維持骨骼健康，預防骨質疏鬆。而在男性中，睪固酮也起到了類似的作用，幫助維持骨骼的強度。性激素的平衡對於心血管健康也至關重要。研究表明，適當水準的雌激素可以幫助女性維持健康的膽固醇水準，從而降低心臟病的風險。在成年後，性激素的平衡對於維持健康和預防多種疾病至關重要。比如，雌激素的減少會導致女性在絕經後面臨骨質疏鬆的風險，而睪固酮水準的降低可能會影響男性的肌肉品質和骨骼健康。

Note

05 CHAPTER

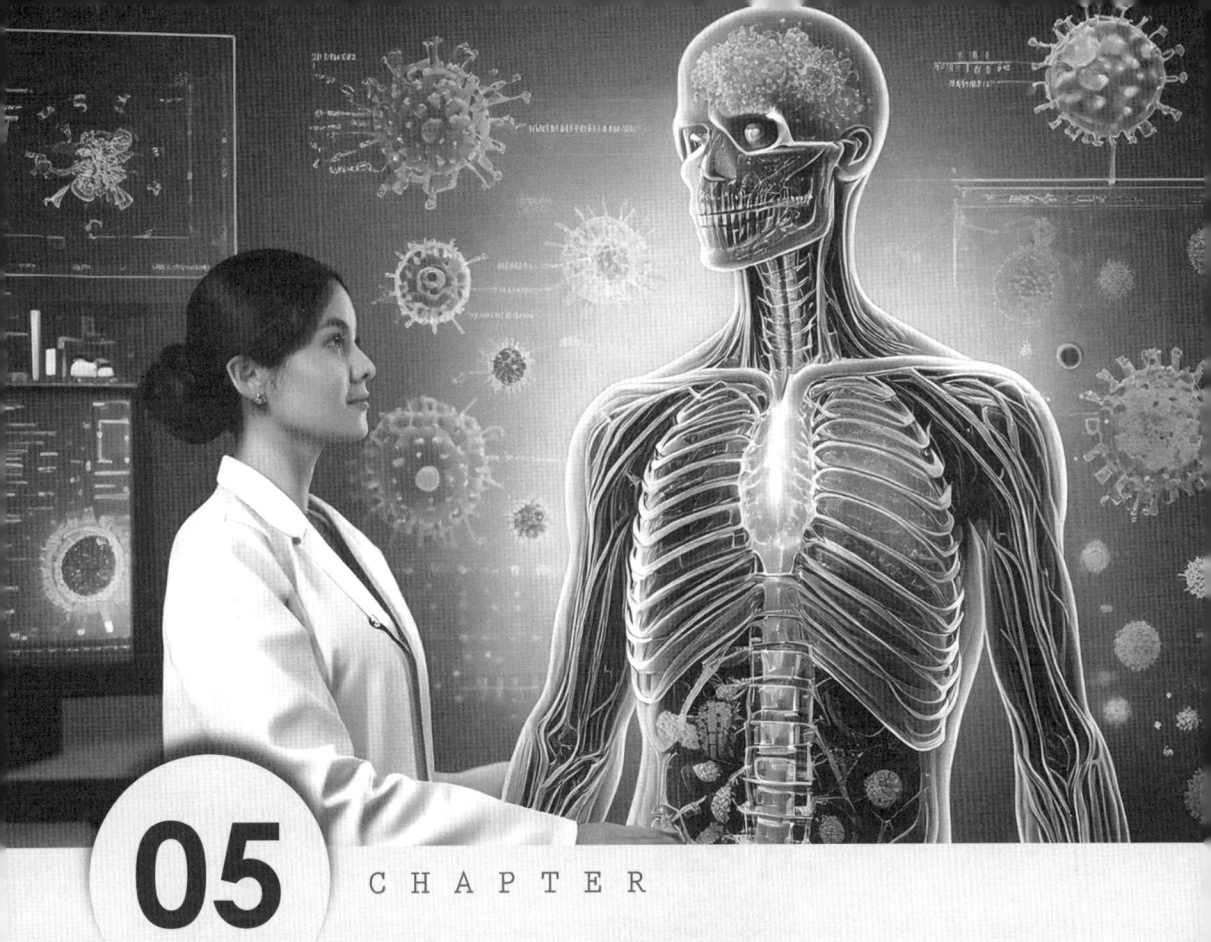

循環系統：生命的動脈

5.1　人體的運輸系統

5.2　循環系統的唯一功能

5.3　被堵塞的血管

5.4　永不停歇的心臟

5.5　心動的週期

5.6　心臟為什麼能一直跳動？

5.7　血液裡面有什麼？

5.8　血液功能大揭秘

5.9　為什麼會有不同的血型？

5.10　血栓是如何形成的？

5.11　靜脈曲張是怎麼回事？

5.1 人體的運輸系統

循環系統是人體的運輸系統,負責將血液從心臟泵送到全身,並將廢物排出體外。

循環系統主要由心臟、血管和血液組成。心臟是一個強有力的泵,通過其有節奏的收縮和舒張,將血液輸送到全身。血管包括動脈、靜脈和微血管,它們組成了一個龐大的網路,覆蓋了全身的每一個角落。動脈負責將富含氧氣的血液從心臟輸送到身體各處,而靜脈則將缺氧的血液帶回心臟。微血管是動脈和靜脈之間的橋樑,負責進行氧氣、營養物質和廢物的交換。

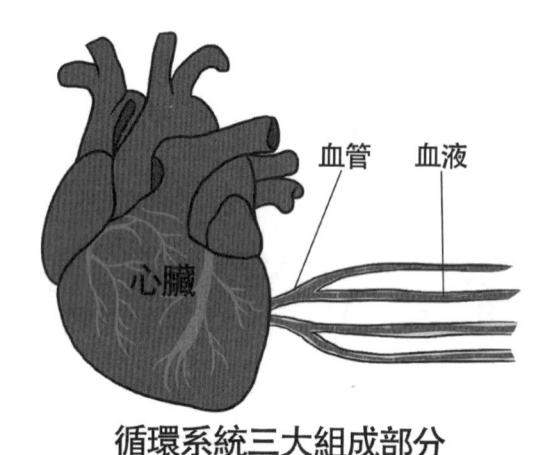

循環系統三大組成部分

循環系統是如何工作的？

循環系統主要分為體循環和肺循環兩個閉合循環系統。

體循環又稱大循環，從心臟的左心室開始，將含氧血泵入主動脈。主動脈分支為越來越小的動脈，將血液輸送到全身各個組織。動脈最終分支為微血管，這些微血管的壁非常薄，允許氧氣和營養物質透過擴散作用進入組織細胞。同時，細胞代謝產生的二氧化碳和廢物也通過微血管壁進入血液。

血液在組織中完成氧氣和營養物質的交換後，變成含有代謝廢物的靜脈血。靜脈血透過微靜脈彙集成越來越大的靜脈，最終流入上腔靜脈和下腔靜脈，這兩條大靜脈分別將血液帶回右心房。上腔靜脈負責帶回頭部和上身的血液，而下腔靜脈則負責帶回下身的血液。此外，肝門靜脈系統將腸道吸收的營養物質帶回肝臟進行處理。

肺循環又稱小迴圈，從心臟的右心室開始。右心室將缺氧血泵入肺動脈，肺動脈將血液輸送到肺部。在肺部，血液經過微血管網，氧氣通過肺泡壁擴散進入紅血球，而二氧化碳則從血液中擴散進入肺泡，通過呼吸排出體外。富含氧氣的血液通過肺靜脈返回心臟的左心房，完成肺循環。

體循環和肺循環通過心臟相互連接，形成一個連續的血液循環系統。血液在體循環中為身體各個組織提供氧氣和營養，而在肺循環中進行氣體交換，獲取氧氣並排出二氧化碳。這樣，兩個循環系統共同維持體內的氧氣和營養供應，同時清除代謝廢物，確保身體的正常運轉。

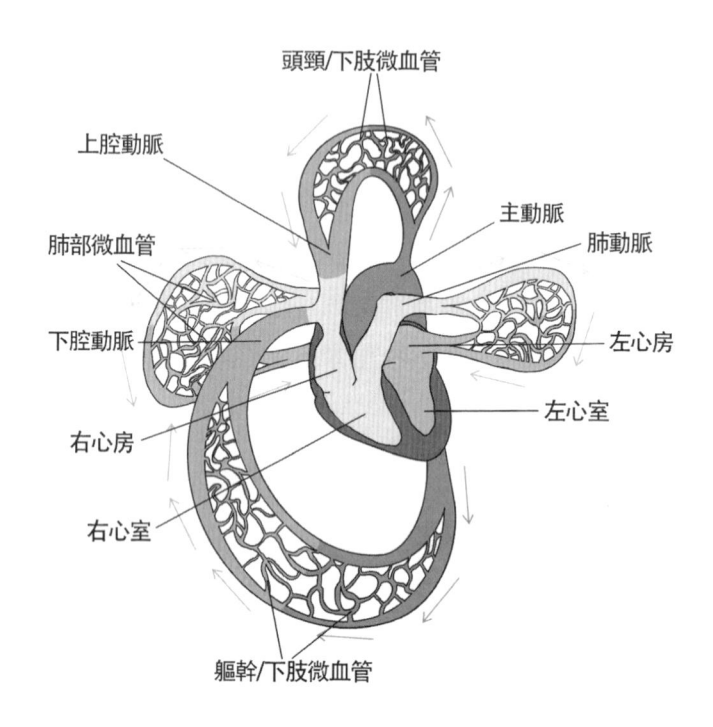

5.2 循環系統的唯一功能

看起來，循環系統唯一的功能，就是運輸，但正是這種持續的、不停歇的運輸，才保證了人體各個部分氧氣和營養物質的充足，才讓廢物得以排出。

具體來看，循環系統透過血液將氧氣和營養物質輸送到全身各個細胞。這些物質通過動脈運輸到身體各個部位，再通過微血管進入細胞。這樣一來，細胞就可以利用這些物質進行代謝活動，產生能量和進行生長和修復。

在細胞使用氧氣和營養物質的過程中，會產生廢物和二氧化碳。血液會將這些廢物從細胞帶走，通過靜脈返回心臟，然後透過肺循環將二氧化碳排出體外。於是，體內的廢物就能夠及時被清除，保持內部環境的清潔和健康。

通過血液的運輸，循環系統還能幫助調節體溫。當身體需要散熱時，血液會流向皮膚表面，通過散熱和出汗降低體溫。當身體需要保持溫暖時，血液會流向身體內部，減少熱量散失。同樣的原理，循環系統也能透過調節血流量和血壓來維持體內的穩定環境，確保各個器官和組織能夠正常運作。

比如，當你在跑步時，心臟會加快跳動，增加血液流量，以滿足肌肉對氧氣和營養的需求。同時，皮膚血管擴張，增加汗液分泌，以幫助身體散熱。跑步後，你可能會感到心跳加速和呼吸急促，這是因為循環系統在努力維持平衡，確保身體各部分的正常運作。

5.3 被堵塞的血管

既然循環系統的唯一的功能是進行運輸，那麼，凡是牽扯到運輸的，最容易出現的問題是什麼？那就是堵塞。就像道路一樣，道路也承載著運輸的功能，所以道路最怕堵。而動脈硬化，就是導致血管堵塞的最大的原因之一。

動脈硬化，簡單來說，就是你的血管變硬了。動脈是運輸血液的重要管道，它們需要保持彈性，以適應心臟的每一次跳動和血液流動的壓力。然而，當動脈變硬或變窄時，也就是發生了動脈硬化時，血管壁內形成了脂肪沉積物（稱為斑塊），就會阻礙血液流動——血管就是這樣堵塞的。

動脈硬化的過程其實相當複雜，但我們可以把它簡單理解為血管內部的「塞車」。這就像你在高速公路上行駛時，突然前方出現了一個施工區域，導致道路變窄，車輛行駛緩慢，甚至完全堵塞，血管內的情況也類似。

動脈硬化的開始往往是由於內皮細胞受損，內皮細胞是血管內壁的一層細胞，類似於血管的「保護膜」。內皮細胞受損後，膽固醇等脂質便容易沉積在血管壁上，形成脂肪條紋。

隨著時間的推移，這些脂肪條紋會逐漸增厚，並與血小板、鈣質和其他細胞物質混合，形成斑塊。這些斑塊會使血管變硬，失去彈性。斑塊的形成使得血管的內徑變小，阻礙血液的流通。

當斑塊變得足夠大時，它們不僅會阻礙血液流動，還可能破裂。斑塊破裂會導致血小板聚集，形成血栓（血塊）。這些血栓可能完全堵塞血管，導致血液無法流通。如果發生在心臟或腦部，可能引發心臟病或中風。

血管堵塞後，會發生什麼？

動脈硬化會直接影響到血液的正常流動，而血液是維持生命的重要元素。

動脈硬化最常見的影響之一是冠狀動脈疾病（冠心病）。當供應心臟的冠狀動脈被斑塊堵塞時，心臟肌肉會因為缺氧而受損。這可能導致心絞痛，嚴重時還會引發心臟病。

如果動脈硬化發生在腦部血管，血管狹窄或血栓形成可能會導致中風。中風會損害腦細胞，導致失語、癱瘓，甚至死亡。

動脈硬化還可能影響四肢的血液供應，特別是腿部。當腿部動脈受阻時，行走時會感到疼痛和不適，這種情況稱為間歇性跛行。如果不及時治療，可能導致嚴重的血液迴圈問題，甚至需要截肢。

動脈硬化還會使血管變得僵硬和狹窄，增加血液流動的阻力，導致血壓升高。高血壓本身就是一個危險因素，它會進一步損害動脈內壁，形成惡性循環。

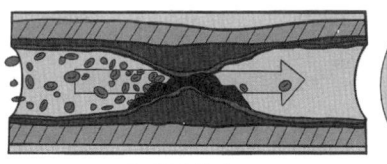

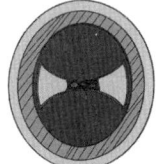

血管堵塞　　　血管橫切面

5.4　永不停歇的心臟

心臟是循環系統的核心，由專門的心肌組織組成，起到泵的作用。它像一個精密設計的大房子，有房室結構（心房和心室）、門（瓣膜）、電路（傳導系統）和水管（冠狀動脈系統）。這些系統協調工作，確保心臟能夠高效地完成每個心搏週期，將血液源源不斷地泵送到全身各處。

☑ 心房和心室：心臟的房室：

心臟由四個主要腔室組成：右心房、右心室、左心房和左心室。

右心房收集來自全身靜脈的血液，然後通過三尖瓣將血液送入右心室。右心室再將血液泵入肺動脈，進入肺部進行氧合作用。左心房收集來自肺部的富氧血液，通過二尖瓣將血液送入左心室，左心室則將血液泵入主動脈，供應全身。

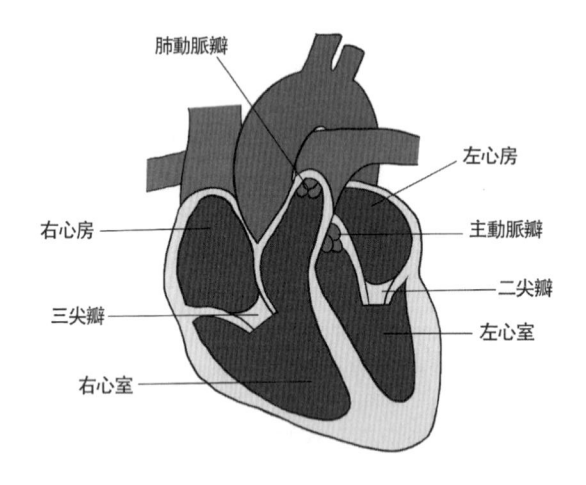

☑ 瓣膜：心臟的「門」

心臟內部有四個主要的瓣膜，確保血液在心臟內單向流動，不會反流。

二尖瓣位於左心房和左心室之間，控制血液從左心房流入左心室。主動脈瓣位於左心室和主動脈之間，控制血液從左心室進入主動脈。三尖瓣位於右心房和右心室之間，控制血液從右心房流入右心室。肺動脈瓣位於右心室和肺動脈之間，控制血液從右心室流入肺動脈。

傳導系統：心臟的「電路」

心臟的傳導系統由一系列特殊的心肌細胞組成，這些細胞負責產生和傳導電信號，調控心臟的節律性收縮。主要包括竇房結、房室結、房室束、左右束支和浦肯野纖維。

竇房結是心臟的天然起搏點，位於右心房壁上，產生的電信號通過結間束傳導到房室結。房室結位於右心房和右心室之間，負責將信號傳遞給房室束，後者再將信號傳導至左右心室，確保心室同步收縮。

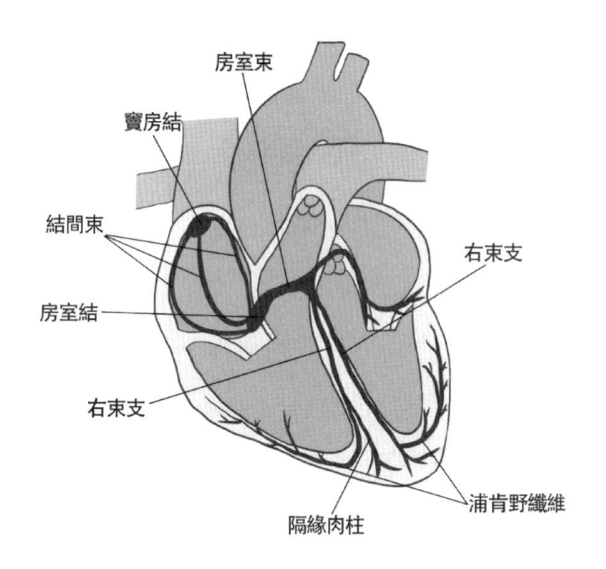

冠狀動脈系統：心臟的「供水管道」

心臟，作為身體的核心泵，需要持續不斷的氧氣和營養以維持其高效的工作。而冠狀迴圈正是確保心臟肌肉得到充足氧氣和營養的關鍵機制。

冠狀動脈是心臟表面的動脈網路，主要分為左冠狀動脈和右冠狀動脈。左冠狀動脈進一步分為左前降支和左迴旋支，右冠狀動脈則主要供應右心室和右心房的血液。冠狀動脈從主動脈的起始部位分出，將富含氧氣的血液輸送到心肌。冠狀動脈分支進入心臟各個部位，確保心肌在收縮和舒張過程中能夠獲得所需的氧氣和營養。當心肌使用氧氣進行代謝後，產生的缺氧血液會通過心臟表面的靜脈網路返回右心房。這些靜脈彙集成冠狀靜脈竇，最終將缺氧血液排入右心房，再透過肺循環進行氧合作用。

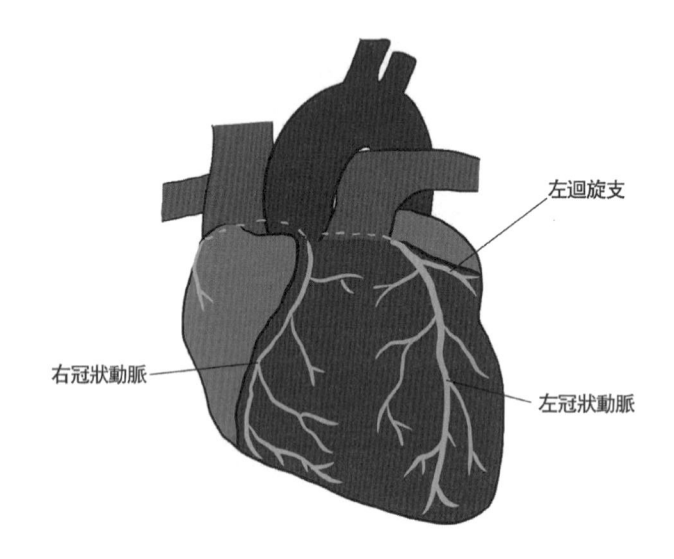

5.5　心動的週期

心臟的每一次跳動，都是完成了一次心搏週期，正是心臟一次一次地跳動，才讓心臟有效地泵血。

心臟週期可以分為三個主要階段：心房收縮期、心室收縮期和心室舒張期。

在心房收縮期，心房開始自發地去極化，也就是說，心房肌細胞內外的電位發生變化，導致心房肌肉收縮。這個過程就像你用手擠壓一個水瓶，把水從瓶子裡擠出來，這就是心房在做的事情。當心房收縮時，心房內的壓力增大，血液會通過二尖瓣和三尖瓣流入心室，使心室被動充盈。

在心房收縮期後，就到了心室收縮期。在這個階段，心室快速去極化，心室肌細胞的電位變化導致心室肌肉迅速收縮。心室收縮使得心室內壓力顯著增加。就像是你用力擠壓水瓶，把水通過瓶口噴射出去。心室快速收縮，增加內部壓力。當心室的壓力超過心房時，二尖瓣和三尖瓣關閉，防止血液倒流回心房。這是心室收縮的第一期。接下來，當心室壓力超過主動脈和肺動脈的壓力時，半月瓣打開，血液從心室被泵入主動脈和肺動脈，這是心室收縮的第二期。在這一階段，血液被迅速輸送到全身和肺部，完成氧氣和養分的運輸。

心室舒張期是心搏週期的第三個階段，發生在心室收縮期結束後。此時，心室肌肉開始複極化，即心室肌細胞內鈣離子濃度下降，肌纖維鬆弛，心室開始舒張。心室容積增大，內部壓力迅速下降。

這一階段相當於你鬆開對水瓶的擠壓，瓶子重新填滿水。心室在這一階段放鬆，內部壓力下降。當心室壓力降到低於主動脈和肺動脈壓力時，半月瓣關閉，防止血液回流。隨後，當心室壓力降到低於心房和靜脈壓力時，二尖瓣和三尖瓣重新打開，血液被動流入心室，為下一次心跳做好準備。

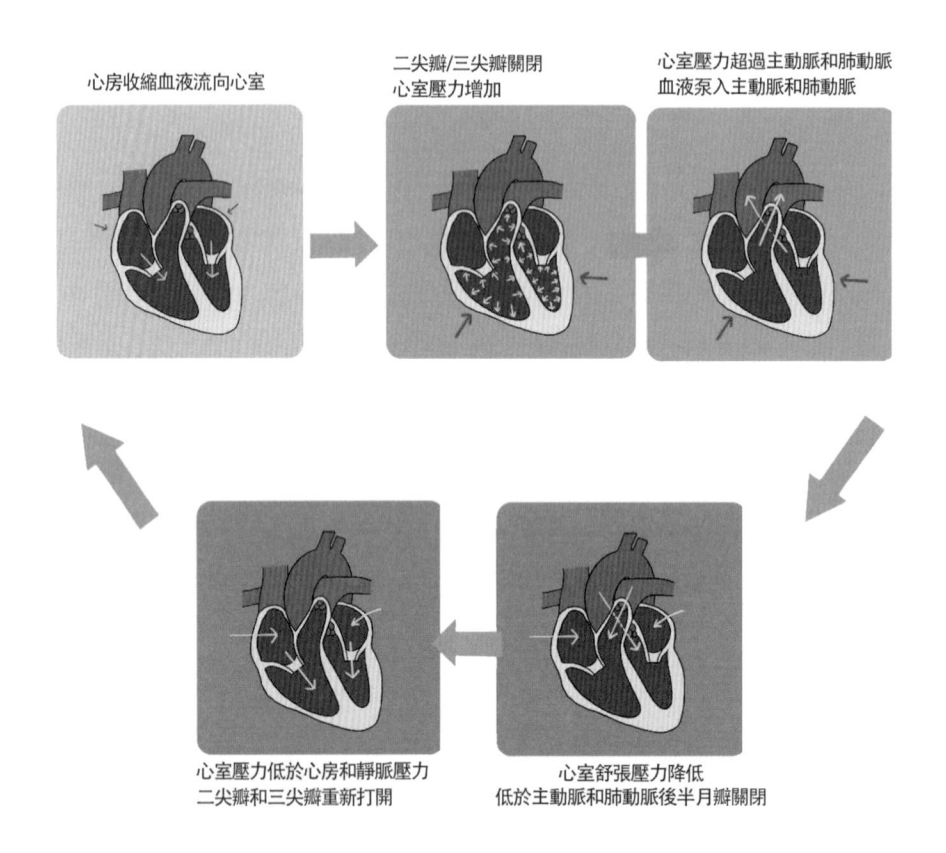

```
┌─心房收縮血液流向心室─┐  ┌─二尖瓣/三尖瓣關閉──┐  ┌心室壓力超過主動脈和肺動脈┐
│                      │  │   心室壓力增加      │  │ 血液泵入主動脈和肺動脈 │
└──────────────────────┘  └────────────────────┘  └────────────────────────┘
```

┌─心室壓力低於心房和靜脈壓力─┐   ┌──心室舒張壓力降低──────┐
│   二尖瓣和三尖瓣重新打開   │ ← │ 低於主動脈和肺動脈後半月瓣關閉 │
└────────────────────────────┘   └────────────────────────┘

　　簡單來說，在心房收縮期，心房內血液被推入心室，使心室充滿血液。這一階段相當於給心室準備「燃料」，讓它們能夠在接下來的收縮期裡有效地工作。在心室收縮期，心室內血液被泵出心臟，流向全身和肺部。心室在這一階段的工作就像是一個強力的泵，確保血液能夠快速到達身體的各個部位。心室舒張期則是心臟的「休息」階段，但它並不是完全停下來的。心室在這一階段通過重新填充血液，為下一次收縮做好準備。這個過程確保了心臟能夠連續不斷地工作，維持我們的生命活動。

5.6 心臟為什麼能一直跳動？

心臟為什麼能夠做到不眠不休地持續跳動？心臟之所以能夠持續跳動，是因為它是由一種特殊的肌肉——心肌組成的。

心肌不同於我們身體的其他肌肉，它結合了手臂、腿部肌肉的力量和胃、腸等內臟肌肉的持久性。這種特殊的結構使得心臟成為一個非常強大和耐用的器官，心肌不僅具有強大的收縮力，還能夠在長時間內持續工作而不會疲勞。心肌細胞之間緊密連接，形成一種網狀結構，這種結構能夠有效傳導電信號，使心臟在每一次跳動時都能夠協調一致地收縮和舒張。這種協調性和持久性使得心臟可以在沒有任何中斷的情況下泵血。

一個成年人的心臟在一分鐘內可以輸送 5 到 6 升的血液，一天可以輸送約 8 噸的血液。這個數字聽起來非常驚人，這是因為心臟通過每分鐘大約 60 到 100 次的跳動（即心率），不斷地將血液從心臟泵出，流經全身各個組織和器官，再返回心臟。這個過程確保了身體的每一個細胞都能夠得到充足的氧氣和營養。

儘管心臟似乎從未停止工作，但它並不是完全沒有休息時間。每次心臟收縮和舒張之間有一個短暫的間隙，大約是 0.1 到 0.2 秒。這段時間雖然很短，但對於心臟來說卻是非常重要的「休息」時刻。在這段時間裡，心肌能夠稍作恢復，為下一次的強力收縮做好準備。

心臟能夠持續跳動的另一個關鍵原因是它擁有自己的電傳導系統，這個系統包括竇房結、房室結、房室束和浦肯野纖維。竇房結位於右心房壁上，是心臟的天然起搏點，它能夠產生和傳導電信號，使心臟按照

一定的節律收縮和舒張。這才確保了心臟的每一次跳動都能夠有序進行，不會因為外界因素的干擾而紊亂。

如何感知心臟的跳動？

怎樣才能感知心臟的跳動呢？最簡單的方法是測量脈搏。脈搏是動脈隨心臟跳動而產生的震動。你可以把手指輕輕放在手腕內側靠近大拇指的地方，那裡有一條動脈叫做橈動脈。如果你感到一陣陣規律的跳動，那就是你的脈搏。

當你感覺到脈搏時，用碼錶或手錶記錄 1 分鐘的脈搏跳動次數，這就是你 1 分鐘的心跳次數。因為心臟的每一次跳動都會推動血液進入動脈，產生一次脈搏。因此，脈搏數等同於心跳數。通過測量脈搏，我們可以知道心臟每分鐘跳動的次數。如果脈搏數是 70 次 / 分鐘，那麼 1 小時就是 4200 次，一天 24 小時，心臟就是不停地跳動了 10 萬次以上。

正常情況下，成年人在靜息狀態下的心跳頻率（也稱為靜息心率）大約在 60 到 100 次 / 分鐘之間。運動員的靜息心率可能更低，而在運動或緊張時，心率會升高。透過定期測量脈搏，可以監測心臟健康狀況。

5.7 血液裡面有什麼？

血液是由四種主要成分組成的：紅血球、白血球、血小板和血漿。

紅血球：運輸氧氣的主力

紅血球占血液的 40% 到 45%。它們的主要功能是運輸氧氣和二氧化碳。在人類中，紅血球很小且呈雙凹狀，成熟時不含有粒線體（mitochondrion）或細胞核。

這些特性使紅血球能夠有效地完成氧氣運輸任務。小尺寸和雙凹形狀增加了表面積與體積的比率，改善了氣體交換，而缺乏細胞核則為血紅蛋白（一種用於氧氣運輸的關鍵蛋白質）提供了額外的空間。缺乏粒線體使紅血球無法使用它們攜帶的任何氧氣，從而最大限度地增加了輸送到身體組織的氧氣量。

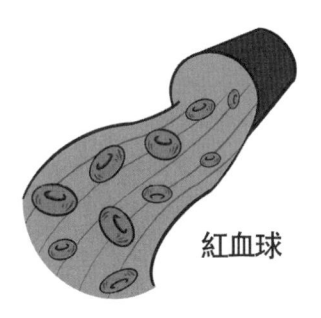

紅血球

紅血球中的血紅蛋白能夠結合氧氣並將其從肺部運送到身體的各個部位，然後再帶著二氧化碳返回肺部進行排出。血紅蛋白在結合氧氣時呈現鮮紅色，這也是為什麼動脈血看起來是紅色的原因。

紅血球的平均壽命為 120 天。肝臟和脾臟會分解舊的或受損的紅血球，骨髓會生成新的紅血球。紅血球的生成受激素促紅血球生成素的控制，這種激素由腎臟在低氧水準下釋放。這種負回饋迴路確保體內紅血球的數量在一段時間內保持相對穩定。

白血球：發揮免疫作用

白血球也稱為白細胞，比紅血球少見得多，只占血液的約 1%，但它們是免疫系統的重要組成部分，負責保護身體免受感染。白血球比紅血球大，與紅血球不同的是，白血球有正常的細胞核和粒線體。白血球有多種類型，

其中一類是粒細胞，包括嗜中性球、嗜酸性球和嗜鹼性球，當在顯微鏡下染色觀察時，它們的細胞質中都有顆粒。另一組是無粒細胞，包括單核細胞和淋巴球，它們的細胞質中沒有顆粒。

白血球

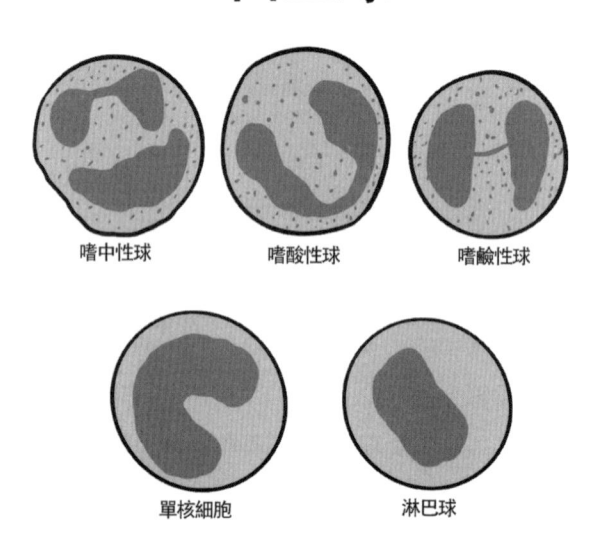

嗜中性球　　嗜酸性球　　嗜鹼性球

單核細胞　　淋巴球

每種類型的白血球在防禦中都發揮著特定的作用。例如，一些白血球參與吞噬和分解病原體，而另一些白血球則識別特定微生物並對其發起免疫反應。不同類型的白血球壽命不同，從幾小時到幾年不等。

▨ 血小板：幫助身體止血

血小板也稱為血栓細胞，占血液的比例也不到 1%，但它們在止血過程中發揮關鍵作用。當身體受傷時，血小板會聚集在傷口處，形成血凝塊，阻止進一步的出血。血小板還釋放化學物質，幫助血液凝固，並覆蓋傷口，促進癒合。

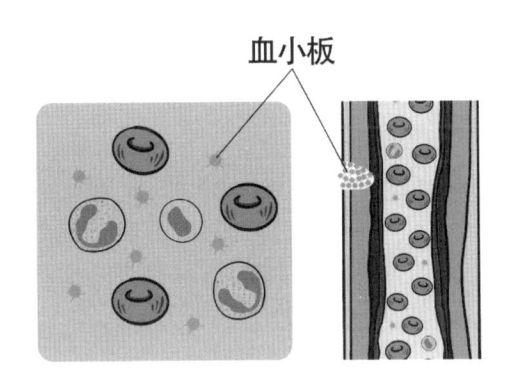

▨ 血漿：血液的液體成分

血漿是血液的液體成分，占血液的 45% 到 60%。它是一種淡黃色的液體，主要由水組成，但也含有蛋白質、鹽分、激素和其他物質。透過將一管全血放入離心機高速旋轉就可以分離血漿。密度較高的細胞和血小板會移至管底，形成紅色和白色層，而血漿則留在管頂，形成黃色層。血漿的主要作用是運輸血細胞、營養物質、廢物和其他重要的化學物質到全身。血漿中的蛋白質，如白蛋白，幫助維持血液的黏稠度和滲透壓，確保血液正常流動。

血漿

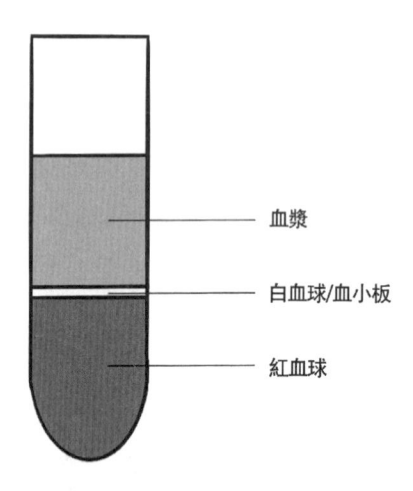

白血球/血小板

紅血球

5.8 血液功能大揭秘

　　血液的首要任務是運輸氧氣和營養物質。紅血球中的血紅蛋白與氧氣結合，將其從肺部運輸到全身的每一個細胞，同時帶走細胞代謝產生的二氧化碳並返回肺部排出。除此之外，血液還負責運送從食物中吸收的營養物質，如葡萄糖、胺基酸和脂肪酸，這些物質通過血漿輸送到需要它們的身體各部分。

　　血液不僅運送營養，還負責將細胞代謝產生的廢物帶走。二氧化碳通過血液被帶到肺部排出體外，而其他代謝廢物如尿素和乳酸則通過肝臟和腎臟處理後排出體外。這確保了體內的清潔和化學平衡。

腎臟透析患者因為腎功能衰竭，無法自行排除體內的廢物，需要依靠透析機來清除血液中的毒素和多餘的液體。透析過程模擬了腎臟的功能，透過血液過濾器將尿素、肌酐等廢物從血液中去除。這也讓我們看到了血液在排除廢物中的關鍵作用，如果沒有這一功能，毒素將在體內積累，嚴重影響健康。

另外，血液中含有多種白血球，它們是免疫系統的重要組成部分，負責保護身體免受感染和疾病。不同類型的白血球（如嗜中性球、淋巴球和單核細胞）各有特定的功能，比如吞噬細菌、產生抗體、攻擊病毒感染的細胞和癌細胞。沒有這些白血球，我們的身體將無法抵禦病原體的侵襲。

血液還在體溫調節和維持體內環境穩定中發揮作用。通過調節血流量，血液能夠將多餘的熱量帶到皮膚表面散發出去，或在寒冷時減少皮膚表面的血液流量以保持體溫。此外，血液通過緩衝系統保持體內的酸鹼平衡，確保各種生化反應在最佳條件下進行。

可以看到，血液是一種多功能的液體，在維持生命過程中扮演著多種關鍵角色。通過運輸氧氣和營養物質、排除廢物、提供防禦以及維持體溫和酸鹼平衡，血液確保了我們的身體能夠正常運作。

5.9　為什麼會有不同的血型？

人類的血型由紅血球表面的特定標誌物（抗原）決定。這些抗原的存在與否決定了血液分類。最主要的血型分類方法是 ABO 系統和 Rh 系統。

ABO 系統是根據紅血球表面的兩種主要抗原（A 和 B）來分類的：

◈ **A 型**：紅血球表面只有 A 抗原。
◈ **B 型**：紅血球表面只有 B 抗原。
◈ **AB 型**：紅血球表面同時有 A 和 B 抗原。
◈ **O 型**：紅血球表面沒有 A 和 B 抗原。

● A抗原
◆ B抗原

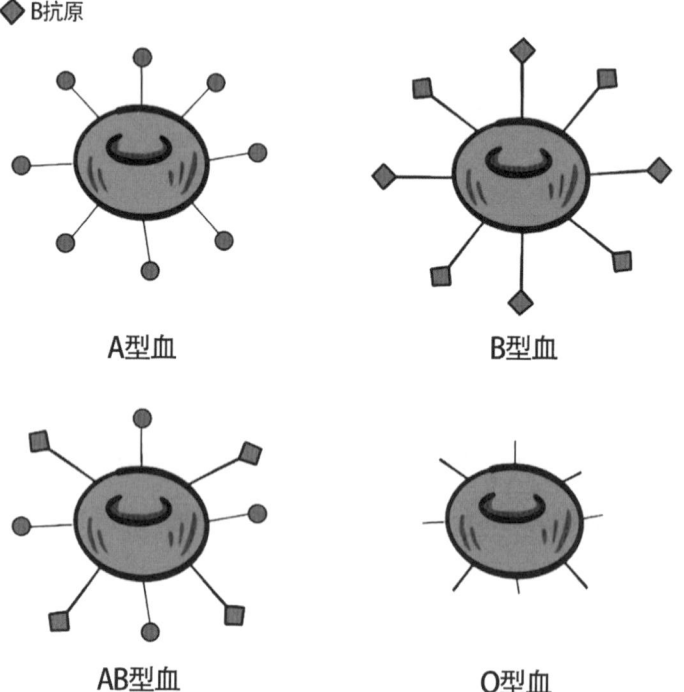

A型血

B型血

AB型血

O型血

Rh 系統基於紅血球表面是否存在 RhD 抗原。如果存在，則為 Rh 陽性（如 A+、B+）；如果不存在，則為 Rh 陰性（如 A-、B-）。大多數人是 Rh 陽性，但約 15% 的白人、8% 的黑人和 1% 的亞洲人是 Rh 陰性。

世界上的稀有血型

除 ABO 系統外，還有 600 多種抗原可能附著在紅血球上。有 30 多種不同的血型系統與這些獨特的抗原有關。其他血型系統包括：達菲血型、K 抗原（或 Kell）組、路德教血型、吉德血型。

這些血型很罕見。稀有血型的一般定義是每 1,000 人中出現 1 例或更少的血型。世界上最稀有的血型之一是 Rh-null。世界上只有不到 50 人擁有這種血型。這種血型非常稀有，有時被稱為「黃金血」。

為什麼要知道血型？

瞭解血型在輸血時至關重要。輸錯血型會導致嚴重的免疫反應，血液中的抗體會攻擊不相容的紅血球，可能引起溶血反應和血液凝固等危及生命的問題。

比如，A 型血的人不能接受 B 型血，因為他們的抗 B 抗體會攻擊 B 型紅血球。相反，O 型血由於沒有 A 或 B 抗原，可以安全地輸給任何血型的人，因此，O 型血的人也被稱為「萬能供血者」。

血型也在親子鑑定中起到一定作用。血型和眼睛的顏色一樣，都是從親生父母那裡遺傳下來的，因此孩子的血型可以提供關於父母血型的資訊。比如，A 型和 O 型父母只可能生出 A 型或 O 型的孩子，而不可能生出 B 型或 AB 型的孩子。這種血型遺傳的規律有助於驗證親子關係。不過，由於可能的組合很多，孩子的血型可能和父母不完全相同。

5.10 血栓是如何形成的？

血栓的形成是一個複雜的過程。

打個比方，血液在靜脈血管中流動，就像流水在河道裡靜靜地流淌。河道裡有泥沙，血液中則有血細胞；河道有大壩攔截，血液也有瓣膜來控制流動。如果水流緩慢，河床可能被泥沙堵塞，導致河水氾濫。同樣地，如果血液中的血脂過高、凝血因子增多，血細胞會積聚並黏合在一起，最終形成血栓。

人們常說的血栓大多數指的是靜脈血栓，主要發生在腿部和肺部，其中以腿部血栓最為常見。下肢靜脈血栓在所有血栓類型中佔據了80%到90%。特別是對於長期臥床的人、手術或骨折後的病人、惡性腫瘤患者、口服避孕藥者，以及年齡超過60歲、伴有高血壓、糖尿病、中風、肥胖或抗凝血酶缺乏的人，血流速度減慢和血液黏稠度增加使得靜脈血栓的風險更高。

臨床上，深靜脈血栓主要表現為患肢的腫脹、疼痛、壓痛、發紅、水腫、靜脈曲張，甚至皮膚潰爛，嚴重時可能發展成「老爛腿」。一旦血栓脫落並隨血流進入肺部，可能堵塞肺動脈，導致致命的「肺栓塞三聯症」，表現為呼吸困難、胸痛和咯血，嚴重者可能會突然猝死。

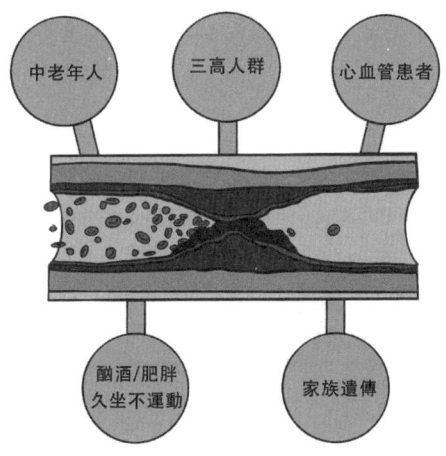

Chapter 05 循環系統：生命的動脈

血栓的5大高危險群

- 中老年人
- 三高人群
- 心血管患者
- 酗酒/肥胖 久坐不運動
- 家族遺傳

　　血栓的形成通常是從血管受損開始，當你受傷時，比如割傷手指，血管壁會受損。這時，血管壁的內層會暴露出一些物質，如膠原蛋白。這些物質會吸引血小板到受傷部位。

　　血小板是血液中的小細胞，它們會在受傷部位聚集，形成一個初步的「血小板栓」，就像臨時堵住水管的塞子。這是為了快速止血，防止血液流失。

　　這時，體內的凝血系統會啟動。這是一系列的化學反應，就像多米諾骨牌一樣，一個接一個發生。最終，這些反應會生成纖維蛋白，纖維蛋白是長絲狀的蛋白質，它們會在血小板栓的基礎上形成一個更堅固的網狀結構，穩定血栓。

　　纖維蛋白網會捕捉更多的血小板和紅血球，最終形成一個堅固的血栓。這個血栓就像一個強力的塞子，牢牢地堵住受傷的血管，防止進一步出血。

這個過程在止血中起到了關鍵作用，防止進一步的血液流失。然而，如果這種血栓形成在不該形成的地方，或者血栓沒有及時溶解，就會導致血管阻塞，引發嚴重的健康問題。

① 血小板在受傷部位聚集，快速止血防止血液流失形成一個初步的「血小板栓」。

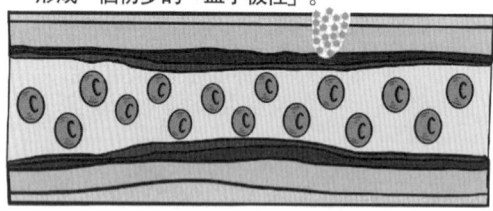

② 凝血系統啟動生成纖維蛋白，穩定血栓

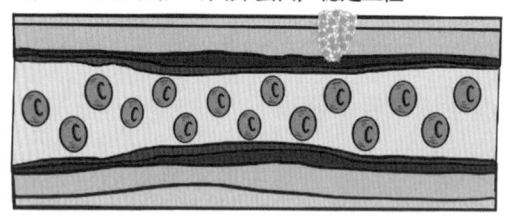

③ 纖維蛋白網會捕捉更多的血小板和紅血球，最終形成一個堅固的血栓。

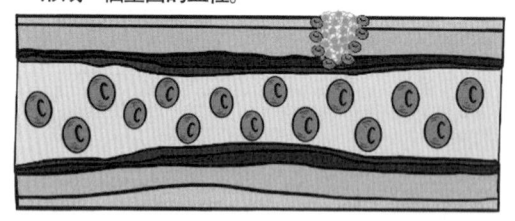

動脈血栓和靜脈血栓

血栓分為動脈血栓和靜脈血栓。動脈血栓常常發生在動脈硬化斑塊破裂後。斑塊破裂會暴露出內層物質，導致血小板和凝血系統的啟動，形成血栓。這種血栓可能阻塞動脈，導致心臟病或中風，因為它們會阻止氧氣和營養物質到達心臟或大腦。

靜脈血栓通常發生在腿部的深靜脈中，稱為深靜脈血栓（DVT）。長時間不動（如長時間坐車或坐飛機）、手術後恢復期或某些疾病（如癌症）都會增加靜脈血栓的風險。如果靜脈血栓脫落，並隨著血液流動到肺部，會引起肺栓塞，這是一種嚴重的併發症。

5.11 靜脈曲張是怎麼回事？

靜脈曲張是一種非常常見的血管問題，大約 1/3 的成年人患有靜脈曲張。靜脈曲張是指靜脈膨脹、扭曲，通常出現在腿部。它們不僅僅是一個外觀問題，還可能引起疼痛、腫脹、搔癢和腿部皮膚變化。

靜脈曲張主要是由於靜脈瓣膜功能失常引起的。正常情況下，靜脈中的小瓣膜幫助血液單向流向心臟，防止血液倒流。然而，當這些瓣膜變弱或受損時，血液會在靜脈中滯留，導致靜脈擴張和扭曲。

下肢的靜脈需要克服重力將血液送回心臟，這個過程依賴於幾種力量的共同作用。一種是血管自身的收縮，靜脈壁具有一定的收縮能力，可以幫助推動血液回流。另一種是肌肉的擠壓，腿部肌肉的收縮和舒張起到了「泵」的作用，擠壓靜脈，推動血液向上流動。

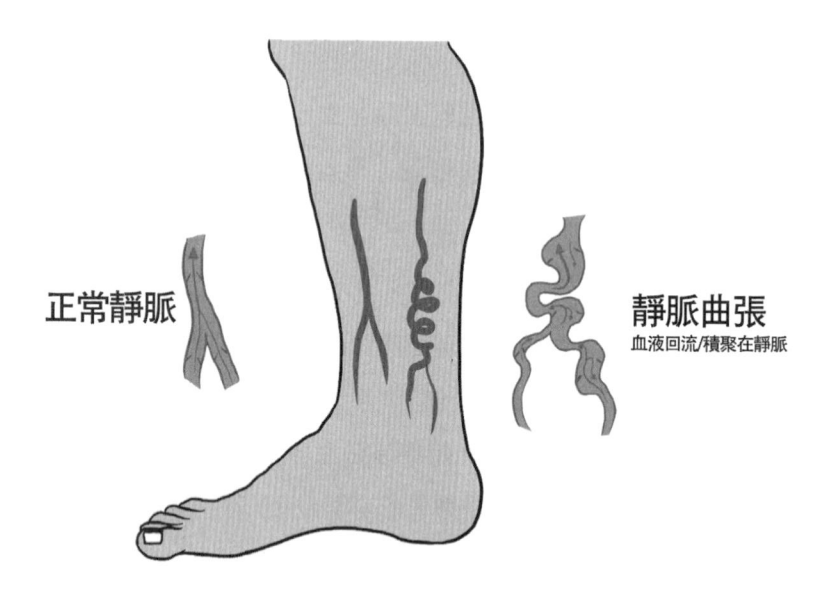

正常靜脈　　靜脈曲張
血液回流/積聚在靜脈

　　正常情況下，當靜脈血液向心臟流動時，靜脈瓣膜打開，允許血液通過。當血液試圖倒流時，瓣膜關閉，防止血液回流。這樣，血液在逐步向上的過程中被不斷推動，最終回到心臟。然而，如果瓣膜受損或失效，血液就會積聚在靜脈內，導致靜脈曲張的形成。

06 CHAPTER

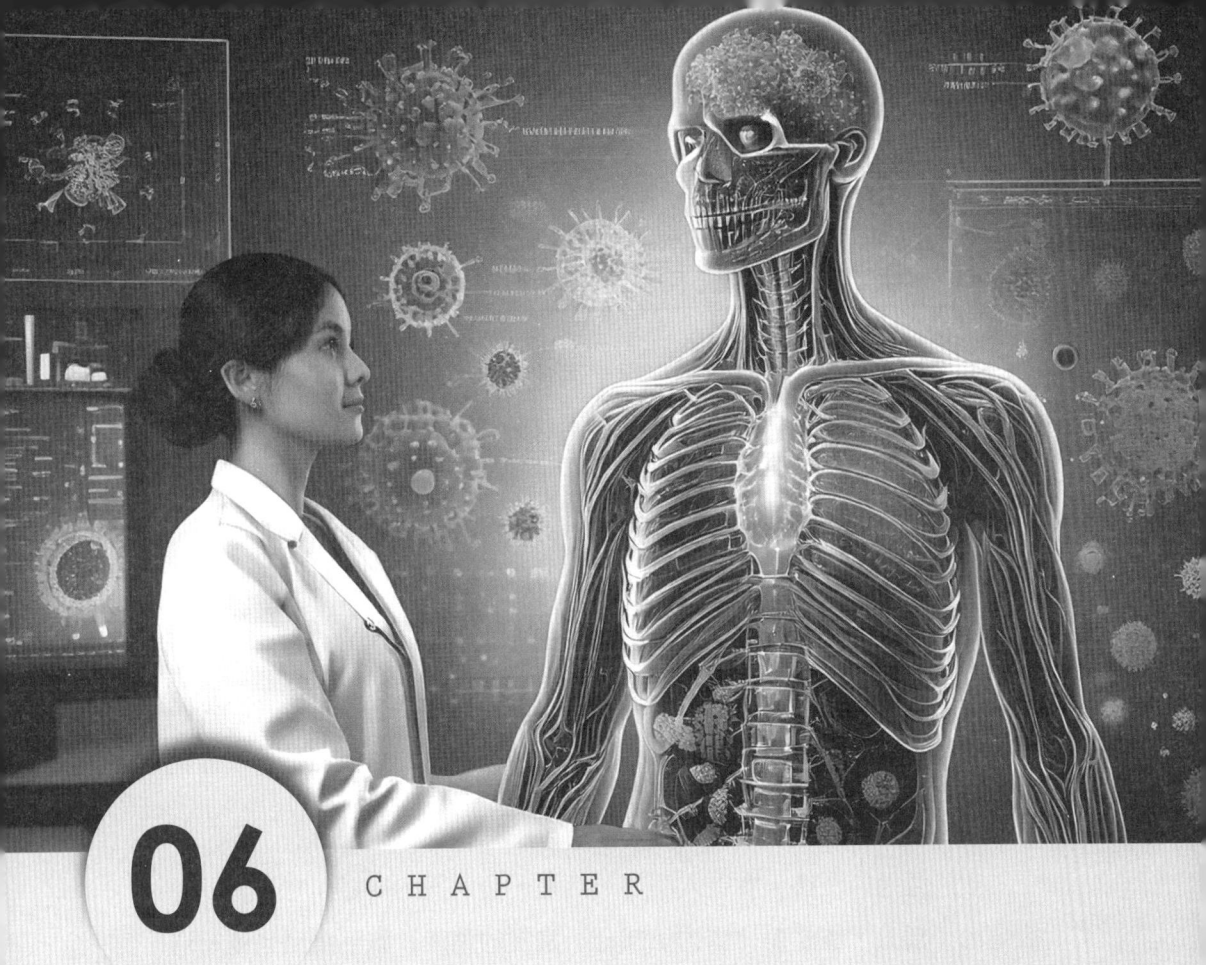

呼吸系統：呼吸的藝術

6.1 每一次呼吸背後，經歷了什麼？
6.2 呼吸系統的功能
6.3 人體為什麼有兩個鼻孔？
6.4 鼻屎也很重要
6.5 鼻涕的顏色，反映了什麼？
6.6 你是如何聞到花香的？
6.7 咽喉：聲音的發源地
6.8 肺泡：氣體交換的神奇小泡泡
6.9 人為什麼會打哈欠？
6.10 深呼吸，讓人放鬆

6.1 每一次呼吸背後，經歷了什麼？

呼吸是我們每天都在做的事情，而呼吸系統就是專門支援人體進行呼吸的系統。人體的呼吸系統主要由兩部分組成：呼吸道和肺。呼吸道包括鼻、咽、喉、氣管和支氣管。其中，鼻、咽、喉為上呼吸道，氣管和各級支氣管為下呼吸道。肺則是進行氣體交換的主要器官。

上呼吸道：空氣進入人體的第一站

空氣首先通過鼻子進入呼吸系統。鼻腔內部有許多小毛髮和黏液，這些結構能過濾掉空氣中的灰塵和其他微小顆粒。同時，鼻腔還能調節空氣的溫度和濕度，使其適應身體的需要。

空氣經過鼻子後，會進入咽部。咽是一個共同的通道，它不僅是呼吸道的一部分，也是消化道的一部分。這裡的黏液和纖毛繼續過濾和清潔空氣。

從咽部經過後，空氣進入喉部。喉部包含聲帶，聲帶的振動可以產生聲音，幫助我們說話和發出其他聲音。喉部還具有保護功能，在我們吞嚥時，會暫時關閉氣管，防止食物進入呼吸道。

下呼吸道：空氣流動的通道

從喉部經過後，空氣會進入氣管。氣管是一個堅韌而有彈性的管道，由軟骨環支撐，確保氣道始終保持開放狀態。氣管的內部覆蓋著黏膜和纖毛，繼續清潔空氣，並將黏附在氣管壁上的顆粒通過咳嗽等反射動作排出。

氣管分成兩條支氣管，分別通向左肺和右肺。支氣管進一步分支成更小的支氣管和細支氣管，形成一個複雜的網路，確保空氣能夠到達肺部的每一個角落。

肺：氣體交換的核心

肺是呼吸系統的主要器官，負責氣體交換。每個肺大約有 3 億個肺泡，這些微小的氣囊是進行氧氣和二氧化碳交換的地方。

肺泡的壁非常薄，只有一層細胞厚度，周圍密佈著微血管。吸入的空氣到達肺泡時，氧氣通過肺泡壁擴散進入血液，而血液中的二氧化碳則通過相反的方向進入肺泡，並隨呼氣排出體外。

呼吸可以分為兩個階段：吸氣和呼氣。吸氣時，膈肌和肋間肌收縮，胸腔容積增大，空氣被吸入肺部。呼氣時，這些肌肉放鬆，胸腔容積減小，空氣被排出肺部。

可以說，人體的呼吸系統是一個複雜而高效的系統，從鼻子到肺部，每一個部分都在默默地工作，確保我們能夠呼吸新鮮空氣並排出體內的廢氣。

6.2　呼吸系統的功能

　　呼吸系統能夠執行人體多項重要功能，其中，最主要的任務就是運輸氧氣，這也是呼吸系統的核心功能。

　　每一次呼吸，空氣通過鼻子或嘴進入肺部，到達肺泡（肺部的小氣囊）。在這裡，氧氣通過肺泡壁進入血液，然後被紅血球運送到全身。與此同時，二氧化碳從血液中釋放出來，進入肺泡，最終隨呼氣被排出體外。

　　此外，呼吸系統還負責調節身體吸入的空氣的濕度。每當你呼吸時，空氣進入你的鼻腔，經過加熱和加濕處理，使其適應你的身體需要。尤其在冬天，冷空氣進入鼻腔會被加熱到體溫，而在乾燥的環境中，鼻腔會增加空氣的濕度。這不僅讓你呼吸更舒適，還保護了呼吸道和肺部的健康。

　　呼吸系統也具有免疫功能，鼻毛和黏液可以捕捉並過濾掉空氣中的灰塵和細菌。氣管和支氣管內的黏液和纖毛則進一步清除這些異物，透過咳嗽或打噴嚏將它們排出體外。這樣一來，你的肺部就不會被這些有害物質堵塞或感染。

　　聲音的產生也與呼吸系統有關，空氣從肺部通過喉部時，使聲帶振動，產生聲音。不同的聲帶振動速度和張力會發出不同的音調和聲音，這就是你能說話、唱歌甚至大笑的原因。人與人能夠交流，還要感謝我們的呼吸系統。

呼吸系統還能幫助維持體內的酸鹼平衡。人體新陳代謝產生的二氧化碳如果過多，會使血液變酸。通過呼吸排出二氧化碳，呼吸系統幫助維持血液的正常 pH 值，這對於身體各項功能的正常運轉至關重要。

可以看到，呼吸系統不僅僅是讓我們呼吸的器官，它還承擔著多種重要功能，從加熱和加濕空氣，到防禦病菌，甚至讓我們能說話和聞到氣味，沒有呼吸系統，我們的身體就無法執行這些任務。

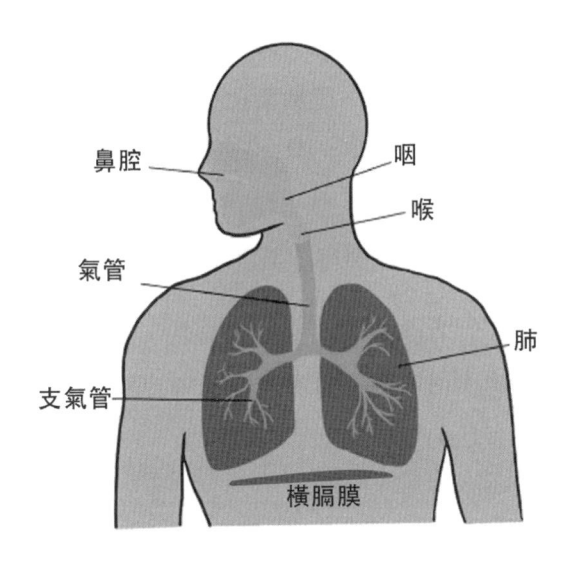

6.3 人體為什麼有兩個鼻孔？

人類只有一個鼻子，但鼻孔卻有兩個，這是為什麼呢？雖然到目前為止眾說紛紜，但有一個假設也許能解釋其緣由，那就是交替性鼻塞（生理性鼻甲週期）。

一個有趣的現象是，約有 80% 的人在經常只有一個鼻孔是完全通暢的。這個現象被稱為「鼻甲週期」或「交替性鼻塞」，指的是鼻孔內的鼻甲組織會週期性地膨脹和收縮，使一側鼻孔變得相對堵塞，而另一側則通暢。這個週期通常每 1 到 2 小時交替一次。

為什麼會發生這樣的事情呢？關於其原因有各式各樣的說法，科學家提出了幾種可能的解釋：

第一種解釋是濕度調節，通過交替堵塞鼻孔，鼻腔內壁可以保持適度的濕潤，防止過度乾燥。當一個鼻孔休息時，黏膜可以恢復濕度，這樣可以更有效地過濾和加濕空氣。另一種理論認為，交替性鼻塞可以節約能量。透過讓一個鼻孔暫時「休息」，身體可以減少在呼吸過程中所需的能量，這在長期進化過程中可能帶來了生存優勢。

兩個鼻孔在鼻腔的清潔過程中也扮演了重要角色。每個鼻孔都有獨立的黏膜和纖毛結構，可以捕捉並過濾空氣中的灰塵和病原體。交替性鼻塞使得每個鼻孔有足夠的時間進行自我清潔，從而確保呼吸道的暢通和健康。

此外，還有一種說法認為，兩個鼻孔也有助於增強我們的嗅覺能力。類似於我們有兩隻眼睛和兩隻耳朵，兩個鼻孔可以讓我們更好地感知氣味的來源和強度。由於每個鼻孔的氣流略有不同，我們的大腦可以通過比較這兩個鼻孔的氣流差異，更準確地識別氣味的來源和性質。從進化的角度來看，兩個鼻孔可能是因為在早期人類和動物的生存中具有重要的適應優勢。比如，靈長類動物和其他哺乳動物通常依賴於嗅覺來尋找食物和避開掠食者。兩個鼻孔可以提供「立體嗅覺」，使得這些動物能夠更精確地定位氣味源，提高生存機率。

6.4 鼻屎也很重要

每個人的鼻子裡都藏著鼻屎，很多人會覺得鼻屎不乾淨，但其實並不是，恰恰相反，鼻屎還在我們的身體防禦系統中扮演著重要的角色。

鼻屎是由乾燥的鼻黏液（也就是我們通常說的鼻涕）形成的。這些黏液主要由水、鹽分和蛋白質組成，還有一些免疫細胞。鼻黏液的主要功能是捕捉和過濾空氣中的灰塵、細菌、病毒、花粉和其他有害物質。鼻毛和黏液共同作用，將這些顆粒物質捕捉住，防止它們進入呼吸道和肺部。

鼻屎是如何形成的？

我們的鼻腔內壁覆蓋著黏膜，這些黏膜會不斷分泌黏液來保持鼻腔濕潤，並提供一層防護屏障。鼻腔每天可以產生大約 1 升的黏液，大部分黏液通過吞嚥進入消化系統，而一部分黏液則在鼻腔內滯留。

當我們呼吸時，空氣中的灰塵、細菌和其他顆粒物會被鼻毛和黏液捕捉。這些黏液不僅可以防止鼻腔乾燥，還能阻擋和包裹這些有害物質。

捕捉到的顆粒物和細菌會隨著黏液逐漸乾燥，形成鼻屎。空氣的流動使黏液變得越來越乾燥，最終凝結成固體的小塊，也就是我們所說的鼻屎。隨著時間的推移，這些乾燥的黏液會在鼻腔內積聚，形成我們日常生活中常見的鼻屎。

◪ 鼻屎有什麼用？

雖然鼻屎看起來並不美觀，但它們在我們的身體健康中起到了重要的防護作用：首先，鼻黏液含有抗體和溶菌酶，這些成分可以破壞進入鼻腔的細菌和病毒，防止它們在我們的呼吸道內繁殖和傳播。鼻屎還能幫助過濾和清除空氣中的顆粒物，保護我們的肺部免受有害物質的侵害。

6.5 鼻涕的顏色，反映了什麼？

鼻涕，也被稱為鼻黏液，是我們日常生活中常見但又不太受歡迎的存在。儘管有時它讓人感到不適，但鼻涕在我們的健康中扮演著關鍵角色。

鼻涕主要由水、蛋白質、鹽分和碳水化合物組成，此外還包含一些免疫細胞和抗菌成分。鼻涕的黏稠特性使它能夠有效捕捉並過濾空氣中的灰塵、細菌和其他有害物質，從而保護我們的呼吸系統。

鼻涕在我們的健康防護中起到了多種重要作用。鼻涕中的黏蛋白能夠有效捕捉空氣中的灰塵、細菌和病毒，防止它們進入我們的肺部。另外，黏液可以保持鼻腔和呼吸道的濕潤，防止乾燥和刺激，保護鼻腔內的細嫩組織。鼻涕中還含有抗體和溶菌酶等免疫成分，能夠破壞進入鼻腔的病原體，防止感染擴散。

鼻涕的顏色和稠度可以反映我們的健康狀況：

透明或白色是正常的鼻涕顏色，表明鼻腔健康。

黃色或綠色的鼻涕通常表示感染的存在，因為白血球會分泌一種叫做過氧化物酶的酶，導致鼻涕變色。

紅色或棕色可能表明鼻腔內有輕微出血，通常由打噴嚏或過度用力擤鼻子引起。

黑色的鼻涕較為罕見，通常與吸入煙霧或空氣汙染有關。

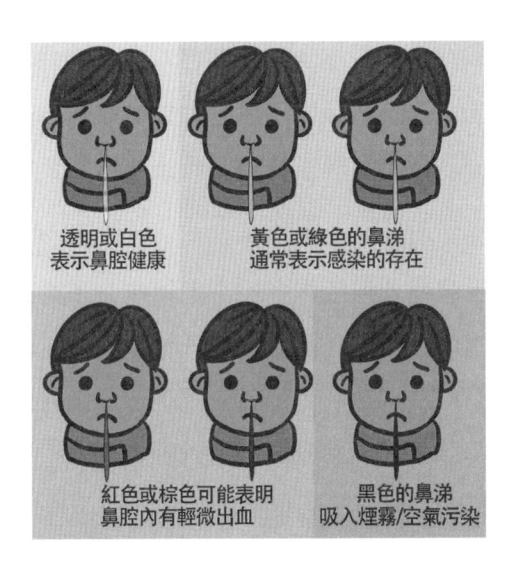

透明或白色
表示鼻腔健康

黃色或綠色的鼻涕
通常表示感染的存在

紅色或棕色可能表明
鼻腔內有輕微出血

黑色的鼻涕
吸入煙霧/空氣污染

6.6　你是如何聞到花香的？

嗅覺是一種重要的感官知覺，因為有嗅覺，我們才能聞到飯菜的香味，才能在春天感受到花開的清新。科學家們曾經對於嗅覺是如何工作一頭霧水，直到兩位科學家——理查‧阿克塞爾和琳達‧巴克的研究，才解開了這個謎團，他們也因此獲得了 2004 年的諾貝爾生物醫學獎。

這兩位科學家發現了一件非常特別的事情：我們鼻子裡有一種特別的蛋白質，叫做嗅覺受體。這些受體的工作就是捕捉空氣中的氣味分子。每當我們聞到什麼味道時，這些氣味分子就會飄進我們的鼻子，與嗅覺受體相結合，然後這些受體就會告訴我們的大腦：「嘿，這裡有檸檬味！」或者「這是巧克力蛋糕的香氣！」

阿克塞爾和巴克發現，人類有大約 1000 種不同的嗅覺受體，這就是為什麼我們能夠分辨和記憶大約 1 萬種不同的氣味。這還不是全部，他們還發現我們的大腦有一種特別的地方叫做嗅球，是所有嗅覺資訊的彙集地。當氣味分子啟動了鼻子裡的受體後，這些資訊就會被發送到嗅球，然後嗅球處理這些資訊，讓我們識別出各式各樣的氣味。

那麼，嗅覺受體是如何工作的呢？當氣味分子進入鼻子，它們會和嗅覺受體結合。這就像是鑰匙插入鎖孔一樣，每種氣味分子只能和特定的受體結合。一旦結合成功，受體就會發送一個信號到大腦，告訴大腦這是什麼氣味。這些信號就會飛速地穿過嗅覺神經，最終達到大腦，讓我們體驗到了聞到的那個特定的香味。

這個發現不僅僅讓我們理解了嗅覺是如何工作的，它還幫助醫生們更好地瞭解一些疾病。比如，帕金森氏症和阿茲海默症患者常常在症狀顯現前出現嗅覺喪失。通過研究嗅覺受體和大腦中嗅覺信號的處理，科學家們就可以更早地識別這些神經退行性疾病的早期跡象，從而開發出新的診斷方法和治療策略。這不僅提高了疾病的管理效率，也為研究疾病的預防和早期干預提供了可能。

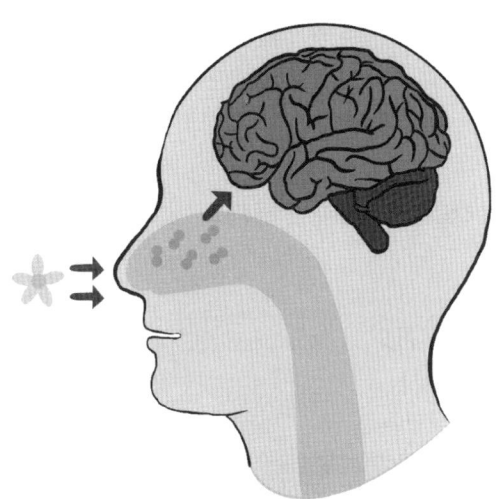

氣味分子進入鼻子會和嗅覺受體結合成功後受體就會發送一個訊號到大腦告訴大腦這是什麼味道。

6.7 咽喉：聲音的發源地

當你在唱歌、講話或者大笑時，是否曾想過這些聲音是如何產生的？答案就在你的咽喉，它是我們聲音的發源地。

咽喉，也叫做喉，是一個位於頸部的管狀結構，它不僅是呼吸系統的一部分，還是發聲的核心。咽喉由幾部分組成，包括聲帶、喉頭和會厭等結構。

聲帶是兩條彈性的組織帶，位於喉的中部。聲帶的振動是聲音產生的關鍵。當空氣從肺部經過聲帶時，它們會快速振動，產生初步的聲音。

喉頭是一個由軟骨、肌肉和韌帶構成的結構，它保護聲帶並控制聲音的生成。喉頭的上部分稱為會厭，它在吞嚥時覆蓋喉口，防止食物進入氣管。

會厭位於喉頭的頂部，在吞嚥時起到關鍵的保護作用，防止食物和液體進入呼吸道。

聲音的產生過程可以分為三個主要步驟：空氣流動、聲帶振動和聲音共鳴。

首先，呼吸時，空氣從肺部流出，通過氣管到達聲帶。這時候，腹部和胸部的肌肉協同作用，產生足夠的氣壓推動空氣通過聲帶。

當空氣通過聲帶時，聲帶會快速打開和關閉，形成振動。成人男性的聲帶振動頻率約為 110 次每秒，女性約為 180 至 220 次每秒，而兒童則高達 300 次每秒。這些振動產生了基礎的「嗡嗡聲」，這就是我們稱之為的「聲音」。

初步產生的聲音在經過喉、口腔和鼻腔時，被進一步放大和修飾，這個過程稱為共鳴。共鳴讓每個人的聲音具有獨特的音色和特點。比如，當你用鼻音說話時，聲音會在鼻腔中產生共鳴，使聲音帶有一種特殊的鼻音。

當然，除了發聲，咽喉還有其他重要功能：喉頭在呼吸過程中保持開放狀態，讓空氣順暢地流入氣管和肺部；當你吞嚥時，會厭會自動關閉喉口，防止食物和液體進入氣管，保護呼吸道；喉頭和聲帶還能阻擋異物進入氣管，透過咳嗽反射將其排出。

聲帶打開

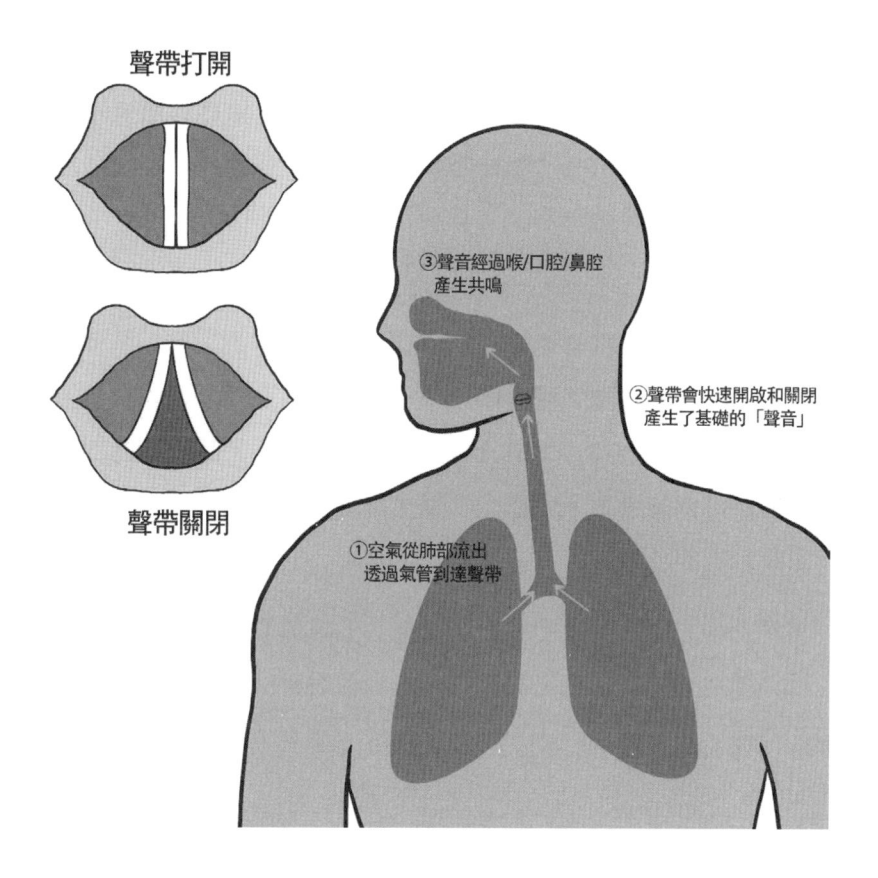

聲帶關閉

③ 聲音經過喉/口腔/鼻腔產生共鳴

② 聲帶會快速開啟和關閉產生了基礎的「聲音」

① 空氣從肺部流出透過氣管到達聲帶

6.8 肺泡：氣體交換的神奇小泡泡

在我們的肺部深處，有數以億計的小氣囊，它們是呼吸系統的重要組成部分，被稱為肺泡。這些微小的肺泡是氣體交換的關鍵地點，讓我們每一次呼吸都能獲得生命所需的氧氣，並排出體內的二氧化碳。

從肺泡的結構來看，肺泡是位於支氣管末端的小氣囊，人體大約有3億個肺泡。肺泡壁非常薄，只有一層細胞厚度，這使得氧氣和二氧化碳可以輕鬆地通過。這些薄壁被密集的微血管網包圍，確保血液和空氣之間的氣體交換高效進行。

　　當你吸氣時，空氣通過鼻腔或口腔進入氣管，經過支氣管到達肺泡。肺泡內部充滿了富含氧氣的新鮮空氣。在肺泡內，氧氣的濃度高於周圍的微血管內。根據氣體擴散原理，氧氣會從高濃度區域（肺泡內）擴散到低濃度區域（微血管內），進入血液。同時，血液中的二氧化碳濃度高於肺泡內的濃度。因此，二氧化碳會從血液中擴散進入肺泡，隨後通過呼氣被排出體外。

　　事實上，人體之所以能進行如此高效的氣體交換，離不開肺泡的結構，因為肺泡壁和微血管壁都非常薄，才使得氧氣和二氧化碳可以快速通過。另外，儘管肺泡很小，但數量龐大，這大大增加了氣體交換的面積。

　　另外，為了確保氣體交換的順利進行，肺泡還設置了兩種保護機制，一是黏液和纖毛，支氣管和肺泡內表面覆蓋著一層黏液，能夠捕捉灰塵和病原體。纖毛則將這些異物向上移動，最終透過咳嗽或吞嚥排出。二是免疫細胞──肺部內含有大量的免疫細胞，它們能夠識別並消滅入侵的病原體，保護肺泡免受感染。

在不同情況下，肺泡的工作節奏也不同。不過，即使在休息時，每分鐘大約也有 5 到 8 升的空氣被吸入和呼出肺部。這個過程在維持體內的基本代謝需求。而在運動時，呼吸和心跳加快，肺泡的氣體交換速度顯著增加。每分鐘可以吸入和呼出超過 100 升的空氣，從空氣中提取約 3 升的氧氣，以滿足身體增加的能量需求。

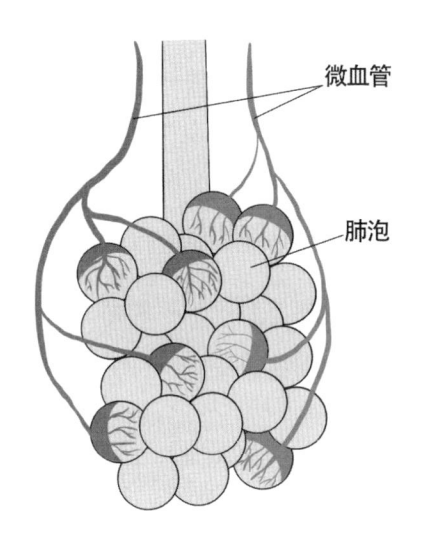

6.9 人為什麼會打哈欠？

所有人都打過哈欠——無論是因為疲倦、無聊還是看到別人打哈欠，我們都會不自覺地張大嘴巴，深吸一口氣，然後緩緩呼出。

那麼，打哈欠究竟有什麼用呢？為什麼會發生這種現象？

其實，打哈欠是一種反射動作，這是一個張大嘴巴、深吸氣、張開下巴、伸展耳鼓膜，然後呼氣的過程。

打哈欠的大腦冷卻假說

目前，科學上尚未就打哈欠的原因達成共識，但不同的研究分別提出了不同的打哈欠的可能原因。

發表在科學雜誌《通訊生物學》上的一眼項研提出了一個有趣的假設：大腦冷卻假說。該假設表明，我們打哈欠的原因是為了給大腦降溫。

根據大腦冷卻假說，打哈欠時肌肉收縮和深吸氣的目的是將頭部較熱的血液沖走，代之以較冷的血液。給大腦降溫很重要，因為神經細胞活動產生的過多熱量和周圍溫度可能會因過熱而損害大腦功能。

大腦冷卻假說認為，腦容量更大、神經細胞更多的動物打哈欠的頻率更高、時間更長，因為腦容量更大的動物比腦容量更小的動物需要更多的努力來冷卻。

為了驗證這一預測，科學家進行了有史以來最大規模的打哈欠分析。科學家分析了 101 個不同物種（55 種哺乳動物和 46 種鳥類）的人類和非人類動物打哈欠的 1291 個影片，並確定了每次打哈欠的時間長度。這項研究的資料來自多種不同的動物物種，如黑猩猩、老鼠、貓、鬣狗、貓頭鷹、烏鴉和鸚鵡。此外，研究人員還從以前的研究中提取了有關打哈欠物種的大腦大小和數量的資料。

結果發現，打哈欠的持續時間與大腦大小和大腦中神經細胞的數量之間存在著顯著的統計學關聯。大腦較大、神經細胞較多的動物打哈欠的時間比大腦較小、神經細胞較少的動物要長。哺乳動物和鳥類都發現了這種關聯。這些發現為打哈欠的大腦冷卻假說提供了強有力的支援。也就是說，打哈欠或許是一種古老的進化機制，可以防止大腦過熱中。

打哈欠是為了喚醒大腦？

除了大腦冷卻假說外，另一種理論認為，打哈欠可能有助於在無聊或被動的活動中保持大腦清醒。

打哈欠會迫使面部和頸部的肌肉運動。科學家認為，這種運動可能會刺激頸動脈，導致心率增加並釋放促醒激素。打哈欠還可能直接影響大腦活動，促使腦液從靜止網路轉移到更活躍的狀態。

打哈欠時皮膚的電導率也會增加，類似於咖啡因的效果。由於咖啡因能促進清醒，研究人員推測，類似的生理反應可能表明兩者具有相同的功能。

更可能打哈欠的活動類型也為這一理論提供了進一步的證據。例如，人們在從事較為被動的活動時更容易打哈欠，比如開車、看電視或聽講座。當他們做一些更主動的事情時，比如做飯或聊天，他們打哈欠的可能性就較小。

簡單來說，在無聊或疲倦時，打哈欠可以通過刺激面部和頸部肌肉，增加血液流動，從而提升大腦的警覺性，喚醒大腦。這就是為什麼我們在聽到枯燥的講話或駕駛長時間後更容易打哈欠的原因。

打哈欠為什麼會傳染？

打哈欠有一個很神奇的特點，就是具有傳染性。很多時候，看到別人打哈欠時，自己也會不自覺地打一個。

對此，科學家認為，這是一種群體本能，打哈欠可能會向群體成員傳達疲勞，幫助人類和其他動物同步睡眠和清醒模式。另外，傳染性打哈欠可能有助於群體成員變得更加警覺，從而能夠發現並防禦攻擊者或掠食者。這在進化過程中可能具有生存優勢。查理斯‧達爾文在他的著作《人類與動物的情緒表達》中觀察到狒狒會打哈欠來威脅敵人，暹羅鬥魚和豚鼠也有類似的行為。

6.10 深呼吸，讓人放鬆

與平常的呼吸不同，深呼吸是一種透過緩慢而有意識地吸氣和呼氣來增加肺部通氣量的呼吸方式。它通常包括吸氣時用鼻子深深地吸入空氣，直到腹部鼓起，然後緩慢地通過嘴巴或鼻子呼出空氣。

深呼吸主要包括三個步驟，先是吸氣，通過鼻子緩慢而深地吸入空氣，讓肺部充滿氧氣，感覺到胸腔和腹部的擴展。在吸氣後，稍微暫停幾秒鐘，這有助於更好地吸收氧氣。最後是呼氣，通過嘴巴或鼻子緩慢而完全地呼出空氣，感覺到胸腔和腹部的收縮。

深呼吸常用於瑜伽、冥想和放鬆練習中，以促進身心的平靜和放鬆。

究其原因，首先，深呼吸可以啟動副交感神經系統，這是身體的「休息和消化」系統。副交感神經系統有助於降低心率、減少血壓，並減緩呼吸頻率。這個過程可以幫助身體進入放鬆狀態，減少緊張和焦慮。

其次，深呼吸可以增加氧氣的攝取量，改善血液中的氧氣水準。更多的氧氣能夠被輸送到全身的細胞中，提高身體的能量水準，並有助於清除代謝廢物。這個過程有助於身體的整體放鬆和恢復。

深呼吸還可以降低體內的皮質醇水準，皮質醇是與壓力和焦慮相關的荷爾蒙。透過減少皮質醇的釋放，深呼吸有助於緩解壓力和焦慮，促進身心的放鬆。

此外，深呼吸練習需要集中注意力，這可以幫助你將注意力從日常煩惱和壓力源上轉移開。通過關注呼吸，你可以更好地感知自己的身體狀態，促進身心的協調和平衡。這種心身連接有助於提高自我覺察，增強內心的平靜感。

Note

07 CHAPTER

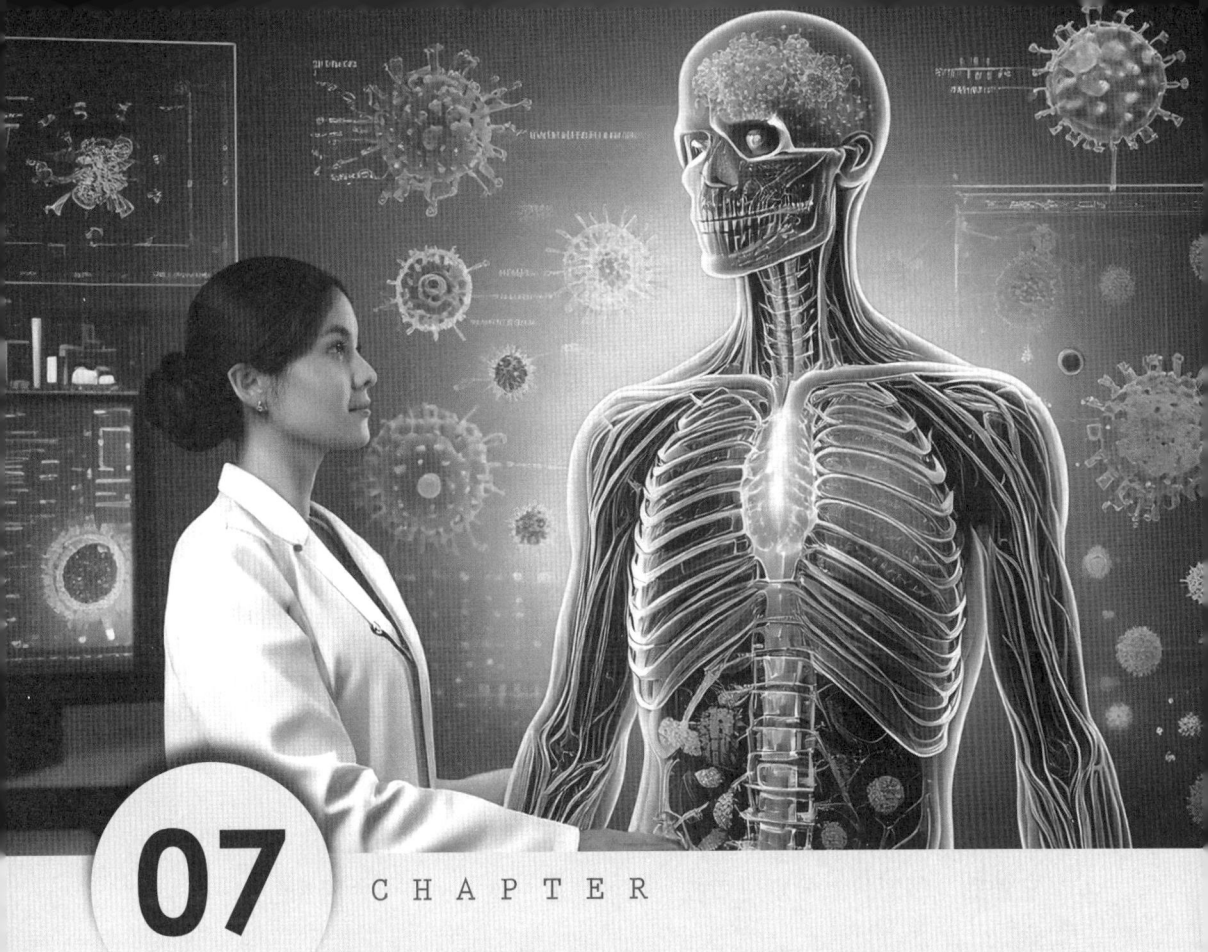

消化系統：食物的奇妙旅程

7.1 消化系統 = 消化道 + 消化腺
7.2 消化的本質：化食物為營養
7.3 胃液與胃酸：你肚子裡的化學工廠
7.4 幽門螺旋桿菌：胃癌的隱秘「幫兇」
7.5 小腸到底有多長？
7.6 腸道是人體的「第二大腦」
7.7 為什麼一緊張就拉肚子？
7.8 70% 的免疫力源自腸道
7.9 腸道菌群：腸道免疫的最佳搭檔
7.10 腸道菌群知多少？
7.11 腸道細菌是從哪裡來的？
7.12 「胖子菌」和「瘦子菌」

7.1 消化系統 = 消化道 + 消化腺

消化系統，作為人體至關重要的組成部分，不僅承載著消化與吸收的功能，更是維持生命活動所需營養和能量的源泉。無論是微小的單細胞生物，還是複雜的人體系統，都需要一個有效的消化機制來確保生命的持續。

一般認為，人體的消化系統是由消化道和消化腺兩個部分所組成的。

消化道：始於口腔，終於肛門

消化道是一條長達數公尺的管狀結構，起始於口腔，終止於肛門。它包括 7 個部分，分別是口腔、咽、食道、胃、小腸、大腸和肛門。

口腔：食物在這裡開始被機械性地分解，牙齒將食物咀嚼成小塊，唾液腺分泌的唾液開始化學分解過程。

咽：食物通過咽部進入食道。

食道：這是一條將食物從咽部輸送到胃的肌肉管道，通過蠕動運動推動食物。

胃：胃是一個肌肉袋，能夠儲存食物並繼續進行機械和化學分解。胃酸和消化酶在這裡將蛋白質分解成更小的分子。

小腸：小腸分為十二指腸、空腸和回腸，負責進一步消化食物並吸收大部分的營養物質。小腸內壁有大量的絨毛和微絨毛，增加了吸收表面積。

大腸：大腸包括盲腸、結腸和直腸，主要負責吸收水分和鹽分，並將未被消化的食物殘渣轉化為糞便排出體外。

肛門：這是消化道的最後部分，透過排便將廢物排出體外。

消化道不僅負責食物的運輸，更在胃、小腸和大腸等關鍵部位完成了食物的消化與吸收。值得一提的是，消化道在組織結構上存在顯著的差異，因此醫學界通常以十二指腸為界，將口至十二指腸的部分定義為上消化道，而十二指腸至肛門的部分則稱為下消化道。

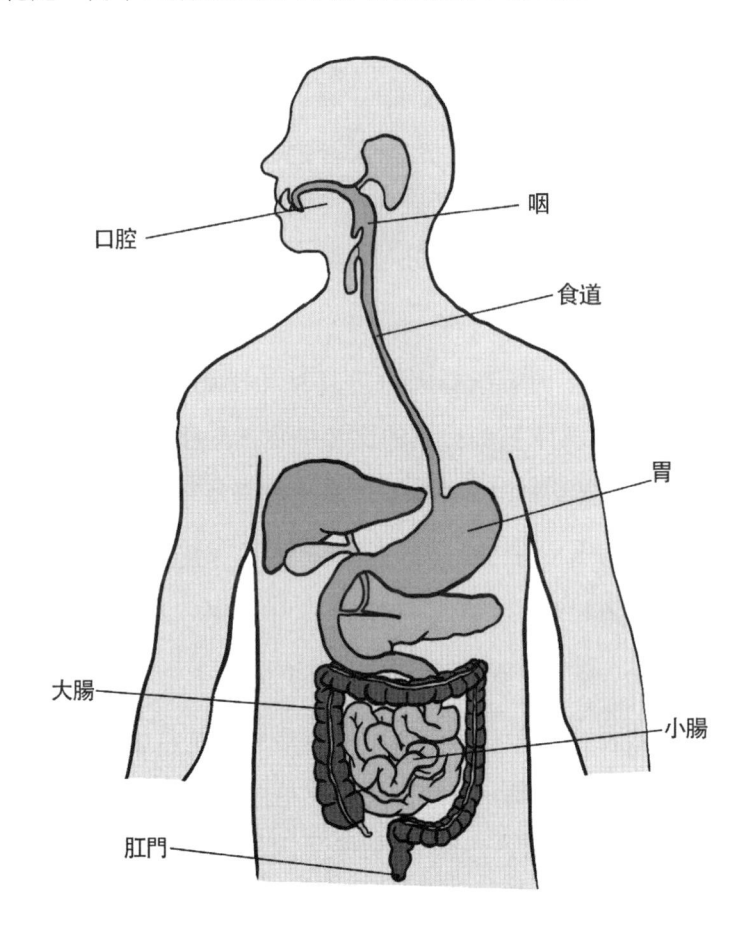

消化腺：食物有效分解和吸收的關鍵

消化腺分泌的消化液和酶在食物的分解和營養物質的吸收過程中起著關鍵作用。消化腺又可以分為兩類：主要消化腺和散佈在消化道黏膜中的小消化腺。

主要消化腺包括唾液腺、肝臟、胰臟和膽囊。

其中，唾液腺包括腮腺、舌下腺和頜下腺。這些腺體分泌唾液，唾液中含有澱粉酶，可以初步分解碳水化合物。唾液還可以潤滑食物，幫助咀嚼和吞嚥。

肝臟是身體最大的消化腺，位於腹腔的右上方。肝臟的主要功能之一是生產膽汁，膽汁透過膽管系統儲存在膽囊中。膽汁有助於脂肪的乳化，使其更易於消化和吸收。此外，肝臟還參與代謝、解毒和儲存營養物質。

胰臟位於胃的下方，既有內分泌功能（比如分泌胰島素調節血糖），也有外分泌功能。胰臟分泌的胰液中含有多種消化酶，如胰蛋白酶、胰脂肪酶和胰澱粉酶，這些酶在小腸中繼續分解蛋白質、脂肪和碳水化合物。

膽囊位於肝臟下方，主要功能是儲存和濃縮膽汁。當進食時，膽囊收縮，將膽汁釋放到十二指腸中，協助脂肪的消化。

小消化腺散佈在消化道的黏膜中，雖然它們體積較小，但數量眾多，對消化過程至關重要。胃內壁的黏膜層中有許多胃腺，分泌胃酸（鹽酸）和消化酶（如胃蛋白酶）。胃酸可以殺滅食物中的病原體，胃

蛋白酶則開始蛋白質的分解。小腸內壁也有許多小腺體，分泌腸液，這些腸液中含有多種酶，如二糖酶、肽酶等，繼續分解碳水化合物和蛋白質，確保營養物質的最終吸收。

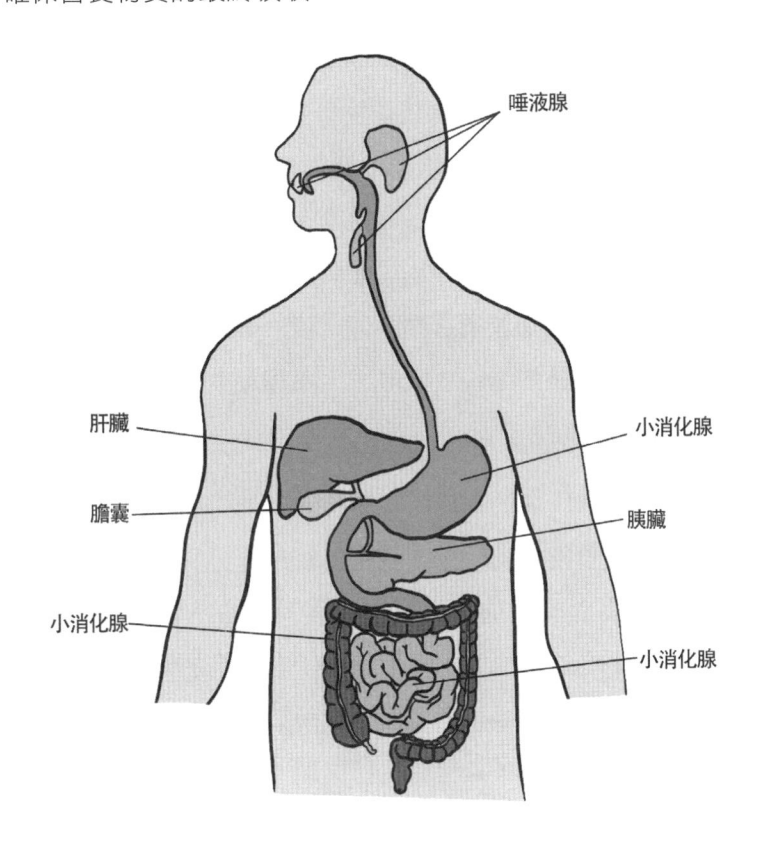

唾液腺
肝臟
小消化腺
膽囊
胰臟
小消化腺
小消化腺

7.2 消化的本質：化食物為營養

消化的本質，其實就是身體將食物轉化為細胞可利用的能量或營養的過程——因為組成我們身體的細胞不能從食物中直接獲得它們需要的

營養，所以需要消化系統把食物中的大分子分解成小分子，讓它們可以被細胞吸收。

具體來看，一旦食物進入，消化系統的不同部位就會開始分工合作。首先，當我們開始咀嚼和吞嚥食物時，我們的中樞神經系統會發送信號到我們口腔裡的唾液腺，使其產生和分泌更多的唾液。所以，食物確實可以讓你流口水。一旦食物到達我們的舌頭，我們的味蕾開始行動，唾液腺會產生更多的唾液。唾液中含有一種被稱為澱粉酶的重要消化酶，可以分解我們所攝入的澱粉，並將其轉化為單糖。在舌頭的幫助下，我們的牙齒推動食物並把它們磨碎。這一機械過程會將食物分解成小塊，並導致分泌更多的唾液。咀嚼後，嘴裡鬆軟的食物就已經準備好進入消化系統的下一站。

咽就是我們通常所說的喉嚨，負責接收我們咀嚼完後的食物，我們的舌頭和上顎會將食物推向咽部。我們的咽部再分叉進入氣管和食管，氣管通向肺部，而食管通向胃裡。有時候，食物不會直接進入我們的胃，它們可能不小心進入氣管，導致嗆咳；在嚴重的情況下，食物被困在氣管中會影響我們的呼吸，導致窒息。所以，吃飯時慢慢來，細嚼慢嚥。理想情況下，吞嚥時，氣管會暫時關閉，這樣食物就能進入食道。我們的食道由肌肉組成，肌肉收縮並將食物推送到胃部。

在胃入口的正前方有一塊括約肌，這是一塊環狀肌肉，被稱為食管下括約肌。這塊肌肉是胃部的守門人，它打開是為了讓食物進入，而它必須關閉以讓食物以及消化酶和胃酸留在胃中，防止反流。我們的胃是一個囊狀器官，它的內層充滿了肌肉，可以將食物磨成液體或糊狀。我們的胃黏膜也是受體細胞的家，這些細胞會向更多的腺體發送額外的信

號，釋放更多的胃液。胃壁的肌肉收縮和胃液都有助於進一步分解食物，然後將其通過胃出口處另一塊叫做幽門括約肌的肌肉推送進入小腸。

大部分的消化和幾乎所有的營養吸收都是在小腸中進行的。小腸的三部分——十二指腸、空腸和回腸——在消化和吸收過程中都扮演著重要的角色。

十二指腸是小腸的第一部分，連接胃和空腸，負責中和胃酸、分泌消化酶以及利用膽汁乳化脂肪，從而繼續分解食物中的營養成分。空腸是小腸的中間部分，這裡有許多絨毛和微絨毛，增加了吸收表面積，使得營養物質可以高效地被吸收。空腸吸收的主要是碳水化合物、蛋白質和大部分的維生素。回腸則更多地負責吸收水分、電解質和一些特定的營養物質，如維生素 B12 和膽鹽。回腸的吸收功能雖然不如空腸強大，但它仍然是消化系統中不可或缺的一部分。

小腸的內壁有一些非常獨特的結構，稱為小腸絨毛。這些絨毛是指狀的突起物，被更小的微絨毛所覆蓋。這樣複雜的結構極大地增加了小腸的表面積，從而顯著提高了營養物質的吸收效率。絨毛和微絨毛就像無數小觸手一樣捕獲和吸收腸道內的營養物質。

小腸內的消化依賴於各種消化酶和其他物質的分泌。除了小腸本身的腸上皮細胞分泌的消化酶外，胰臟和膽囊這兩個不屬於胃腸道的消化器官也會透過專門的導管將它們的分泌物輸送到小腸。胰臟分泌的胰液含有豐富的消化酶，這些酶能夠分解蛋白質、脂肪和碳水化合物。膽囊儲存並濃縮的膽汁則主要幫助脂肪的消化和吸收。

當食物被這些消化酶分解成小分子後，腸上皮細胞透過被動運輸和主動運輸機制將營養物質吸收到血液中，然後輸送到身體的各個部位。

在被動運輸中，營養物質可以從腸道轉移到血液中，只需要消耗很少的細胞能量，這是一條非常容易的路徑，所有維生素都透過被動運輸進入我們的血液的。在主動運輸過程中，營養物質需要一種被稱為「載體」的分子，這些載體分子通常是酶，幫助營養物質直接進入身體的整體循環。這兩種途徑都有助於將營養傳遞到身體的其它系統。比如，葡萄糖和胺基酸通過主動運輸進入細胞，而脂肪酸和甘油則透過被動擴散進入細胞。可以說，小腸不僅僅是一個消化的場所，更是一個高效的營養物質吸收中心。

大腸比小腸要短得多，但是它的內部要寬敞得多，這裡也沒有絨毛或微絨毛。與小腸不同，大腸的主要工作是吸收鉀和鈉以及食物殘渣中剩餘的水分。

大腸內還存在大量的細菌，這些細菌對人體健康非常重要。人體自身不能產生分解膳食纖維的酶，所以膳食纖維通常在小腸中不會被消化，而是完好無損地進入大腸。在大腸中，這些纖維被細菌代謝，產生對人體健康必不可少的短鏈脂肪酸。短鏈脂肪酸不僅為腸道細胞提供能量，還具有抗炎和促進腸道健康的作用。

此外，大腸的細菌還參與了維生素的合成，特別是維生素 K 和某些 B 族維生素。維生素 K 對於血液凝固和骨骼健康至關重要，而 B 族維生素則參與了能量代謝和神經功能的維持。隨著食物殘渣在大腸中的進一步處理，水分被吸收，形成了較為堅實的糞便。

最終，這些糞便通過直腸和肛門排出體外，完成了整個消化過程。

7.3 胃液與胃酸：你肚子裡的化學工廠

為什麼我們吃進去的食物不會原封不動地留在胃裡，而是變成了糊狀？這一切都歸功於我們胃裡的一種神奇液體——胃液。胃液是由胃壁的腺體分泌的一種消化液，它包含了幾種重要的成分：胃酸、胃蛋白酶和黏液。這些成分共同作用，使胃液成為一個強大的消化工具。

其中，胃酸是胃液中最重要的成分之一。它的主要功能是分解食物中的蛋白質，並殺死食物中的大部分細菌和病原體。胃蛋白酶是一種能夠分解蛋白質的酶。在胃酸的作用下，它變得非常活躍，開始分解我們吃進去的蛋白質食物，比如肉類和豆類。黏液則覆蓋在胃壁上，保護胃黏膜免受胃酸和消化酶的腐蝕。

強悍的胃酸

你可能聽說過，胃酸的酸性非常強，事實上，胃酸的 pH 值大約在 1.5 到 3 之間，這意謂著它的酸性比檸檬汁和醋還要強。想像一下，如果把胃酸滴在金屬上，它甚至可以腐蝕金屬。

胃酸的強悍也讓它在消化過程中發揮著關鍵作用。胃酸可以幫助分解食物中的大分子，使其成為更容易被腸道吸收的小分子。胃酸還可以殺死食物中的大部分細菌和病毒，起到保護身體的作用。胃酸的另一個功能，就是啟動胃蛋白酶，促進蛋白質的消化。

當我們看到美食、聞到食物的香味，甚至想到食物時，我們的大腦就會發送信號，促使胃開始分泌胃液和胃酸。但如果胃酸過多，可能導致胃灼熱、胃潰瘍和消化不良，過多的胃酸會損傷胃黏膜，導致不適。

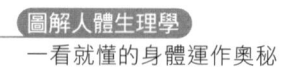

而胃酸過少又會影響食物的消化和營養的吸收，導致營養不良和胃腸問題。因此，保持胃酸的平衡對我們的消化健康至關重要。

胃酸為什麼沒有把胃溶解掉？

儘管胃酸如此強大，它卻不會溶解掉我們自己的胃，這是因為我們的胃有一套完善的自我保護機制。

胃壁上覆蓋著一層黏稠的物質，叫做黏蛋白。黏蛋白是一種黏液，形成了一層厚厚的保護屏障，稱為胃黏膜。這層黏膜覆蓋在胃壁上，阻擋胃酸直接接觸胃壁細胞。黏蛋白的作用不僅限於胃，它還存在於淚液、唾液和腸液中，保護這些部位的黏膜不受損傷。

除了黏蛋白，胃壁還會分泌鹼性物質，這些鹼性離子（如碳酸氫鹽）能夠中和胃酸的酸性。鹼性離子與胃酸反應，減少其腐蝕性，保護胃壁不被胃酸溶解。這個過程就像是在強酸中加入鹼性物質來中和酸性，從而減少腐蝕性。

胃壁不僅有保護機制，還有強大的自我修復能力。胃壁細胞能夠快速再生，即使胃黏膜受到輕微損傷，這些細胞也能迅速修復和替換受損的部分，保持胃壁的完整性。胃壁中的褶皺和腺體會分泌黏液，確保整個胃壁都受到保護。

不過，雖然胃壁有強大的保護機制，但是，暴飲暴食和精神壓力過大則會影響胃黏膜的功能，導致保護屏障受損。長期的壓力和不健康的飲食習慣會使胃黏膜變得脆弱，無法有效地分泌保護黏液，從而增加胃潰瘍和胃穿孔的風險。而當保護屏障受損，胃酸就會直接接觸胃壁，導致胃糜爛或潰瘍。

黏膜
胃酸

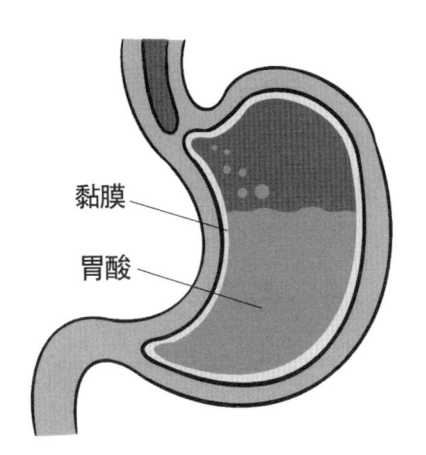

7.4 幽門螺旋桿菌：胃癌的隱秘「幫兇」

　　許多人都曾經經歷過胃痛、胃灼熱或消化不良等問題，而也有人因此懷疑自己是不是吃壞了什麼東西？實際上，這些看似普通的症狀背後，極有可能是一種名為幽門螺旋桿菌的細菌在作怪——這種細菌雖然微小，卻是胃炎、胃潰瘍，甚至胃癌的幕後「黑手」。那麼，幽門螺旋桿菌究竟是如何在我們的胃中肆虐，並最終成為胃癌的隱秘「幫兇」呢？

　　首先，我們要知道，幽門螺旋桿菌是一種能夠在胃酸環境中生存的螺旋形細菌。它是全球最常見的細菌感染之一，美國疾病控制與預防中心估計，全球約三分之二的人口都攜帶著幽門螺旋桿菌。儘管大多數感染者不會出現明顯的症狀，但幽門螺旋桿菌感染卻被證實與多種胃部疾病密切相關，包括胃炎、胃潰瘍甚至胃癌。

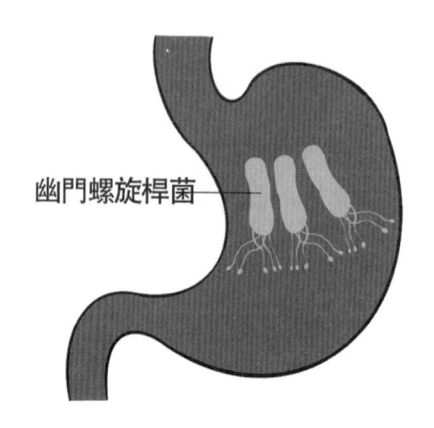

幽門螺旋桿菌

幽門螺旋桿菌如何導致胃癌？

　　早在 1994 年，世界衛生組織國際癌症研究機構就將幽門螺旋桿菌列為人類致癌物或致癌物質。2021 年，美國衛生及公共服務部發佈了第 15 版致癌物報告，將慢性幽門螺旋桿菌感染添加到已知或合理預期會導致人類癌症的物質清單中。

　　究其原因，幽門螺旋桿菌感染會導致胃黏膜的長期炎症。這種慢性炎症會引起胃黏膜細胞的持續損傷和修復過程，從而增加細胞突變的機率，這些突變就可能會引發癌變。一些幽門螺旋桿菌菌株還能夠產生一種叫做 CagA 的毒素，這種毒素可以進入胃黏膜細胞，干擾細胞的正常功能和調控，增加細胞癌變的風險。另外，長期感染幽門螺旋桿菌會導致胃酸分泌減少，改變胃內環境，使得胃黏膜更容易受到其他致癌因素的影響。

一次不可思議的發現

幽門螺旋桿菌的發現源自一場意外，事實上，在許多年前，科學上還普遍認為胃痛是由於吃得太多、太快，或者是因為壓力大和不良的飲食習慣造成的。醫生們也認為胃裡的強酸會殺死所有的細菌，所以胃病不可能是由細菌引起的。然而，兩位科學家——馬歇爾和沃倫卻不這麼認為，他們相信還有其他原因。

1979 年的一天，沃倫在檢查一些胃病患者的胃組織樣本時，注意到了一些奇怪的細菌，它們形狀像彎曲的小杆子。這一發現當時並沒有引起太大的注意，因為大家都認為胃酸能殺死任何侵入胃部的微生物，但沃倫堅持他的觀點，他相信這些奇怪的細菌與胃病有某種聯繫。但是，這個想法在當時並不被醫學界接受，因為它太不尋常了。即使如此，沃倫還是決定繼續他的研究。

於是，馬歇爾和沃倫一起，開始對更多的胃病患者進行了細緻的檢查。他們發現，在患有慢性胃炎的患者胃部中，幾乎都能找到這種奇怪的細菌。這種細菌就是後來才被命名的幽門螺旋桿菌。這是一種非常獨特的細菌，擁有能在酸性環境中生存的特殊能力，並且可以在胃黏膜上形成保護層，使其免受胃酸的傷害。

馬歇爾和沃倫的研究表明，幽門螺旋桿菌不僅存在於胃炎患者的胃中，而且這些細菌的存在與胃潰瘍和十二指腸潰瘍有直接的關聯。馬歇爾為了證明這種細菌確實可以引起胃病，甚至做了一個大膽的實驗——他自己喝下了這些細菌的培養液。結果，他真的生病了，而且出現了胃炎的症狀。這個實驗雖然聽起來有點瘋狂，但它強有力地證明了幽門螺旋桿菌確實可以引起胃病。

這個發現改變了世界。之前，胃病被認為是一個難以治癒的慢性疾病，很多患者需要長期服藥，甚至經常復發。但有了馬歇爾和沃倫的發現，由幽門螺旋桿菌感染的胃病現在已經可以透過簡單的抗生素治療來治癒了。這不僅使成千上萬的人免受胃痛的折磨，還減少了胃癌的風險，因為長期的胃炎有時會導致胃癌。後來，馬歇爾和沃倫因為他們的這一發現被授予了諾貝爾獎。

7.5 小腸到底有多長？

小腸是人體消化系統中最長的一部分，它的長度在不同人群之間有所差異，但通常在 3 到 6 公尺之間。

小腸有三個主要部分：十二指腸、空腸和回腸。

十二指腸是小腸的第一部分，形狀像字母 C，圍繞胰頭彎曲，包括第一段（上部）、第二段（降部）、第三段（水準部）以及第四段（升部）四個部分。

上段是十二指腸的開始部分，這一段非常靈活，因為它被完全包裹在腹膜內。你可以把腹膜想像成一個包裹器官的保護膜。上段向右延伸，前面有肝臟和膽囊，後面有一些重要的血管。

降段是十二指腸的第二部分，從上段向下延伸，包圍著胰臟的頭部。在這一段，膽汁和胰液會通過一個叫做肝胰壺腹的地方進入消化道，幫助分解食物。

水準段從降段向左延伸，橫跨腹部，位於主動脈和下腔靜脈前方。

最後是升段，它從水準段向上延伸，直到與空腸連接。

十二指腸的血液供應來自腹腔幹和腸繫膜上動脈，而靜脈血最終彙集到門靜脈。這就像是一個完善的運輸系統，確保十二指腸的每個部分都能獲得足夠的血液供應。

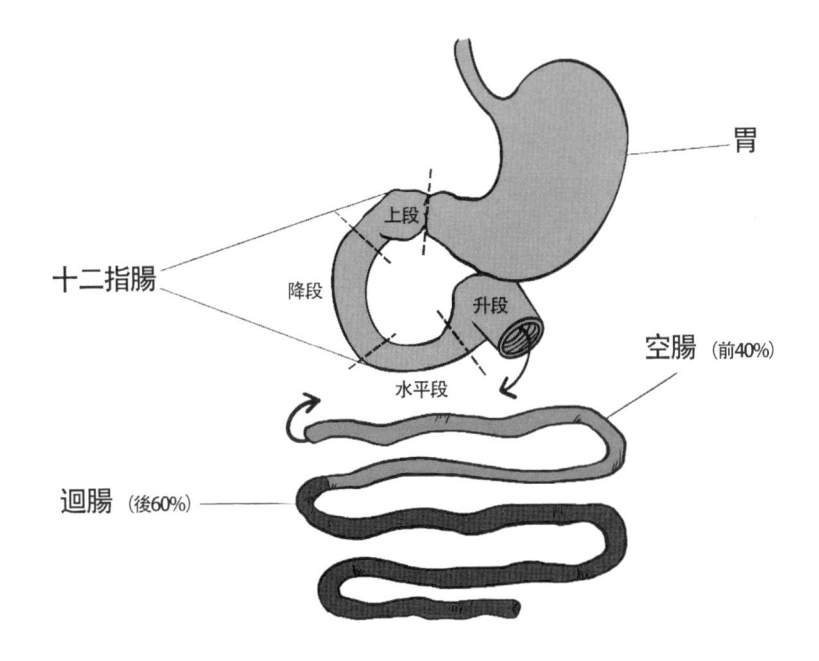

接下來是空腸和迴腸，它們是小腸的中後部分。空腸大約占小腸的前五分之二，迴腸則占後五分之三。這兩個部分都是腹膜內的器官，被腹膜完全包裹，並通過繫膜附著在腹壁上。繫膜是腹膜的雙重褶皺，內含血管、淋巴管和神經。我們可以把繫膜想像成是懸掛在腹壁上的一條橋樑，把空腸和迴腸固定在適當的位置，同時為它們提供營養和神經支配。

7.6 腸道是人體的「第二大腦」

眾所周知，大腦是人體的「最高司令部」，負責指揮全身各系統及器官的正常運轉。其它臟器都只接受來自大腦的神經支配（心臟除外），沒有自己獨立的神經系統，只要來自大腦的神經指令停止，它們就無法再運作。

但你知道嗎？除了大腦外，腸道也有自己獨立的神經系統，那就是腸神經系統——它的某些功能幾乎可以與大腦媲美。

舉個例子，在解剖實驗中，如果把體內臟器從身體分離下來，它就會立刻停止運動——因為它們不再有來自大腦的神經信號發號施令（心臟除外）。而胃腸道不同即使離開身體它仍然會蠕動，這是因為，除了接受大腦的神經信號外，腸道壁內的神經元也會發出神經衝動來支配腸道內的平滑肌，進而維持腸道的運動。

作為人體最大的消化器官，小腸內的所有功能都由神經支配，包括腸道蠕動、消化液分泌等。美國醫學家埃默倫·邁耶在《第二大腦》一書中指出，腸道內神經系統監測著從食管到肛門的整個消化道，無需從中樞神經系統得到指令即可獨立運作，因此，腸道也被稱為「第二大腦」。

具體來看，腸神經系統由大量的神經元和神經膠質細胞組成，覆蓋整個消化道，從食道到直腸。它可以獨立於大腦運作，直接控制腸道的蠕動和消化液的分泌。

腸神經系統中有兩大主要神經叢：肌間神經叢和黏膜下神經叢。肌間神經叢主要負責控制消化道肌肉的運動，而黏膜下神經叢則負責感知腸道內的機械和化學變化。簡單來說，這兩個神經叢協同工作，確保我們的腸道能夠有效地推進食物和吸收營養。

腸道和大腦之間的聯繫也非常緊密，這種聯繫被稱為「腦腸軸」。通過迷走神經，腸道和大腦可以進行雙向交流。這條神經從腦幹出發，經過胸腔，最終到達腹腔和消化道。它不僅將大腦的指令傳遞給腸道，還將腸道的狀態回饋給大腦。研究發現，腸道中的某些細胞甚至能通過電信號直接與大腦「交流」，這比通過血液迴圈的激素傳遞要快得多。

總的來說，腸神經系統是一個複雜而高效的神經網路，能夠獨立運行並與大腦互動。它在調節消化、維持腸道健康以及影響我們的情緒和整體健康方面發揮著至關重要的作用。

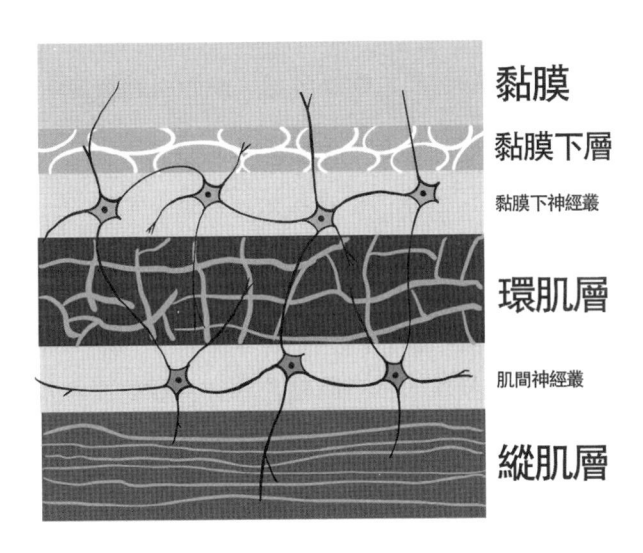

7.7 為什麼一緊張就拉肚子？

你有沒有注意到，當你感到焦慮或緊張時，往往會肚子不舒服，甚至可能會拉肚子？這種現象背後，其實正是腸神經系統在工作。

當我們感到緊張或焦慮時，身體會進入「戰鬥或逃跑」模式，這是人體的一種應激反應，在這個過程中，腎上腺會釋放皮質醇和腎上腺素，這些激素會加快心跳，增加血流量，準備身體應對緊急情況。這些激素不僅影響大腦，還會通過迷走神經傳遞到腸道，同時導致腸道神經元的活性增加，結果就是加速了腸道的蠕動，表現出來就是不斷地腹瀉了。

不僅僅是焦慮或緊張，生氣和恐懼等情緒也會引發類似的腸道反應。這些情緒都會通過類似的機制影響腸道，導致腹瀉或其他消化問題。比如，當你生氣時，大腦會釋放應激激素，這些激素會通過神經系統影響腸道功能，可能導致腸道蠕動增加，進而引起腹瀉。

而長期處於不良情緒狀態下，還可能引發發炎性腸道、腸激躁症等腸道疾病。因此，保持心情愉悅、避免不良情緒對腸道功能的影響，是維護腸道健康的重要措施之一。

當然，腸道也會反過來影響情緒。當腸道健康出現問題時，情緒也多半會受到影響。研究發現，腸道問題會導致身體的應激反應系統（如HPA軸）過度活躍。這意謂著，面對相同的壓力源時，腸道不健康的人會比腸道健康的人反應更強烈，感到更多的壓力和焦慮。

7.8 70% 的免疫力源自腸道

早在 2500 年前，醫學之父希波克拉底斯就提出了一個重要觀點：「所有疾病都起源於腸道。」現代科學研究也證明了這一點，腸道不僅是消化食物的場所，是我們的「第二大腦」，更是人體最大的免疫器官。事實上，人體約 70% 的免疫細胞都位於腸道中。

腸道的免疫系統主要由兩部分組成：腸道黏膜和腸道相關淋巴組織。它們共同構成了我們身體的免疫防線。

首先來看腸道黏膜。它有三層，每層都有自己獨特的功能。最裡面的一層是上皮層，直接接觸腸腔中的食物。這裡的細胞緊密相連，形成屏障，阻止病原體和有害物質的穿透，同時允許水分和營養物質的吸收。上皮層下面是固有層，充滿了血管、神經和免疫細胞。這些免疫細胞能夠識別和消滅穿透上皮層的病原體。再下面是黏膜肌層，由平滑肌細胞構成，這層肌肉可以幫助腸道蠕動，促進食物的消化和吸收。

雖然腸道在身體深處，但它通過口腔與外界連通，我們吃的食物會混有細菌、毒素和其他有害物質，這些東西可能會通過血液侵入身體。腸道黏膜的作用就是阻止它們入侵。這也就讓我們理解為什麼腸道會是最大的免疫器官，畢竟，我們每天都會通過口腔把外界的各種物質送進體內，所以免疫系統自然要在消化道裡建防線。

　　腸道相關淋巴組織（GALT）是腸道免疫的核心，它就像一個高效的監視系統，確保我們的腸道能及時發現並應對潛在威脅。

　　腸道相關淋巴組織是免疫細胞的集聚地，這裡住著各式各樣的免疫細胞，包括巨噬細胞、樹突狀細胞、T細胞和B細胞等等。

　　其中，樹突狀細胞是一種重要的抗原提呈細胞，腸黏膜下方有大量的樹突狀細胞，它們就守在那裡，身上到處是觸角般的感受器，隨時準備與異物接觸，然後對其做出反應。樹突狀細胞識別出異物後，會發出警報，將資訊傳遞給T細胞和B細胞——這兩種免疫細胞在腸黏膜內和腸黏膜下方都有。

　　相較於樹突狀細胞立即做出反應，T細胞和B細胞做出反應需要一些時間，一般要幾小時至幾天不等。之後它們才開始行動，產生更多的殺傷性T細胞或抗體來攻擊異物。如果這個過程順利進行，樹突狀細胞與T細胞之間會不斷進行資訊傳遞，從而保持免疫系統平衡。等待免疫工作完成，調節性T細胞會解除警報。

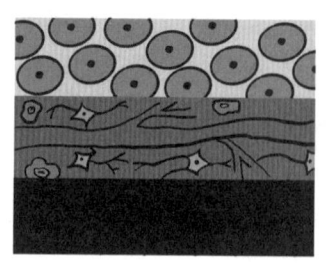

上皮層
固有層
黏膜肌層

7.9 腸道菌群：腸道免疫的最佳搭檔

我們的腸道不僅僅是食物的消化場所，更是一個複雜的生態系統，充滿了數以億計的微生物，這些微生物群落就是所謂的腸道菌群。腸道菌群不僅數量龐大，種類繁多，與我們共同進化，還在調節和支援我們的免疫系統方面起著重要作用。

那麼，腸道菌群究竟是如何影響我們的免疫系統呢？

首先，腸道菌群幫助訓練免疫細胞，使它們能夠更好地識別和攻擊病原體。T 細胞是免疫系統的重要組成部分，而腸道菌群能夠指導 T 細胞的發育和功能，確保它們能夠有效地應對外來入侵者。

其次，腸道菌群能夠調節免疫系統的炎症反應。一些有益細菌可以產生短鏈脂肪酸（SCFAs），這些化合物具有抗炎作用，幫助控制體內的炎症，防止免疫系統過度反應。

第三，腸道菌群還能幫助我們保護宣導屏障。腸道黏膜是免疫系統的第一道防線。健康的腸道菌群有助於維持腸道屏障的完整性，防止有害物質通過「漏腸」進入血液，從而觸發免疫反應。如果腸道菌群失調，可能會導致腸道屏障功能受損，增加感染和炎症的風險。

最後，腸道菌群中的某些細菌能夠刺激免疫系統生產抗體，這些抗體可以識別並中和病原體，從而增強身體的免疫防禦能力。

可以說，腸道菌群酒是腸道免疫系統的最佳搭檔，通過幫助訓練免疫細胞、維持免疫平衡、保護腸道屏障和刺激抗體生產，它們在維護我們的健康方面起到了至關重要的作用。沒有腸道菌群，就沒有我們今天的免疫系統，也就沒有我們能抵抗外界威脅的免疫力。

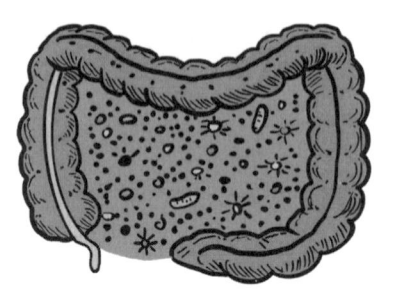

腸道菌叢

▨ 人類和微生物的密切關係

今天，越來越多的研究證實了人體和微生物間的密切關係。

即便是從考古學角度來看，在人類數百萬年的演化史裡，微生物也從未缺席過，並且在人類的演化中扮演著重要角色。《極簡人類史》中，作者大衛・克利斯蒂安描述人類在宇宙中的具體位置時指出：假如將整個130億年的宇宙演化史簡化為13年，那麼人類的出現大約是在3天前，而微生物大概出現在3年前。這樣看來，微生物似乎比人類還要古老的多。

微生物促成了海洋生物的演化，造就了今天的地理環境，事實上，微生物遍佈地球的每一個角落，我們能想到的地方，都有微生物的存在，海洋、冰川、沙漠、火山，當然，還包括我們的身體。

只不過，長時間以來，微生物總是作為疾病的致病源引起人們的關注。除了攻擊個人的免疫系統，還有可能造成大規模的傳染病，就像此前的新冠流行一樣。但其實，除了和人體的對抗，微生物也作為構成人體的一部分長久地影響著人體，就像腸道菌群一樣。

7.10 腸道菌群知多少？

根據不同的功能，腸道菌群又被分為三大類：有益菌（共生菌）、有害菌（致病菌）和條件有害菌（條件致病菌）。

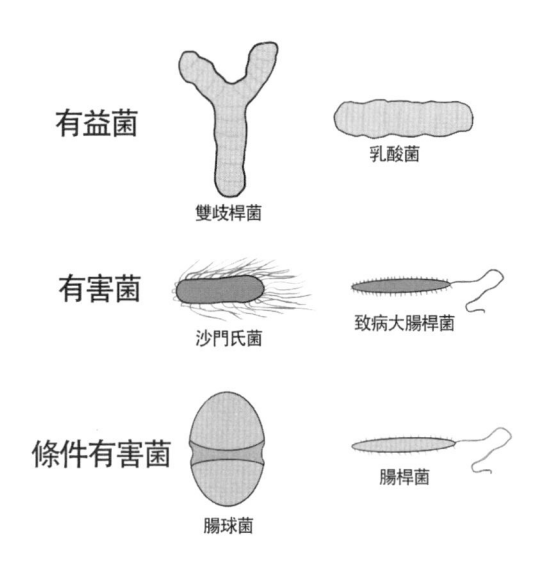

有益菌
雙歧桿菌
乳酸菌

有害菌
沙門氏菌
致病大腸桿菌

條件有害菌
腸球菌
腸桿菌

有益菌（共生菌）是腸道菌群的主體，與人體是互利共生的關係，簡單來說，就是人體為細菌的生活提供生存場所和營養，而這些細菌則為人體產生有益的物質和保護人類健康。

常見的共生菌有各種雙歧桿菌、乳酸菌等。

雙歧桿菌廣泛存在於人和動物的消化道、口腔等環境中，它們通常在嬰兒的腸道中占主導地位，隨著年齡增長，比例會有所下降，但仍然是健康腸的重要組成部分，占腸道有益菌的 99.9%。雙歧桿菌能產生乳酸，幫助維持腸道的酸鹼平衡，除了生成乳酸，雙歧桿菌還能生成有助於抑制炎症與過敏反應、促進免疫細胞增殖的乙酸。

乳酸菌是一類能夠利用可發酵碳水化合物產生大量乳酸的細菌的統稱。它們廣泛分佈於自然界，存在於乳製品、發酵食品以及人體的消化道和生殖道中。在人體中，乳酸菌主要棲息於小腸，占大腸有益菌的0.1%。乳酸菌不僅可以提高食品的營養價值，改善食品風味，還具有抑制食品中的有害菌生長、維護人體健康的功能。比如，在發酵乳製品如優酪乳中，乳酸菌通過產生乳酸降低 pH 值，從而抑制病原菌的生長。在人體中，乳酸菌通過分解乳糖和其他糖類，能夠幫助身體更好地吸收鈣、鐵和其他礦物質，乳酸菌還能增強腸道屏障功能，促進免疫細胞的活性，減少過敏和感染的風險。

與有益菌相對，有害菌（致病菌）對人體有害無益，可以誘發疾病。有害菌一般不常駐在腸道內，從外界攝入後可以在腸道內大量繁殖，導致疾病的發生。常見的有害菌有沙門氏菌和致病大腸桿菌等。

沙門氏菌主要通過汙染食物和水傳播，尤其是在未煮熟的禽肉、蛋類和未經處理的飲用水中最為常見。感染沙門氏菌會引起沙門氏菌病（Salmonellosis），其症狀包括腹痛、腹瀉、發熱和嘔吐。通常，症狀會在感染後 6 至 72 小時內出現，並持續 4 至 7 天。

雖然大多數大腸桿菌是無害的，但有一些致病型大腸桿菌會引起嚴重的健康問題。致病大腸桿菌（Pathogenic E. coli）中，最著名的是腸出血性大腸桿菌，人一旦感染便會出現嚴重腹瀉，並伴有腹痛、便血等症狀，病情嚴重者甚至會有生命危險。

很多因素會影響到腸道菌群的組成，包括遺傳、分娩方式、感染、抗生素的使用、營養狀況、環境壓力源、生活習慣和晝夜節律等。

條件有害菌（條件致病菌），顧名思義，是在一定條件下能夠導致疾病的細菌。這類細菌在腸道內比較少，通常由於大量共生菌的存在，條件有害菌並不容易大量繁殖以致對人體造成危害，常見的條件有害菌是腸球菌和腸桿菌、腸球菌等。

腸球菌（Enterococcus）是一類革蘭氏陽性菌，常見於人和動物的腸道內。它們在健康人體內通常不會引起疾病，但在免疫力低下或醫院環境中，這些細菌可能成為病原體。

腸桿菌（Enterobacteriaceae）是一類革蘭氏陰性菌，包括許多種類，如大腸桿菌、克雷伯氏菌和沙門氏菌等。

7.11 腸道細菌是從哪裡來的？

腸道菌群並不是人與生俱來的。胎兒在子宮裡是處於無菌狀態的，但胎兒出生後，伴隨第一口呼吸、第一口母乳、第一嘴輔食，腸道菌群的始祖們，也隨著食物、空氣、水進入腸道並安營紮寨，不斷壯大隊伍，擴充地盤，最終形成穩定的腸道菌群。

首先，產道是腸道菌群形成的第一站——新生兒在母親的產道中通過接觸母體的細菌開始了腸道菌群的建立過程。母親的產道細菌，如乳桿菌和雙歧桿菌，會在分娩時進入新生兒體內，就此定居腸道。這些初始的腸道細菌在幫助消化、合成維生素、增強免疫力等方面發揮重要作用。換句話說，新生兒繼承了母體的腸道細菌，從而獲得了初步的健康防護。

剖腹產的孩子由於無法通過產道繼承母體的細菌，其腸道菌群的建立過程與自然分娩的孩子有所不同。有研究顯示，剖腹產的孩子的免疫力會受到一定的影響，比如，剖腹產的孩子更容易患上特應性皮炎等疾病，這可能就是因為其初始菌群缺乏某些有益菌。

　　在出生後的最初幾個月裡，嬰兒的腸道菌群會經歷顯著變化。隨著時間的推移和飲食的多樣化（如從母乳到輔食），腸道菌群的多樣性和穩定性逐漸增加。嬰兒早期的腸道菌群以母乳哺育所促進的雙歧桿菌為主，隨著飲食種類逐漸增加，其他細菌如擬桿菌與厚壁菌也會逐步增長。

　　其中，食物在進入口腔後，會被牙齒嚼碎，嚼碎後的食物進入胃裡，被胃液消化，接著進入十二指腸。十二指腸負責消化脂肪和其他在胃中不能溶解的物質。食物在十二指腸進一步被消化後，會被輸送到小腸。小腸負責消化吸收營養成分，剩餘的食物殘渣會被輸送到大腸，吸收水分，變成大便。

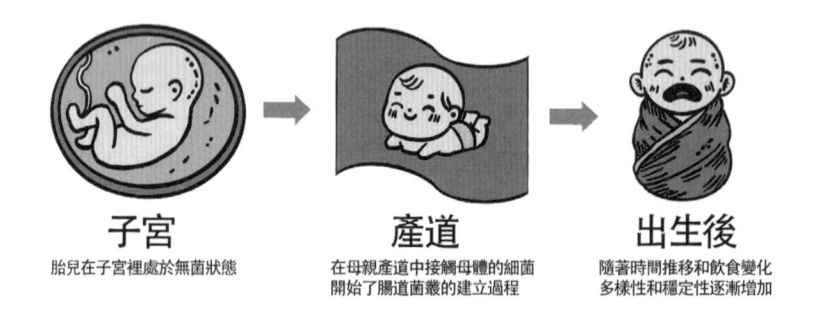

子宮
胎兒在子宮裡處於無菌狀態

產道
在母親產道中接觸母體的細菌
開始了腸道菌叢的建立過程

出生後
隨著時間推移和飲食變化
多樣性和穩定性逐漸增加

　　在這個過程中，食物中的各種細菌會影響到寄居在腸道內的細菌。有些細菌（如雙歧桿菌）可以活著到達腸道，有些則不行，但它們能為腸道細菌提供營養。之後，大便進入直腸，逐漸成形。此時腸道會向大腦發出信號，產生便意。最後，大便會通過肛門排出體外。

糞便是怎麼產生的？

糞便是人們最熟悉的排泄物。曾有學者估算，正常成年人每天排便量平均約為 400-500 克，一個人一年就會產生約 145 公斤的糞便。

不過，到目前為止，大多數人對糞便的認識，也只停留在「人體排泄物」的層面——雖然事實確實如此，當人們攝入各類色澤繽紛，質地多樣的食物時，從另一頭出來的，往往救變成了氣味令人掩鼻、顏色單調、質地均勻、有一點軟綿的、帶有裂紋的條狀物，即糞便。

而產生糞便的這個過程，則發生在我們的腸道裡。

人們常把腸道視為一條通到肛門的管道，這條管道會把人們攝入的食物慢慢轉變為噁心的糞便。可以說，腸道就像一種肉質的汙水處理系統，從食物中提取出我們需要的養分，排放出我們不要的垃圾。不過，止於此的認識顯然太過簡單了——糞便是垃圾，但又不完全是垃圾。

科學家對於糞便的分析結果顯示，它和一般生物體的很多成分一樣，大部分（大約 75%）是水。其餘固體成分包括膽固醇和一些其他脂質，幾乎不含蛋白質，還有一些無機物，比如骨骼和牙釉質的主要成分磷酸鈣。糞便裡面還有一些人體無法消化的食物，比如纖維素和膳食纖維中的成分。

將糞便放到顯微鏡下，人們還會看到腸壁細胞，這些細胞是在糞便穿過腸道、進入直腸並最終從肛門排出的過程中從腸壁脫落的。

這個過程是正常的，因為腸壁細胞有一個更新週期，舊細胞不斷被新細胞替換。脫落的細胞混合在糞便中，被排出體外。正是這些細胞才讓研究人員能夠從糞便中收集到遺傳物質 DNA。

如果把顯微鏡的放大倍數調大，還會看到固體中大約有 1/3 甚至 2/3 的細菌微生物。糞便的重量和臭味就是因為這些微生物所造成的，這些單細胞生物聚集在人類的糞便裡，也正是它們的存在給人類提供了線索，讓人類能夠瞭解腸道裡究竟在發生著什麼。

糞便成分

- 磷酸鈣
- 膽固醇和脂質
- 纖維素和膳食纖維
- 水 75%

▨ 我的大便健康嗎？7 種大便類型的含義

排便的類型主要可以透過「布里斯托排便分類法」來劃分為 7 種，包括「硬球狀」、「表面凹凸的長條狀」、「表面有裂痕的長條狀」、「表面光滑的長條狀」、「鬆軟的顆粒狀」、「軟泥狀」和「水狀」這七種。簡而言之，這些類型可以分為三大類：前兩種為便秘型，中間兩種為正常型，後三種為腹瀉型。正常情況下，糞便從小腸進入大腸，大腸會吸收水分，使得便便逐漸變乾，最終形成表面有裂痕的長條狀或表面光滑的長條狀，這些都是正常健康的糞便。

因此，如果腸道水分不足，或者水分被過度吸收，便便就會變得較乾，形成硬球狀或表面凹凸的長條狀，類似岩石；如果腸道受到炎症或刺激，出現分泌液體或無法正常吸收水分的情況，便便則可能變成鬆軟的顆粒狀、軟泥狀，甚至水狀。

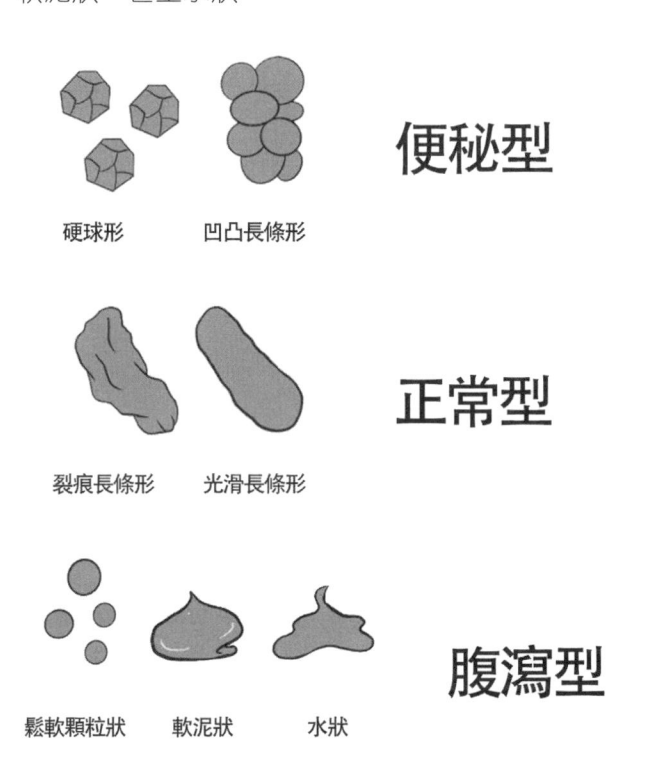

便秘型
硬球形　　凹凸長條形

正常型
裂痕長條形　　光滑長條形

腹瀉型
鬆軟顆粒狀　軟泥狀　水狀

什麼樣的大便問題需要看醫生？

雖然不同的大便類型本身不一定需要就醫，但如果出現以下四種情況，建議盡早就醫檢查：

1. **長期便秘**：如果便秘持續超過三個月，可能是因為腸道過長導致過度吸水，或者腸道內有不良菌群抑制了腸道的正常功能。長期便秘不僅不適，還可能引發痔瘡、肛裂等問題，因此應盡早進行調整和治療。

2. **長期腹瀉**：如果腹瀉持續超過三個月，這通常表明可能存在慢性腸道炎症，或者飲食中存在讓腸道出現輕微過敏反應的食物，雖然過敏不明顯，但對腸道有影響。

3. **排便型態改變**：無論是便秘還是腹瀉，若出現明顯的排便型態變化，需特別留意。例如，原本經常便秘的人突然變成腹瀉，且持續時間超過三個月，這可能是結腸癌的早期症狀之一。建議盡早檢查以確認原因。

4. **血便**：無論是便秘還是腹瀉，出現血便都應引起重視，這可能是腸道疾病或其他嚴重問題的信號。

如果出現以上四種排便的情況都可能是需要醫療關注的信號，這也就是身體好不好，大便早知道的原因。

四種大便狀況看醫生檢查

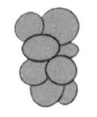

長期便秘（3個月）　　　長期腹瀉（3個月）

排便改變（如便秘轉腹瀉/3個月）　　　血便

7.12 「胖子菌」和「瘦子菌」

　　腸道微生物大致可分為 6 大門，分別是厚壁菌門、擬桿菌門、放線菌門、變形菌門、疣微菌門和梭桿菌門。放線菌門為有益菌，變形菌門為有害菌，厚壁菌門和擬桿菌門屬於條件致病菌。有意思的是，厚壁菌門和擬桿菌門還在調節體重方面扮演了重要角色。

　　具體來看，厚壁菌門會使人類發胖，因此被稱為「胖子菌」，這些細菌通能夠幫助人體從食物中提取更多的能量，使得人們即使吃得不多，也會吸收大量的卡路里並轉化為脂肪儲存起來。這種額外的能量提取使得本該排出體外的食物殘渣轉化為體內脂肪，從而導致體重增加和肥胖。

擬桿菌門（Bacteroidetes）被稱為「瘦子菌」，與厚壁菌門的作用相反。擬桿菌門能夠降低脂肪和碳水化合物的吸收率，通過發酵膳食纖維產生短鏈脂肪酸（SCFA），如丁酸，這些物質能減少脂肪堆積，加快新陳代謝，從而在減肥過程中發揮關鍵作用。

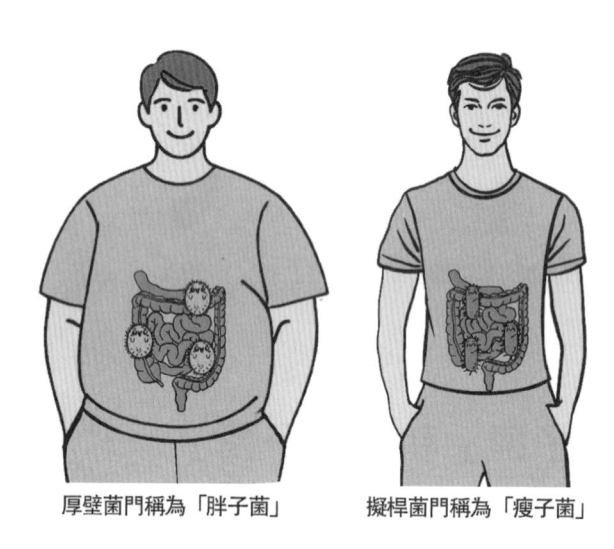

厚壁菌門稱為「胖子菌」　　擬桿菌門稱為「瘦子菌」

當腸道內的厚壁菌門數量過多，擬桿菌門數量較少時，人體就更容易發胖。相反，當擬桿菌門占主導地位時，身體則更傾向於保持苗條狀態。這種菌群失衡與現代高脂高糖飲食密切相關，富含脂肪和糖分的飲食會促進厚壁菌門的繁殖。

因此，通過改變飲食習慣，我們可以顯著影響腸道菌群的組成。比如，多攝入膳食纖維、減少高脂高糖食品的攝入，可以增加擬桿菌門的數量，從而幫助控制體重。

08 CHAPTER

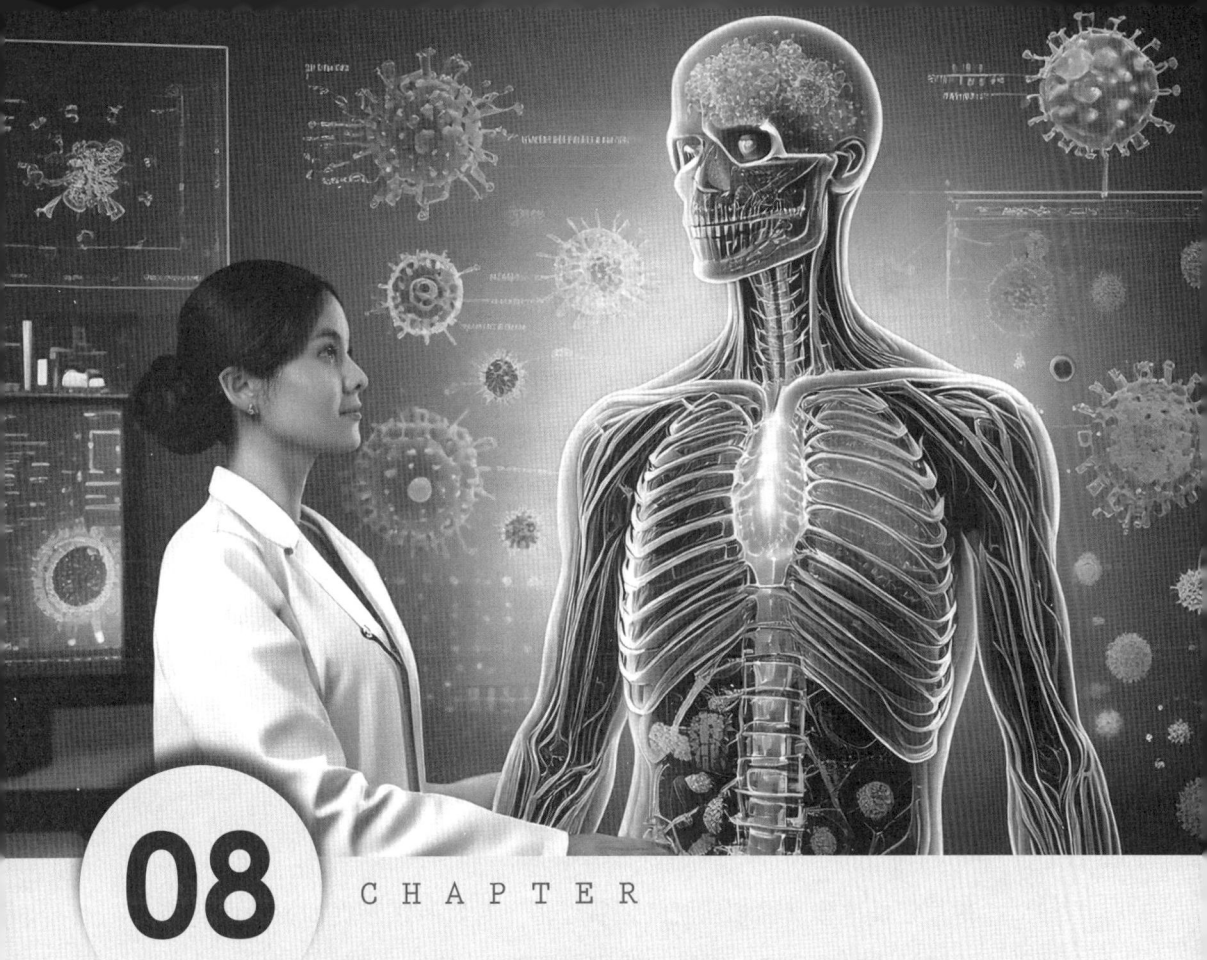

泌尿系統：身體的清潔系統

8.1　身體的天然過濾器

8.2　尿液是如何產生的？

8.3　腎結石是怎麼形成的？

8.4　膀胱：儲存和排出尿液的器官

8.5　為什麼一緊張就想尿尿？

8.6　尿液裡面有什麼？

8.7　水喝多了就會水腫嗎？

8.1　身體的天然過濾器

你有沒有想過，我們的身體是如何保持內部環境清潔的？其實，這全靠我們的泌尿系統。泌尿系統就像身體的天然過濾器，負責過濾血液，去除廢物，並調節體內的水和電解質平衡。

泌尿系統四部分

泌尿系統由四個主要部分組成：腎臟、輸尿管、膀胱和尿道。

腎臟是位於腰部附近的一對豆狀器官。它們的主要功能是過濾血液，去除代謝廢物和多餘的水分，形成尿液。腎臟還調節血壓，控制紅血球的生成，並維持體內酸鹼平衡。

輸尿管是連接腎臟和膀胱的細長管道，負責將尿液從腎臟輸送到膀胱。輸尿管的肌肉會進行蠕動，確保尿液順利排出。

膀胱是一個位於下腹部的空腔器官，負責儲存尿液。膀胱壁具有彈性，能夠擴張以容納尿液。當膀胱充滿時，神經信號會提示我們需要排尿。

尿道是將尿液從膀胱排出體外的通道。男性的尿道較長，同時也承擔輸送精液的功能；女性的尿道較短，僅用於排尿。

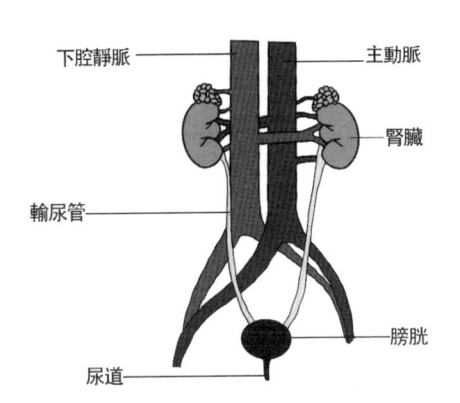

泌尿系統五功能

泌尿系統作為身體的九大系統之一，其功能顯然不僅僅是讓我們排尿這麼簡單。值得一提的是，泌尿系統的多項關鍵功能主要由腎臟負責運作。

具體來看，首先，泌尿系統承擔著清除身體廢物的重任，這也是泌尿系統的首要任務。我們的身體在新陳代謝過程中會產生各種廢物，如果這些廢物不能及時排出體外，會對健康造成嚴重影響。腎臟就像一個過濾器，透過血液迴圈將這些廢物從體內清除。它們通過尿液的形式被排出體外，保持體內的清潔和健康。

泌尿系統的腎臟不僅負責過濾廢物，還扮演著調節體內水分和電解質平衡的重要角色。它會根據身體的需求，調節水分和電解質的吸收和排出。比如，當你喝水過多時，腎臟會將多餘的水分排出體外；而當你水分不足時，腎臟會減少排尿量，以保持體內的水分平衡。電解質如鈉、鉀、鈣等也是透過這種方式得到調節，確保細胞和器官的正常運作。

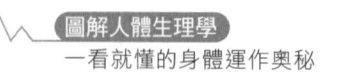

另外，體內的酸鹼平衡對於細胞和器官的正常功能至關重要，而腎臟則透過調節尿液的酸鹼度來幫助維持這種平衡。如果體內過於酸性或鹼性，細胞的功能可能會受到影響，甚至引發各種疾病。腎臟可以通過分泌和排泄氫離子和碳酸氫根離子，來調節體內的 pH 值，確保它在一個健康的範圍內。

　　腎臟在調節血壓方面也發揮著關鍵作用。腎臟會分泌一種叫腎素的激素來調節血管的收縮和血液量。腎素又通過影響一系列的反應，導致血管收縮或者擴張，從而調節血壓。當血壓過低時，腎素會促使血管收縮，增加血壓；當血壓過高時，反向機制會使血管擴張，降低血壓。這種精細的調節機制對於維持正常血壓非常重要。

　　此外，腎臟還負責刺激紅血球的生成。腎臟能夠分泌一種叫促紅血球生成素的激素，這種激素會刺激骨髓生成紅血球。紅血球是血液中負責運輸氧氣的重要細胞，沒有足夠的紅血球，身體各部分就會缺氧。通過調節紅血球的生成，腎臟確保了我們體內有足夠的紅血球來運輸氧氣，維持生命活動。

8.2　尿液是如何產生的？

　　排尿是人體再正常不過的一個生理活動，我們每天都會排尿，那麼，尿液到底是如何形成的呢？

　　一切從我們的腎臟開始。腎臟是位於腰部附近的兩個豆狀器官，腎臟的主要任務是清除血液中的廢物和多餘的水分，保持體內的水分和電解質平衡。一般來說，尿液生成往往包括三個環節：腎小球的濾過作用、腎小管和集合管的重吸收作用、腎小管和集合管的分泌排泄作用。

具體來看，尿液的形成是從腎小球開始的。腎小球是腎單位中的一個微小過濾器，當血液流經腎小球時，血液中的水分、小分子和廢物被過濾到腎小囊中，形成初級尿液。這個過程就像是用篩子過濾雜質一樣，將大分子和細胞留在血液中，而將小分子濾出。初級尿液中包含了水、葡萄糖、胺基酸、尿素等成分。

初級尿液進入腎小管後，腎小管壁的細胞會對一些重要的物質，比如水分、葡萄糖、鈉、鉀等進行重吸收，這些物質重新回到血液中。這是一個非常關鍵的步驟，因為它確保了體內水分和電解質的平衡。

同時，腎小管壁的細胞還會分泌一些額外的廢物和氫離子到尿液中，以幫助調節體內的酸鹼平衡。最終，經過這些步驟處理後的尿液進入集合管，彙集成最終的尿液。

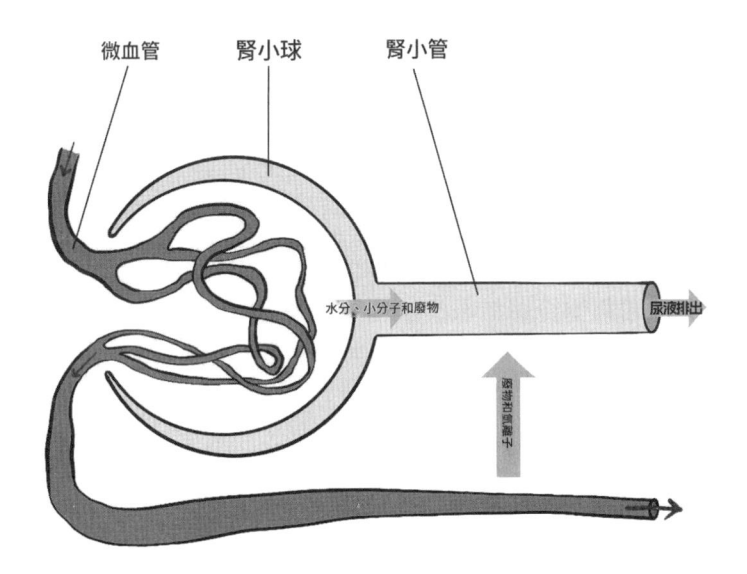

一個腎臟有 100 萬個腎小球？

腎臟之所以能如此高效地過濾血液，都歸功於腎小球。作為腎臟的核心過濾單元，腎小球是由許多微小的血管（微血管）組成的網路，每個腎臟大約包含一百萬個腎單位，而每個腎單位都包含一個腎小球。腎小球被包裹在一個叫做腎小囊的結構內，這個囊狀結構與腎小球共同形成了一個過濾器。

腎小球的濾過效率非常高，每分鐘能過濾約 125 毫升的血液液體，這相當於每天大約 180 升血液被過濾。腎小球的健康對腎臟功能至關重要。腎小球疾病——比如腎小球腎炎會導致腎小球發炎和損傷，影響其過濾功能，從而導致蛋白尿（尿液中出現蛋白質）和血尿（尿液中出現血液）等症狀。

8.3 腎結石是怎麼形成的？

不少人都有過腰痛的經歷，有一種腰痛會讓人直不起腰，甚至伴有噁心、嘔吐等症狀，這種腰痛，可能就是因為腎結石。平均每 10 個人中至少有 1 人曾經歷過腎結石的困擾，且復發率高。

那麼，腎結石究竟是如何形成的呢？

我們已經知道，腎臟就像一個大型過濾廠，主要負責過濾血液中的廢物和多餘的代謝產物，同時調節體內水、電解質和酸鹼平衡，並形成尿液。

正常情況下，人體內的代謝產物會經過泌尿道隨著尿液順流而下排出體外，但當身體處於缺水狀態時，尿液就會濃縮，其中本來處於溶解狀態的物質，比如鈣質、草酸、磷酸等因為過於飽和而析出沉澱，從而形成結石。這就像是用海水曬鹽，當水分蒸發後，鹽分自然析出，就會形成晶體。

臨床中發現，患腎結石的人都有一個共同點：不愛喝水。另外，吃得太「好」也是誘發腎結石的重要原因。紅肉、海產品等高蛋白食物攝入太多，會使尿液中的鈣、尿酸和草酸含量增加，從而增大腎結石的發生風險。

一般情況下，腎結石不會引發身體不適。但當人劇烈活動、大量飲水時，會導致結石移位，在腎臟內橫衝直撞，甚至跑到輸尿管、膀胱、尿道中時，就會引起疼痛。除了疼痛外，患者還會出現胃部不適和嘔吐、頻繁上廁所、排尿時有燒灼感或疼痛感、尿液顏色變深或有血尿。嚴重者可能會出現高熱，尿液變得渾濁或有臭味。

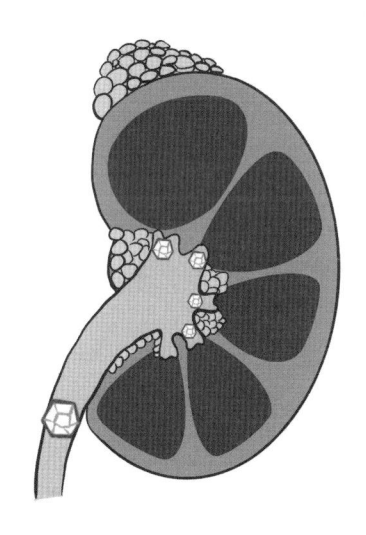

8.4 膀胱：儲存和排出尿液的器官

在最終的尿液產生後，膀胱就開始工作了。膀胱作為我們泌尿系統中的重要組成部分，位於下腹部。它是一個具有彈性的中空器官，能夠擴張和收縮，適應不同量的尿液。

當我們喝水或進食時，食物和液體會經過消化系統，被分解和吸收進入血液。血液在迴圈過程中攜帶營養物質到達身體各個部位，同時收集細胞代謝產生的廢物。腎臟就像一個高效的過濾器，透過過濾血液來清除廢物和多餘的水分，生成最終的尿液。而尿液需要通過輸尿管從腎臟流入膀胱。

膀胱的壁由平滑肌組成，這些肌肉具有彈性，可以擴張以容納越來越多的尿液。一個健康的成人膀胱通常可以容納約 400-600 毫升的尿液，相當於兩到三杯水。

當膀胱逐漸充滿時，膀胱壁上的感覺神經會感知尿液的增加，並向大腦發送信號，告訴我們需要去排尿。這就是為什麼有時候你會感覺到強烈的尿意，這些感覺神經非常敏感，尤其是在你喝了很多水的時候。

當你決定去廁所排尿時，膀胱的排尿過程就開始了。首先，膀胱壁的平滑肌會收縮，增加內部壓力。同時，連接膀胱和尿道的括約肌會放鬆，允許尿液流出膀胱，通過尿道排出體外。

男性和女性的尿道長度不同。女性的尿道較短，因此細菌更容易進入膀胱，導致尿路感染。男性的尿道較長，並且還負責輸送精液。無論男女，尿道都是排出尿液的最後一站，它將尿液從膀胱排出體外，完成整個尿液的排放過程。

我們會感覺到強烈的尿意決定
去上廁所排尿

膀胱逐漸充滿時
感覺神經會向大腦發出訊號

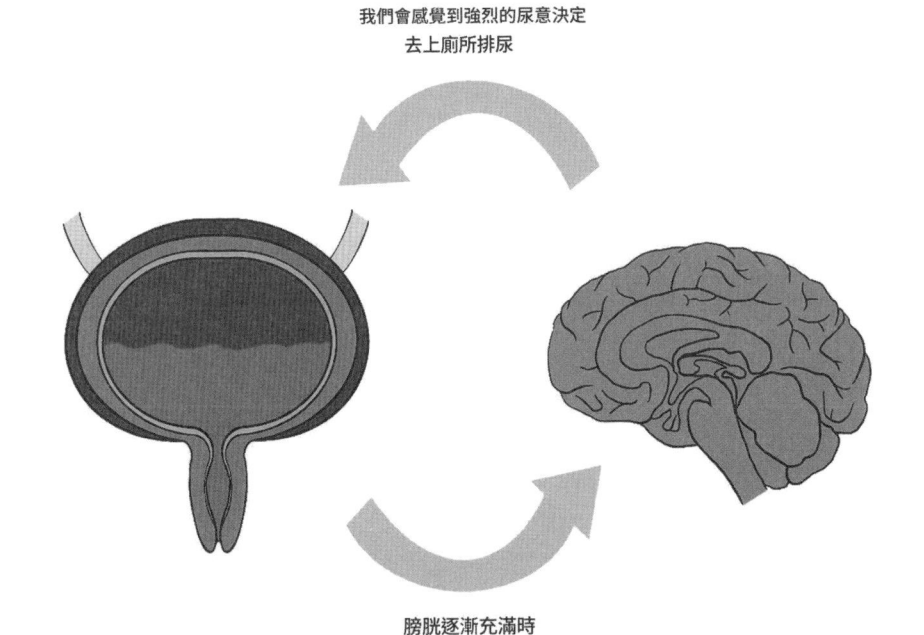

膀胱的彈性有多強？

膀胱的彈性非常強，膀胱空的時候只有檸檬大小，但當它充滿尿液時，可以擴張到一個小西瓜大小。這種驚人的伸縮能力使膀胱能夠儲存大量尿液，直到我們找到合適的時間和地點去排空它。

膀胱的彈性主要歸功於其獨特的結構。膀胱壁由多層組織構成，包括內層的尿路上皮、中間的結締組織層和外層的平滑肌。其中，內層的尿路上皮防止尿液洩漏到體內，其下的結締組織層包含血管和神經，支援膀胱的功能。最外層的平滑肌負責膀胱的擴張和收縮。多層組織的共同作用，才使膀胱具有良好的伸縮性。

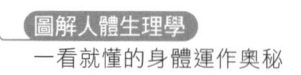

膀胱內的神經不僅能感知尿液的量，還能感知尿液的溫度。這些感覺神經分佈在膀胱壁上，當膀胱充滿尿液時，神經會向大腦發送信號，提醒我們該去排尿了。這就是為什麼有時候在你喝了大量水後，會突然感覺到需要上廁所的原因。

　　不僅如此，膀胱還能感知尿液的溫度。當你喝冷水時，冷的尿液會刺激膀胱內的感覺神經，使你更急於排尿。也就是說，膀胱不僅僅是一個簡單的儲存器官，它還在我們的日常生活中扮演著感知器的角色。

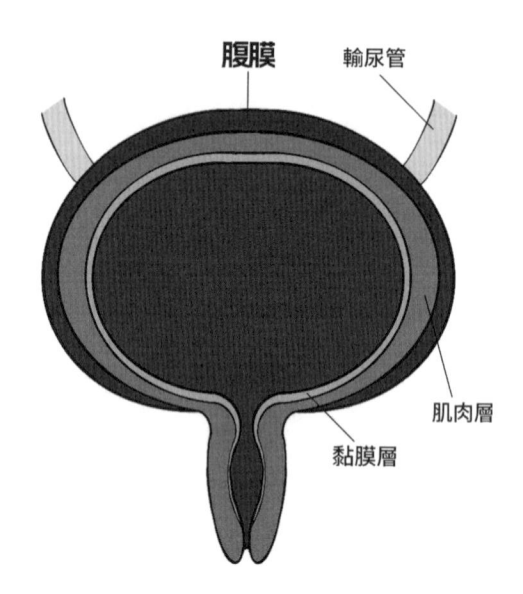

8.5 為什麼一緊張就想尿尿？

在緊張時，人體常常會感到一陣強烈的尿意，這並不是錯覺，而是身體的一種自然反應。

事實上，膀胱的功能與大腦的指令密切相關。我們的自主神經系統，包括交感神經和副交感神經，在調節膀胱的功能中扮演著重要角色。

當膀胱開始充盈時，交感神經佔據主導地位，使膀胱壁的平滑肌鬆弛，增加膀胱的容量，同時收緊尿道括約肌，防止尿液過早排出。

隨著膀胱逐漸充滿，內部壓力增加，感覺神經會感知到尿液的積累，並向大腦發送信號，提示需要排尿。當膀胱達到一定容量時，副交感神經開始發揮作用。副交感神經會促使膀胱的排尿肌強烈收縮，鬆弛尿道括約肌，為排尿做好準備。

而當我們感到緊張時，自主神經系統的平衡就有可能受到影響。特別是緊張時，交感神經和副交感神經的協調可能會變得紊亂。交感神經可能會過度活躍，增加膀胱的敏感性，即使膀胱內的尿液量少於平時，也會感到強烈的尿意。這就是為什麼在緊張或焦慮的情況下，我們會頻繁地想上廁所的原因。

8.6 尿液裡面有什麼？

當我們喝水、吃飯時，食物和飲料中的水分和營養會被消化系統吸收，進入血液。我們的身體會利用這些營養來維持正常運作，但同時也會產生一些廢物。這些廢物需要通過尿液排出體外。那麼，尿液裡面都有什麼呢？

尿液的主要成分是水，占到約 95%。這是因為身體通過尿液排出多餘的水分，幫助維持體內的水分平衡。剩下的 5% 則是其他物質，包括尿素、肌酐、尿酸和各種電解質。

尿素是蛋白質代謝的產物。當我們吃蛋白質時，身體會將其分解為胺基酸，而在這個過程中會產生氨。氨是一種有毒物質，因此肝臟會將氨轉化為無毒的尿素，隨後通過腎臟排出體外。

肌酐是肌肉代謝的產物。當我們的肌肉收縮時，會產生肌酐。它通過血液進入腎臟，然後被過濾並排出體外。肌酐水準可以反映我們的肌肉活動和腎功能，因此是醫學檢查中常見的指標。

尿酸是核酸代謝的產物。核酸是 DNA 和 RNA 的組成部分，當它們被分解時會產生尿酸。尿酸也會通過腎臟排出體外。如果尿酸水準過高，可能會導致痛風等疾病。

尿液中還含有各種電解質，包括鈉、鉀、氯、鈣等。這些電解質幫助維持體內的電解質平衡，確保細胞的正常功能。其中，鈉和鉀對於神經傳導和肌肉收縮至關重要，而鈣則是骨骼健康的關鍵。

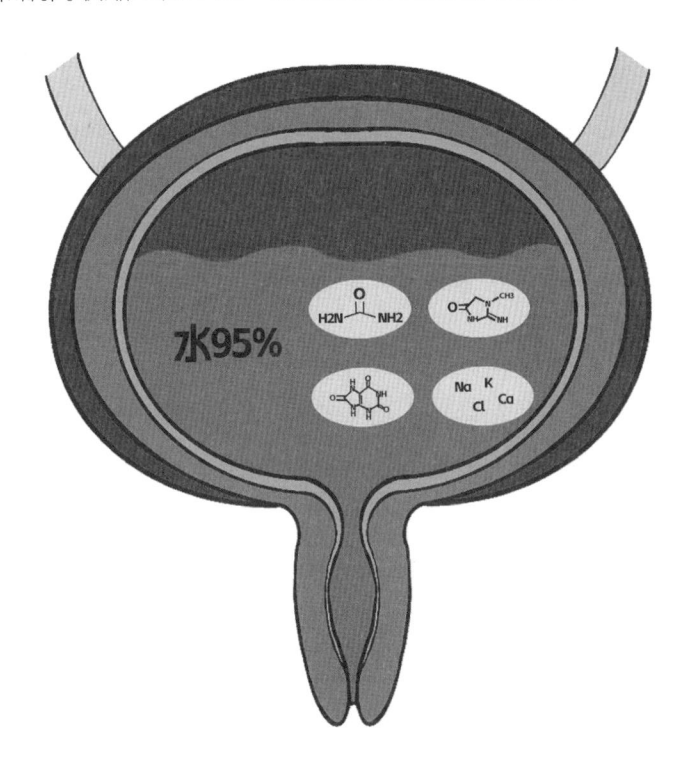

身體健康的「晴雨錶」

尿液不僅僅是體內的廢物，它其實是我們身體健康的重要「晴雨錶」。通過觀察和分析尿液的顏色、氣味和成分，我們可以獲取大量關於健康狀態的資訊。

尿液的顏色通常從淡黃色到深琥珀色不等。顏色的變化可以反映出體內水分狀況和某些健康問題。比如，淺黃色尿液通常表示身體水分充足，而深黃色或琥珀色尿液則可能意謂著脫水。如果尿液呈現紅色或粉色，可能是由於血尿，這需要立即就醫，因為這或許是感染、結石或更嚴重問題的徵兆。

尿液的氣味通常較為輕微，但某些情況下，氣味變化也可能提示健康問題。比如，糖尿病患者的尿液可能會有甜味，這是因為尿液中含有葡萄糖。如果尿液有異常強烈的氨味，可能是因為尿路感染。某些食物，比如蘆筍，也會臨時改變尿液的氣味。

正常情況下，尿液中不應有大量蛋白質。如果出現蛋白尿，可能表明腎臟功能異常。

另外，通過尿液排出體外的廢物不僅包括代謝產物，還包括藥物代謝後的產物。身體會將攝入的藥物分解為各種成分，其中一些成分會通過尿液排出。因此，尿檢常用於檢測藥物的使用情況。

尿液作為身體廢物的排出途徑，提供了大量有關我們健康狀態的重要資訊。透過定期觀察尿液的顏色、氣味和成分變化，我們可以早期發現潛在的健康問題，並採取相應的措施。養成良好的飲水習慣、注意飲食和生活方式，可以幫助維持尿液的正常成分和顏色，從而更好地保持身體健康。

8.7 水喝多了就會水腫嗎？

你有沒有遇到過這種情況：發現自己的手腳腫脹，就像是被充了氣的氣球？這種情況其實就是水腫。很多人認為水腫就是水喝多了導致的，真的是這樣嗎？

水腫通常指皮膚及皮下組織內有液體過度儲留，這種情況經常發生在腳、腳踝、腿和手。

事實上，對於健康的人來說，水喝多了一般不會出現水腫。因為飲入的水被小腸吸收之後，人體的循環系統、呼吸系統、泌尿系統會共同調節以維持身體內的水平衡，並不會造成水在組織液內的過度儲留。

特別是我們的腎臟，它非常聰明。腎臟的主要任務是過濾血液。這些液體通過腎小球進入腎小囊，形成初級尿液。初級尿液中含有大量的水和溶解的物質，如葡萄糖、電解質和廢物。在初級尿液形成後，它會經過腎小管。腎小管的內壁細胞會重吸收絕大部分的水和有用物質，重新進入血液迴圈。

這個過程是非常高效的，大約 99% 的水和溶質會被重新吸收，僅有 1% 會被轉化為最終的尿液排出體外。當我們喝水過多時，腎臟會透過減少重吸收的水分量來調節體內的水分平衡。相反，當我們攝入水分不足時，腎臟會增加水分的重吸收量，以防止脫水。所以，在身體的各個系統共同作用下，即便是喝大量的水，也不會輕易導致水腫。

但是，當腎臟功能出現問題時，這一精細的調節機制可能會失效，導致體內水分積聚，形成水腫。腎臟疾病如慢性腎病、腎炎和腎衰竭會影響腎臟的過濾功能，導致體內廢物和水分無法正常排出。結果，液體會在身體的各個部位積聚，特別是下肢、腳踝和面部，形成明顯的腫脹。

可以說，水腫不僅僅是外觀上的問題，它可能反映了更嚴重的健康問題。如果水腫持續存在，或者伴隨其他症狀如疲勞、呼吸困難和尿量減少，應該立即就醫。

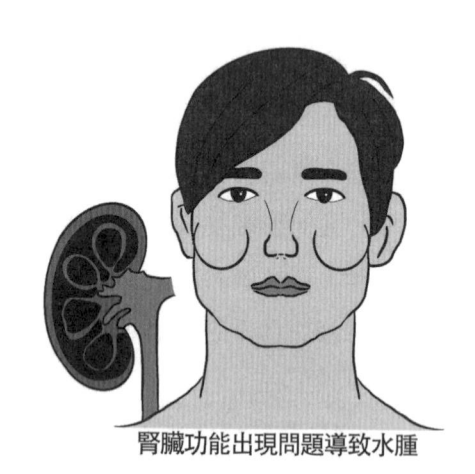

腎臟功能出現問題導致水腫

09 CHAPTER

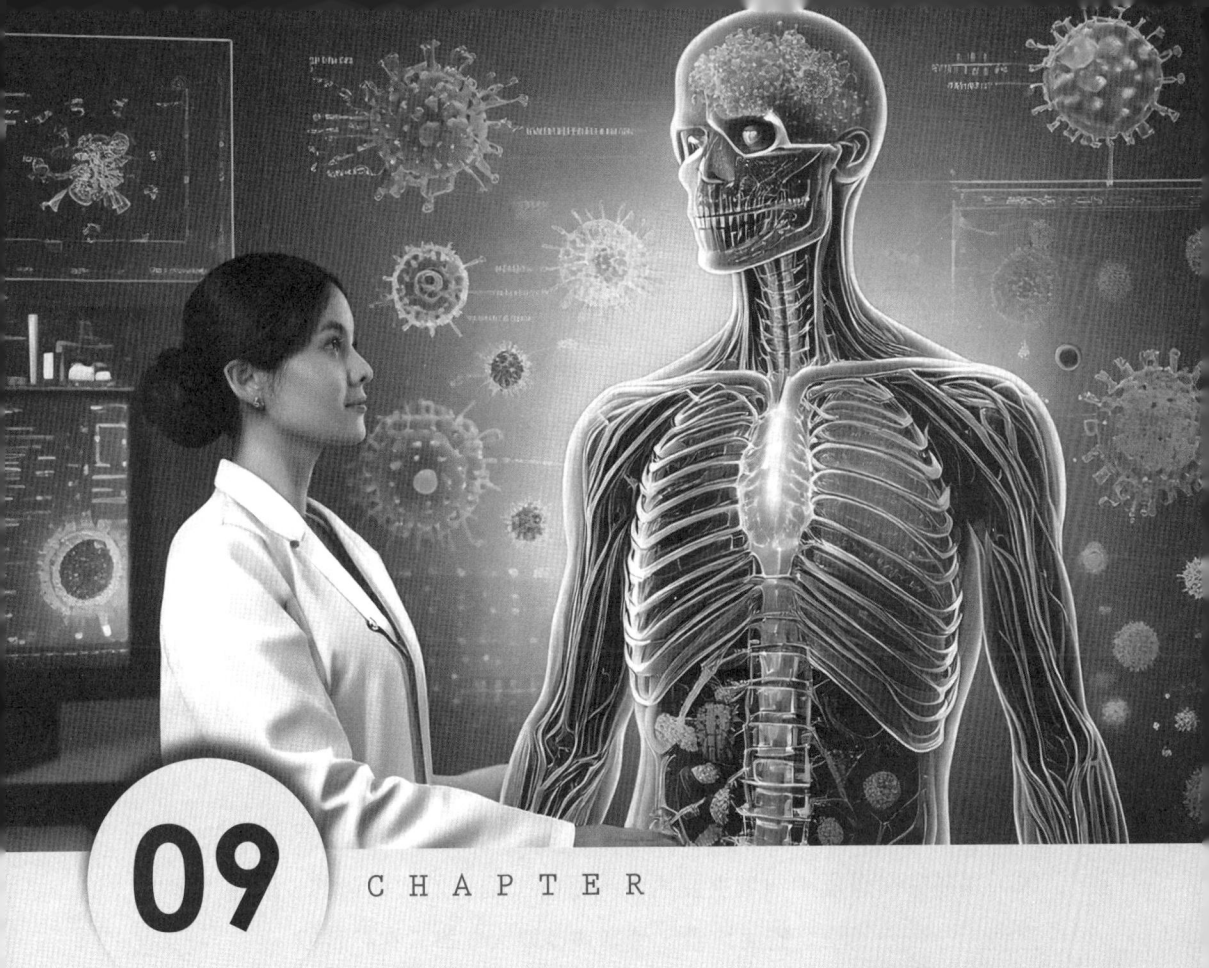

生殖系統：生命是如何延續的？

9.1 生殖系統：生命的起源

9.2 性高潮：性反應週期的頂點

9.3 妊娠：從受精到分娩的生命歷程

9.4 試管嬰兒：從試管裡誕生的寶寶

9.5 女性天生就有生殖細胞？

9.6 女生為什麼有月經？

9.7 月經是如何形成的？

9.8 為什麼會有更年期？

9.9 精子是如何誕生的？

9.10 荷爾蒙是如何影響生殖系統的？

9.1 生殖系統：生命的起源

人體生殖系統是一個令人驚嘆的複雜系統，它既是生命的起源，又使生命得以延續。人體生殖系統分為男性生殖系統和女性生殖系統，它們截然不同，卻又能夠配合工作——實際上，正式兩性差異的存在使人類可以透過性交來產生後代，從而孕育出新的生命。

男性生殖系統

男性生殖系統主要由外生殖器和內生殖器兩部分組成。生殖器從外面看得到的地方叫外生殖器，看不到的地方叫內生殖器。

男性外生殖器包括陰莖和睪丸（位於陰囊內）。陰莖不僅用於排尿，還在性交過程中扮演重要角色。平時，陰莖是軟趴趴的，但在性興奮時，血液充滿陰莖的海綿體，使其變硬變大，準備進行性交。

睪丸是另一個重要的外生殖器，位於陰囊內。睪丸的主要功能是生產精子和分泌男性激素睪固酮。睪丸上方有一對附睪，精子在這裡成熟並儲存睪丸需要在比體溫低的環境中工作，所以它們被安排在體外的陰囊中。這是因為精子怕熱，溫度過高會影響其生成和存活。

內生殖器包括精囊和前列腺。精囊產生的液體是精液的一部分，它為精子提供營養。前列腺則分泌一種乳白色液體，與精囊液體混合，形成精液。這些液體不僅增加了精液的體積，還為精子提供了營養和保護，它們有助於精子的存活和運動，幫助它們在性交後成功進入女性生殖道。

男性生殖系統

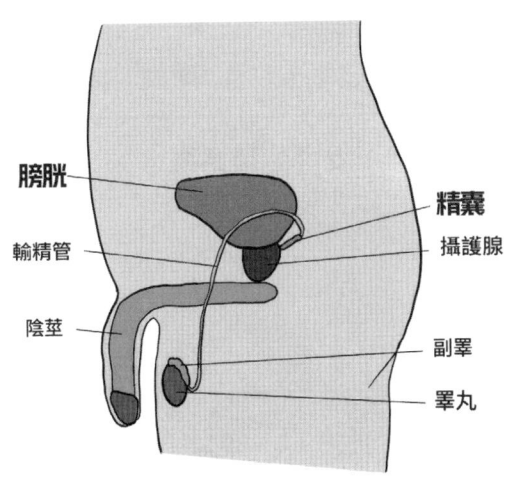

(圖：膀胱、精囊、輸精管、攝護腺、陰莖、副睪、睪丸)

▨ 女性生殖系統：從陰道到卵巢

女性生殖系統同樣分為外生殖器和內生殖器。

外生殖器包括大陰唇、小陰唇、陰道口和尿道口。大陰唇和小陰唇包圍並保護陰道口和尿道口，防止外界細菌的侵入。

女性的內生殖器包括陰道、子宮、輸卵管和卵巢。陰道是一個筒狀結構，連接外界和子宮，既是性交的通道，也是分娩時嬰兒通過的通道。性交時，精子通過陰道進入子宮。

子宮是一個梨形的肌肉器官，位於骨盆腔內。子宮的主要功能是為受精卵提供一個安全的環境，讓它能夠在這裡發育成胎兒。子宮壁富含血管，為胎兒提供營養和氧氣。

輸卵管連接子宮和卵巢，負責輸送卵子和受精卵。每個月，卵巢會釋放一個卵子，這個過程叫做排卵。如果在輸卵管中遇到精子，卵子會被受精，形成受精卵，然後移動到子宮內著床，開始妊娠。

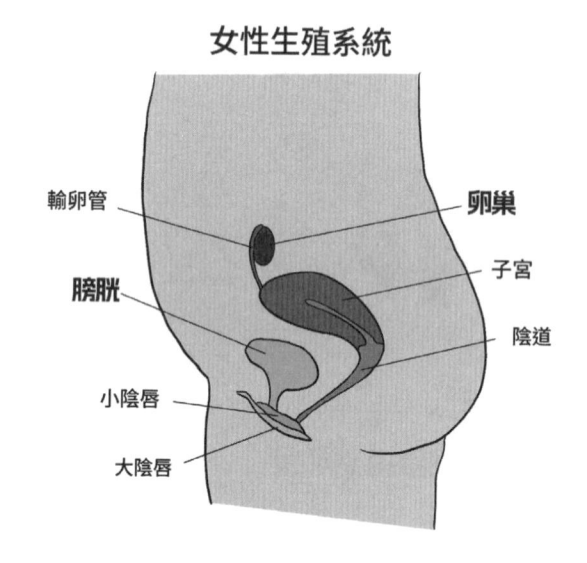

女性生殖系統

9.2 性高潮：性反應週期的頂點

性高潮，俗稱「高潮」或「高潮點」，是人類性反應週期中的頂點。它是一種短暫而強烈的快感體驗，會帶來全身的肌肉收縮、心率加快和荷爾蒙釋放。雖然性高潮通常只持續幾秒鐘，但它所帶來的愉悅感和生理反應卻是獨特而迷人的。

性反應週期包括四個階段：欲望、興奮、高潮和消退。在欲望階段，性慾開始增強，身體為接下來的活動做準備；興奮階段，身體會經歷各種生理變化，如血液流向生殖器、心跳加快、呼吸加速等。當進入高潮階段時，這些變化達到頂點，導致一種極度愉悅的感覺。最後是消退階段，身體逐漸恢復到正常狀態。

在高潮時，身體會釋放積累的性緊張，導致心率、血壓和呼吸頻率急劇增加。男性和女性在高潮時會經歷不自主的肌肉收縮，特別是在生殖器和肛門區域。這種收縮會導致男性射精，而女性則可能會分泌少量的體液。

高潮的美妙感覺來自於多種生理和心理因素的共同作用。在高潮時，身體會釋放大量的多巴胺，這是一種「感覺良好」的荷爾蒙，可以增強幸福感。此外，催產素也在高潮時大量釋放，這種荷爾蒙被稱為「愛情激素」，它有助於增強親密感和情感連接。

除了帶來愉悅感，高潮還具有多種健康益處。研究表明，高潮可以緩解頭痛和其他類型的疼痛，改善心臟健康，減輕月經痙攣，增強自信心，促進睡眠，並幫助緩解壓力。

高潮的體驗因人而異，甚至同一個人每次的高潮感覺也可能不同。女性的高潮可以通過陰蒂刺激、陰道刺激或兩者結合來實現，而男性的高潮通常伴隨著射精。

9.3 妊娠：從受精到分娩的生命歷程

想像一下，一個小小的細胞，經過一系列奇妙的變化，最終變成一個人類生命，這個過程簡直讓人嘆為觀止。

而這一切都始於男性的射精。在這個過程中，幾千萬到幾億個精子被射入女性的陰道。精子們開始了一段冒險之旅，它們需要遊過陰道，進入子宮，然後穿過子宮頸，最終到達輸卵管。

與此同時，位於女性子宮旁的卵巢正在準備一個成熟的卵泡。每個月，女性的一個卵巢會釋放一個卵子，這個過程稱為排卵。排出的卵子進入輸卵管，等待精子的到來。卵子的壽命大約只有一天，而精子的壽命是 2 到 3 天。

當精子和卵子在輸卵管相遇時，競爭變得異常激烈。雖然有成千上萬的精子開始這段旅程，但只有幾十到幾百個精子能夠到達輸卵管。而在這些幸運兒中，只有一個精子能夠穿透卵子的外殼，與之結合，形成受精卵。

隨後，受精卵會開始進行快速的細胞分裂，同時向子宮移動。大約五到七天後，受精卵到達子宮，並嵌入子宮內膜，這個過程稱為著床。著床標誌著懷孕的開始，自此，受精卵正式成為一個胚胎。

懷孕初期，胚胎在羊水中發育，初期的胚胎看起來像有鰓的魚。這是因為在發育的早期，人類胚胎會經歷一些和其他脊椎動物相似的階段。然而，隨著時間的推移，胚胎會逐漸發育出頭部、內臟和四肢。

大約懷孕 20 週時，胚胎的大部分內臟已經發育完成，看起來已經像一個小嬰兒了。此時，胎兒已經可以做出一些簡單的動作，比如吸吮拇指、打嗝和翻身。

懷孕 40 週左右，胎兒已經發育成熟，準備出生。在這段時間內，胎兒的肺部、心臟和其他器官都在做最後的準備，以適應出生後的生活。同時，胎兒會移動到一個有利於分娩的位置，通常是頭朝下。

當寶寶準備好來到這個世界時，女性的身體會啟動一系列複雜的過程來開始分娩。子宮會開始收縮，幫助寶寶通過產道，最終出生。這個過程可能持續數小時甚至更長時間。

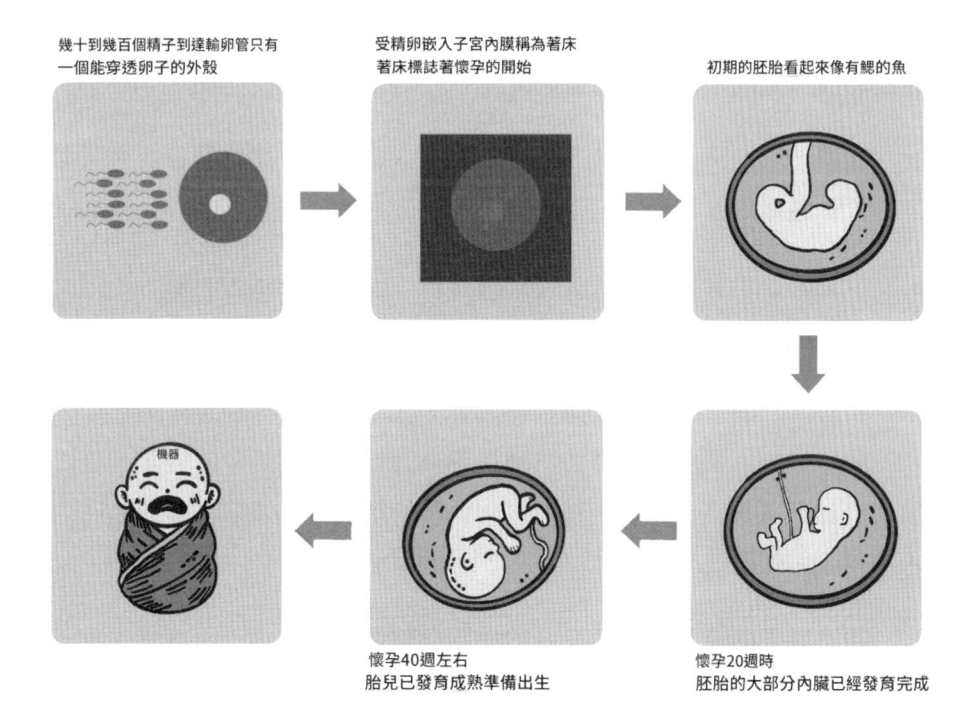

9.4 試管嬰兒：從試管裡誕生的寶寶

自然妊娠固然好，但對於一些孕育困難的女性來說，想要懷孕都是個難題，在這樣的情況下，輔助生殖技術誕生了，試管嬰兒就是一種最典型的輔助生殖技術，它能幫助生育困難的夫婦實現懷孕。

簡單來說，試管嬰兒技術就是將卵子和精子在實驗室中結合成胚胎，然後再將胚胎植入女性的子宮內。當然，這其中的每一步都需要精密的操作和科學的指導。

首先，為了增加成功率，女性需要通過藥物刺激卵巢，使其一次產生多個卵子。這個過程大約需要 10 到 14 天。在此期間，醫生會透過超音波和血液測試監控卵子的發育情況。

當卵子成熟時，醫生會透過微創手術取出卵子。這通常在全身麻醉下進行，透過超音波引導，將細針插入卵巢，吸取卵子。

取出的卵子會與精子在實驗室中結合。傳統的方法是將精子和卵子放在一起，等待它們自然受精。如果精子的數量或品質不足，可以使用單精子注射（ICSI），直接將單個精子注入卵子中。

受精後的卵子會在特殊的培養基中培養幾天，直到形成胚胎。現代技術允許通過顯微鏡和電腦監控胚胎的發育情況，以選擇最健康的胚胎進行植入。

經過幾天的培養，發育良好的胚胎會被移植到女性的子宮內。這一步驟通常不需要麻醉，通過一根細小的導管將胚胎注入子宮。移植後，女性需要休息，並在兩週後進行妊娠測試。

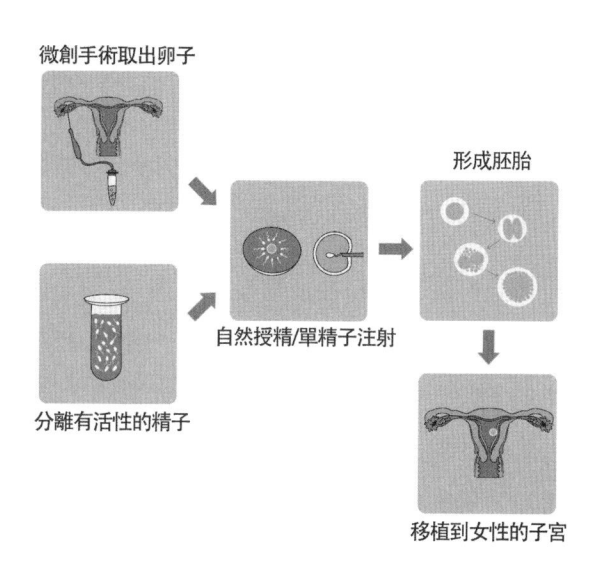

Chapter **09** 生殖系統：生命是如何延續的？

試管嬰兒技術自 1978 年首例成功以來，已經幫助數百萬家庭實現了生育夢想。首例試管嬰兒路易士·布朗的誕生標誌著生殖醫學的一個重大突破。今天，隨著科技的進步，試管嬰兒的成功率還在不斷提高。

9.5 女性天生就有生殖細胞？

女性和男性在生殖細胞的生成上有著顯著的不同，這些差異從出生開始就註定了。

女性在出生時，卵巢中已經有了所有的未成熟卵子。這些卵子在出生後就進入一種休眠狀態，直到青春期的到來。在青春期到來時，女性的體內會開始分泌性激素，這些激素會刺激卵巢中的卵子逐漸成熟。

每個月，通常會有一個卵子在卵巢中成熟並排出，這個過程叫做排卵。排出的卵子會進入輸卵管，等待與精子結合。如果沒有受精，卵子會在大約 24 小時內死亡，並通過月經排出體外。這就是所謂的月經週期。

與女性不同，男性在出生時並沒有精子。男性的精子生成過程始於青春期，這時候體內的睪丸開始產生精子──這個過程被稱為精子生成，通常需要大約 64 天。與女性一次只排出一個卵子不同，男性一次能夠生成數以百萬計的精子。青春期後，男性的精子生成是一個持續的過程。每次射精時，男性會釋放數百萬個精子。這些精子在女性體內尋找卵子，並嘗試與之結合，形成受精卵。

女性出生時，卵巢中已經有了未成熟卵子　　男性的精子生成過程始於青春期

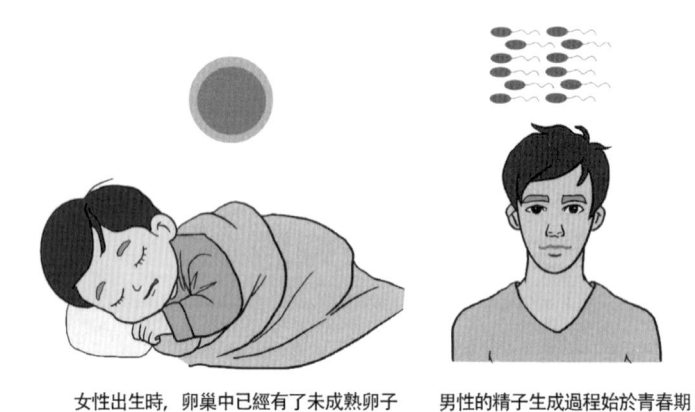

女性一生會排出多少卵子？

從胎兒時期開始，卵子就已經存在於女性體內了，不過此時還不叫「卵子」，而叫「始基卵泡」。每位女性在出生時，卵巢內就有大約 100~200 萬個始基卵泡。

随着年龄的增长，始基卵泡会越来越少，等到青春期时，就只有 30 萬左右的始基卵泡了；此後，一路走來，一路衰減，真正可以走到成熟卵泡、排卵並具備生育功能的只有 400~500 個卵泡，僅占始基卵泡的 0.1%

雖然女性一出生就自帶百萬卵子，然而實際上，女生一生中排卵數量都是固定的——女性一生中大約只有 400~500 個卵子會發育成熟，並最終成功排出。當卵子供應耗盡時，卵巢將停止產生雌激素，女性將經歷更年期。

卵子是人體最大的細胞

「卵子」又稱卵細胞、卵母細胞，它不僅是女性的生殖細胞，也是人體最大的細胞。卵子的直徑約 0.1 毫米。大約和一根頭髮一樣寬，肉眼也能看得到。雖然這個數字看起來很小，但在細胞的世界裡，它已經是一個「大塊頭」。

卵子的內部充滿了豐富的細胞質。你可以把它想像成一個營養豐富的倉庫，裡面儲存了大量的蛋白質、脂肪和其他營養物質。這些都是未來受精後胚胎早期發育所需的重要資源。就像一個種子內含有胚芽和營養物質，確保它能在適當的條件下生根發芽，卵子的細胞質也是為了給新生命的開始提供足夠的「糧食」。

卵子的外部有一層透明帶。這層薄薄的保護膜看似不起眼，但它在受精過程中發揮了重要作用。它能識別並選擇合適的精子，確保只有同種生物的精子能進入。它還充當了「保鏢」，在第一個精子進入卵子後，透明帶會發生變化，防止其他精子再進入。這樣，就避免了多精受精的情況，從而確保受精過程的順利和胚胎的正常發育。

表層顆粒

細胞質

細胞核

透明帶

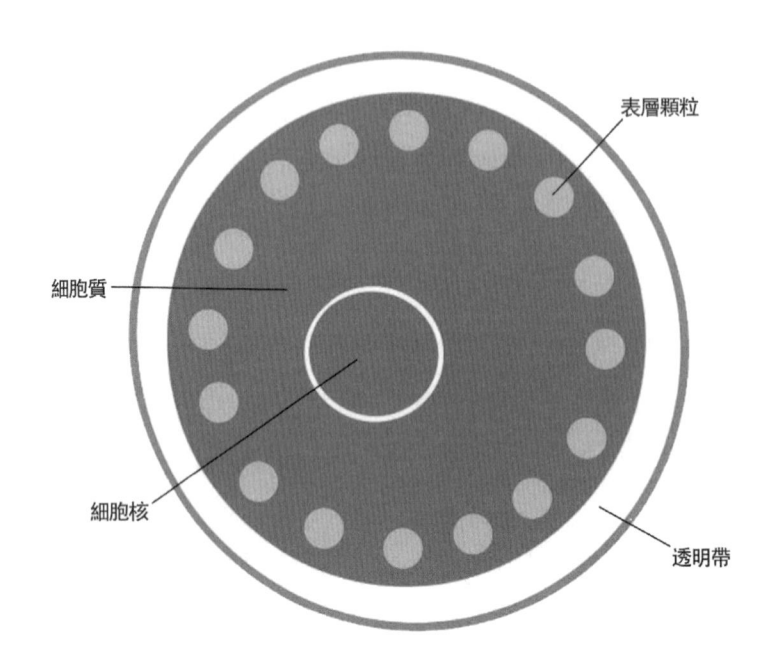

▨ 卵泡是卵子的「溫床」

卵泡是包圍卵子的結構，就像一個保護殼，裡面充滿了液體和支持細胞，確保卵子的健康發育。卵泡不僅保護卵子，還為它提供必要的營養和激素支援，使其能夠順利成熟並排出卵巢。

卵泡的發育會經歷四個階段，分別是原始卵泡、竇前卵泡、竇卵泡以及排卵前卵泡。

原始卵泡是卵泡發育的初始階段。這些卵泡在胎兒期就已經形成，處於休眠狀態，直到女性進入青春期。每個原始卵泡包含一個初級卵母細胞，外面被一層扁平的顆粒細胞包圍。這些顆粒細胞為卵母細胞提供基礎的保護和營養。

Chapter 09 生殖系統：生命是如何延續的？

竇前卵泡 處於初級卵泡與次級卵泡分化階段，當初級卵母細胞充分生長後，其卵泡周圍圍繞透明帶與多層顆粒細胞層，然後形成次級卵泡。

隨著卵泡繼續發育，內部開始出現一個充滿液體的腔，稱為卵泡腔（antrum）。竇卵泡階段的特點就是這個液體腔的形成和增大。卵泡腔內的液體含有多種營養物質，為卵子提供了一個理想的發育環境。

最終，竇卵泡發育成排卵前卵泡，也稱為格拉夫卵泡。此時，卵泡已經達到最大尺寸，卵泡腔顯著增大，卵子被推向卵泡的一側，周圍包圍著一層透明帶和幾層顆粒細胞組成的卵丘細胞。格拉夫卵泡準備破裂，將成熟的卵子釋放出來，這個過程就是排卵。

卵泡的發育是一個複雜而精密的過程，需要多種細胞和激素的協同作用。每個階段的變化都為最終的排卵做好了充分的準備，確保卵子在適當的時間和環境下能夠順利排出卵巢，迎接精子的到來。

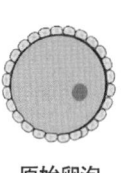

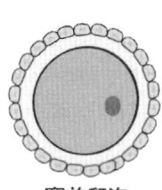

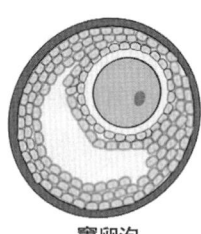

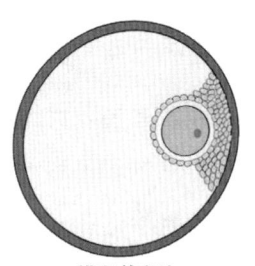

原始卵泡　　竇前卵泡　　竇卵泡　　排卵前卵泡

9.6 女生為什麼有月經？

月經是女性生殖系統的重要組成部分，是一種每月發生的正常生理現象。它通常從青春期開始，一直持續到更年期。每個週期平均約 28 天，但也可以在 21 到 35 天之間。月經的主要作用是準備子宮內膜，為可能的妊娠提供適合的環境。

子宮內膜是子宮內壁的一層特殊組織。它像一張「床單」鋪在子宮內部，主要由兩層組成：功能層和基底層。功能層在月經週期中會發生顯著變化，而基底層則保持相對穩定，為功能層提供支撐和再生的基礎。

子宮內膜的主要功能是為受精卵提供一個適合的著床和生長環境。每個月，在激素的作用下，子宮內膜會變厚，充滿血管和腺體，為潛在的胚胎準備一個營養豐富的「床」。如果受精發生，受精卵會植入子宮內膜，開始發育成為胚胎和胎兒。如果沒有受精卵，子宮內膜就會脫落，形成月經。

也就是說，月經其實是子宮內膜的「自我清潔」過程，每月一次，把未受精的卵子和增厚的子宮內膜排出體外。月經流血則是子宮內膜脫落並通過陰道排出的結果，這個過程通常持續 3 到 7 天。

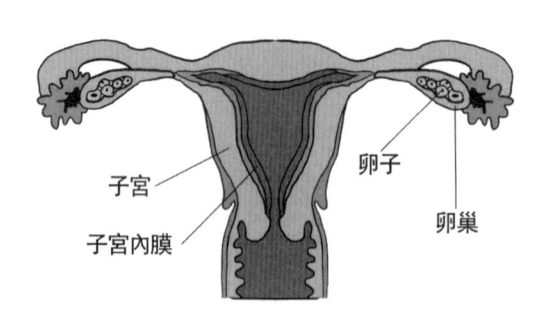

月經的四個週期

月經週期分為四個階段：月經期、卵泡期、排卵期和黃體期。

月經期是月經週期的開始，這一期間，子宮內膜開始脫落，形成月經出血。這個階段通常持續 3 到 7 天。子宮內膜就像一層柔軟的床單，每個月都會更新一次，把舊的床單換成新的。這時候，女性會經歷出血，這是子宮內膜和未受精的卵子一起被排出體外。

月經結束後，身體進入卵泡期。卵巢開始準備釋放一個新的卵子。卵泡在卵巢內發育，並分泌雌激素，這種激素會刺激子宮內膜增厚，為未來可能的受精卵提供一個舒適的「家」。卵泡期就像是準備新床單的階段，把床鋪得又厚又舒服。

排卵期在月經週期的中間，通常是第 14 天左右，卵巢會釋放一個成熟的卵子，這個過程稱為排卵。卵子通過輸卵管進入子宮。如果在這個時候遇到精子，可能會發生受精。排卵就像是一個卵子「出門旅行」的過程，卵子離開卵巢，開始它的「冒險之旅」。

排卵後，剩下的卵泡變成黃體，分泌孕激素，這種激素會進一步增加子宮內膜的厚度和血流量。如果卵子沒有受精，黃體會逐漸退化，激素水準下降，子宮內膜開始脫落，進入下一個月經期。這就像是「旅行結束」，黃體完成了它的任務，身體開始準備下一次的迴圈。

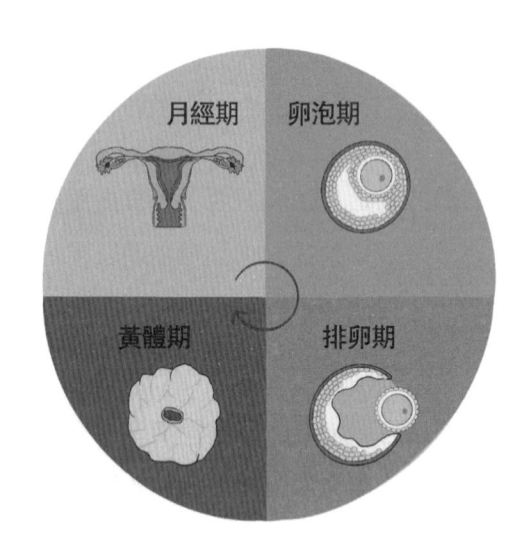

▨ 不受控制的經前症候群

經前症候群（PMS）是指女性在月經前的一段時間內，出現的一系列身體和情緒上的症狀。

早在 20 世紀 30 年代，美國醫生弗蘭克（Frank R.）就發現一些女性在月經前 7～10 天內會出現不安、易怒等一系列痛苦情緒和不適症狀，月經開始後這種不適就會緩解，他把這種情況稱為「經前期緊張（premenstrual tension）」。而到了 50 年代「經前期緊張」被認為無法全面恰當地概括這一症候群，由此，「經前症候群」這一概念被正式提出。

1994 年的一份研究顯示，如果把出現過任何一種形式經前期情緒或身體症狀的女性都算上，那麼經前症候群出現的比例估計高達 80%。現實中，大多數女性的確在生理週期的黃體期——即排卵後到月經來臨前的這段時間——都會經歷或輕或重，多於一種的經前症狀。

目前的研究發現，經前症候群的發生和激素的週期性波動密切相關。

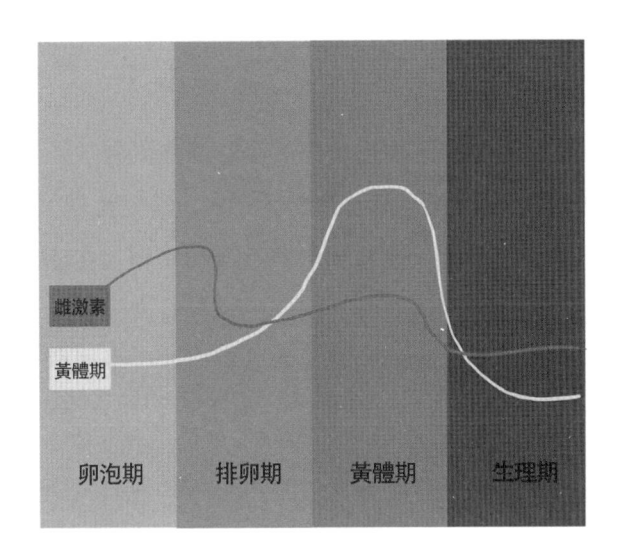

[圖：雌激素、黃體期曲線圖，橫軸為卵泡期、排卵期、黃體期、生理期]

可以看到，和男性不同的是，性成熟後的女性體內的激素是週期性變化的，而且這個波動是巨大的，在月經來前 3～7 天的黃體期類固醇激素會出現驟降。這些激素的波動會影響大腦中的化學物質，如血清素，導致情緒和行為的改變。

其中影響較大的與經前症候群表現最相關的就是神經傳遞質 5-羥色胺，掌管著人類情緒波動的重要物質。對於這類激素敏感的女性，每個月的身體裡都在做雲霄飛車，波動-適應-再波動-再適應。而反應到外在表現上，就出現了各種情緒和生理上的不適，比如，月經來前 2 天突然的失眠、低落，而到了月經來了之後，就會自行緩解。

9.7 月經是如何形成的？

月經的形成是一個複雜而神奇的過程，由體內多種激素共同調節和回饋機制控制。

首先，位於大腦中的下視丘會釋放促性腺激素釋放激素（GnRH），這個激素會刺激垂體分泌促卵泡激素（FSH）和促黃體生成素（LH）。這些激素分別作用於卵巢，促進卵泡的發育和排卵。在卵泡期，FSH會促進卵巢中的卵泡發育，這些卵泡開始分泌雌激素。雌激素的增加使子宮內膜增厚，變得富有血管和腺體，為未來可能的受精卵提供一個舒適的環境。

排卵後，剩下的卵泡變成黃體，開始分泌孕激素。孕激素的作用是維持子宮內膜的穩定，確保其厚度和血流量。如果卵子受精並植入子宮內膜，黃體會持續分泌激素，支持妊娠的早期階段。如果沒有受精卵，黃體會退化，激素水準迅速下降，子宮內膜的上層開始脫落，形成月經。

可以説，是下視丘、垂體和卵巢之間的協調作用，才形成了月經週期的基礎。而月經不僅僅是女性生殖系統的一部分，也反映了體內激素的平衡和整體健康狀況。規律的月經週期表明身體健康，而月經不調可能預示一些健康問題，如多囊卵巢症候群（PCOS）或甲狀腺疾病。

Chapter 09 生殖系統：生命是如何延續的？

下視丘釋放促性腺激素釋放激素
刺激腦下垂體分泌促卵泡激素和促黃體生成素

促進卵泡發育

卵泡分泌雌激素,使子宮內膜增厚

排卵後剩下的卵泡變成黃體

黃體分泌黃體素,維持子宮內膜的穩定

如果沒有受精卵，黃體會退化，荷爾蒙水平迅速下降，子宮內膜的上層開始脫落，形成月經。

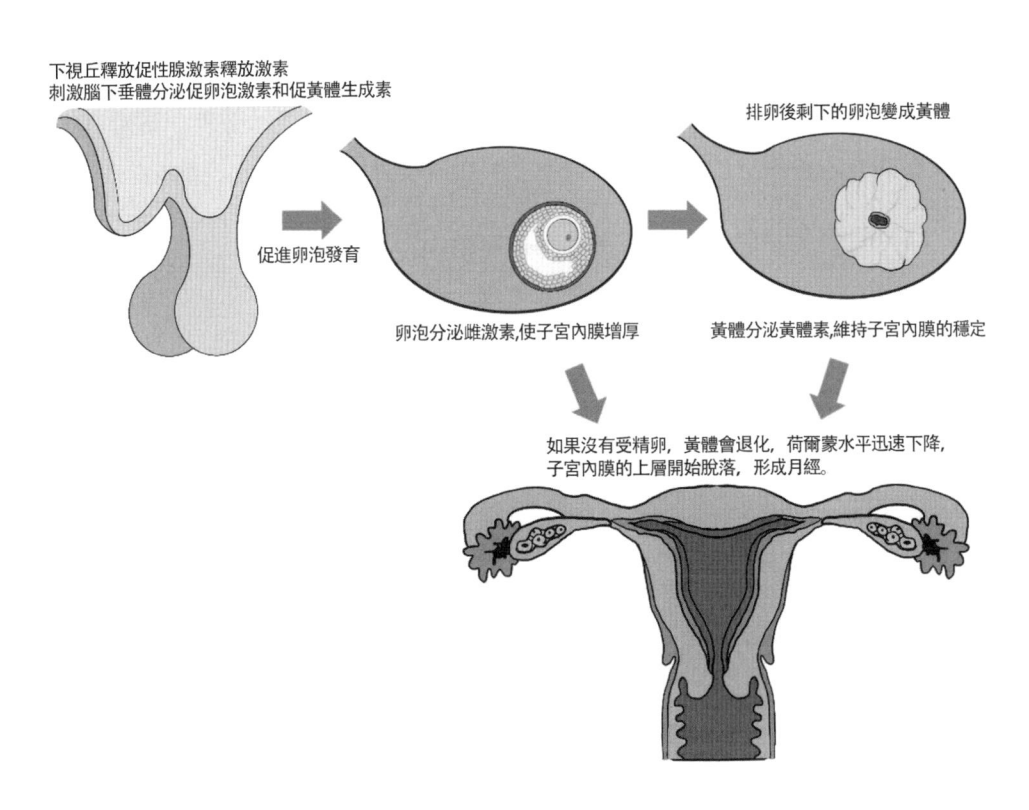

痛經是怎麼回事？

許多女性在月經期間身體就會出現各種不適症狀，最典型的一種不適就是痛經。輕則頭痛及下腹隱痛，尚可忍受，重則腹痛難耐、臉色慘白、全身冒汗，還會噁心、嘔吐、腹瀉等，症狀可謂由輕到重俱全。

痛經根據病因不同可分為原發性痛經和繼發性痛經。

原發性痛經是指生殖系統沒有器質性病變的痛經。臨床上 90% 的痛經都是原發性痛經，其發生與月經週期有關。

具體來看，在月經期間，子宮內膜產生的一種叫做前列腺素的化學物質。前列腺素使子宮收縮，以幫助脫落的子宮內膜排出體外。這些收縮有時會壓迫附近的血管，減少子宮的血液供應，從而引起疼痛。

當月經開始時，前列腺素水準會急劇上升，這解釋了為什麼許多女性在月經開始的第一天會感到劇烈疼痛。隨著月經的進行，前列腺素水準下降，疼痛通常會緩解。原發性痛經通常在青春期開始後的一兩年內出現，隨著年齡的增長和生育，症狀可能會減輕。

繼發性痛經是指因為生殖系統器質性病變而引發的痛經。如繼發於子宮內膜異位症、子宮腺肌症、子宮肌瘤、盆腔炎等。繼發性痛經常常在月經初潮後數年才會出現。所以有的人一開始沒有痛經，後來出現痛經多半是這種繼發性痛經。

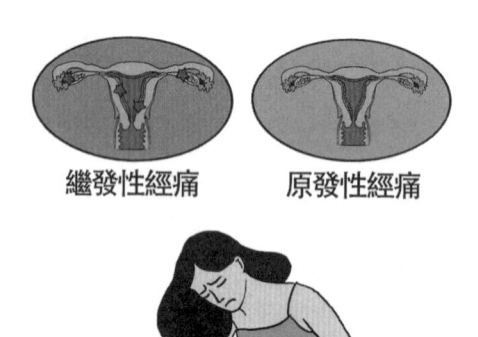

繼發性經痛　　原發性經痛

9.8 為什麼會有更年期？

在許多人的認知裡，「更年期」是一個極具貶低和嘲諷的指代詞，更年期，讓人討厭。如果形容一位女性「更年期」，似乎就是指責她歇斯底里、胡攪蠻纏、陰晴不定、脾氣暴躁，愛嘮叨、愛吵架、蠻橫無理等等。

但其實，本質上，更年期是女性生殖生命週期中的一個自然階段。

更年期通常分為三個階段，分別是圍絕經期、絕經期和絕經後期。

圍絕經期是更年期的過渡階段，通常是從月經開始改變，比如月經不再準時、或者頻繁出現，到最後一次月經造訪的 12 個月之後，這個階段平均持續約四年，女性面臨著雌激素的減少、直到停止產生。而在此期間，會有各種因為激素的突然變化，而產生的各種身體不適。女性被迫認識和適應著各種身體激素的極速變化，努力接受從生育期到中老年期，在體驗生理上的絕對界限。

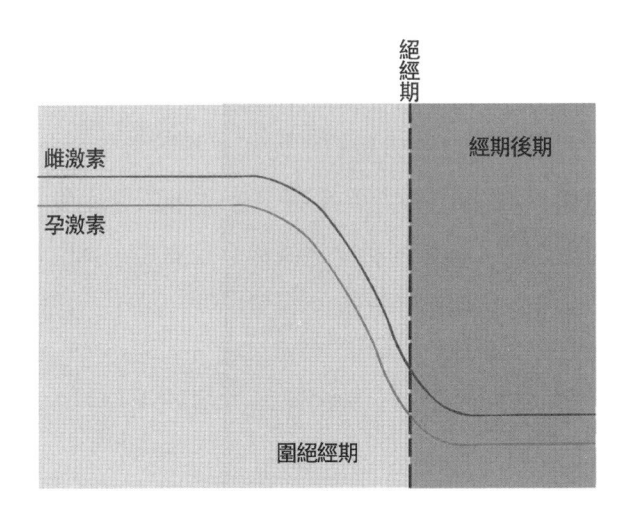

比如，所謂的更年期陰晴不定、愛發火，常常是因為這一時期的女性突然來潮的潮熱，就像身體內部突然引爆了火爐，幾分鐘之內脖頸處都會有一層薄汗，且無法控制來訪時間，這是由下視丘水準的體溫調節功能障礙介導的，並由「雌激素撤退」所誘發，引起精神情緒障礙。

一些女性在圍絕經期會出現難以入睡，這是更年期失眠；還有一些圍絕經期女性好像有點高興不起來，這可能是因為更年期卵巢雌激素分泌逐漸減少及垂體促性腺激素增多，造成神經內分泌一時性失調，下視丘—垂體—卵巢軸回饋系統失調和自主神經系統功能紊亂，所以才容易產生抑鬱、焦慮症。

絕經期是指女性最後一次月經，通常是在圍絕經期結束後的一年內確定。

絕經後期是從最後一次月經後的第二年開始，持續到女性的餘生。此階段雌激素水準穩定在低水準，身體逐漸適應這些變化，但也可能出現長期的健康問題如骨質疏鬆和心血管疾病。

可以說，更年期是女性走向了新的生命週期，在應對著身體發出的挑戰。當然，更年期的症狀不是必須要忍受的身體痛苦，既然是激素的變化，就可以用激素的方法去應對，比如絕經激素治療（MHT）、激素替代療法（HRT）。因此，儘管更年期帶來了諸多生理和心理變化，但透過健康的生活方式、適當的藥物治療和心理支援，女性可以更好地度過這一階段，保持身體和心理健康。

男性有更年期嗎？

在討論更年期時，通常我們想到的是女性的生理變化。然而，男性也有類似的經歷，這被稱為「男性更年期」或「雄激素部分缺乏症」。雖然這種情況不像女性更年期那樣明顯，但確實存在並對男性的健康和生活品質產生影響。

男性更年期是指男性隨著年齡增長，體內雄激素（主要是睪固酮）水準逐漸下降，導致一系列生理和心理變化的過程。這個過程通常發生在 40 歲以後，雖然每個人的情況有所不同。與女性更年期不同，男性更年期的發展是漸進的，症狀也不如女性那樣明顯和劇烈。

男性更年期的症狀多種多樣，包括性功能障礙、情緒變化、體力和肌肉品質下降、體重增加、骨質疏鬆和睡眠問題等等，這是因為睪固酮水準的下降會影響多個系統，包括生殖、肌肉、骨骼和心理健康。

9.9 精子是如何誕生的？

精子的產生是一個複雜而精妙的過程，這個過程發生在男性的睪丸內，稱為精子發生。

具體來看，精子的產生從精原細胞開始，這些細胞位於精小管的基底層。精原細胞通過有絲分裂生成更多的精原細胞，以確保有足夠的細胞進入下一階段。

精原細胞進一步分化為初級精母細胞，這些細胞將進入減數分裂階段。減數分裂的目的是將染色體數目減半，從 46 條減少到 23 條，從而確保受精時來自父母雙方的染色體數目是正確的。初級精母細胞經過第一次減數分裂生成兩個次級精母細胞，每個次級精母細胞繼續進行第二次減數分裂，最終生成四個精細胞。

四個精細胞會經過形態上的變化，形成具有典型精子形態的精子細胞。這個過程中，細胞會伸展出尾巴，形成精子的鞭毛，頭部變得緊湊，含有濃縮的遺傳物質。中段充滿粒線體，為精子的運動提供能量。從精原細胞到最後的精子細胞，這個過程大約需要 64 天時間。

精子形成後，會被輸送到附睪，這是一個位於睪丸上的小管道。在附睪中，精子進一步成熟，獲得活動能力和受精能力。這個過程需要 2~3 週左右。成熟的精子在附睪中儲存，直到射精時被釋放。

從孕育到射出體外，大約需要 90 天左右的時間。這也是為什麼男性的備孕時間，要從三個月前就開始的原因。

另外，精子發生受多種激素的調控。主要激素包括促黃體生成素（LH）和促卵泡激素（FSH）。LH 刺激睪丸間質細胞分泌睪固酮，而睪固酮是維持和促進精子生成的關鍵激素。FSH 則直接作用於精小管，促進精子的發育和成熟。

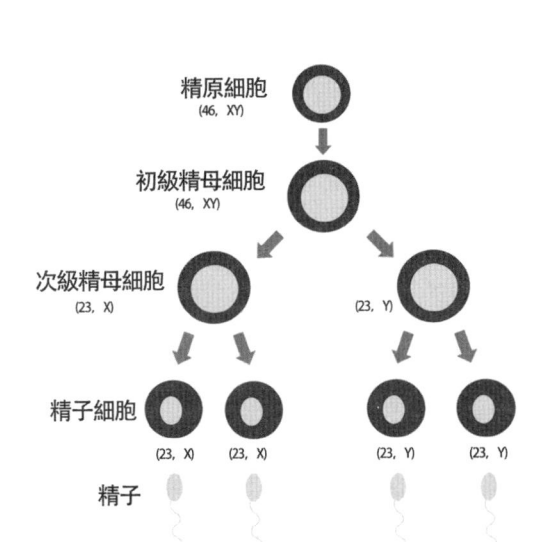

```
         精原細胞
         (46, XY)
           │
         初級精母細胞
         (46, XY)
         ↙    ↘
    次級精母細胞    （23, Y）
      (23, X)
     ↙    ↘      ↙    ↘
 精子細胞
   (23, X) (23, X)  (23, Y) (23, Y)
 精子
```

精子像小蝌蚪，真的是巧合嗎？

精子的結構非常獨特，可以分為三部分：頭部、中段和尾部。

精子的頭部是最重要的部分，因為它包含了父親的遺傳物質。頭部的核心是細胞核，裡面裝滿了 DNA。頭部的前端有一個叫做頂體的結構，頂體裡含有酶，可以幫助精子穿透卵子的外層，進入卵子內部。

中段連接頭部和尾部，含有大量的粒線體。粒線體是細胞的「發電站」，為精子的運動提供能量。中段是精子能夠游動並最終到達卵子的關鍵部位。

尾部是精子的運動器官，由鞭毛構成。鞭毛像一個強有力的馬達，通過波動的運動推動精子前進。尾部的運動方式類似於鞭子的揮動，這種波動使精子能夠在女性生殖道內游動。

很多人都聽過這樣的一個比喻，那就是精子像小蝌蚪，精子的頭部像小蝌蚪的頭部，而尾部則像小蝌蚪的尾巴。其實，這種相似性不僅僅是視覺上的巧合，而是因為兩者都需要在液體環境中游動。小蝌蚪在水中游動，而精子在女性的生殖道中游動。它們都依靠尾部的鞭毛來推動自己前進。

精子的尾部鞭毛會通過波動運動產生前進的動力。這種波動運動類似於鞭子的揮動，能夠推動精子向前游動。精子的中段含有大量的粒線體，為鞭毛提供能量，使其能夠持續擺動。精子在運動過程中，還會受到女性生殖道中的液體環境影響，因此它們需要有足夠的能量和靈活性，才能成功地到達卵子並完成受精。

通過這種獨特的結構，精子才能夠在女性生殖道內游動，找到並進入卵子，完成受精的使命。這種巧妙的設計也展示了生物進化中的智慧和複雜性。

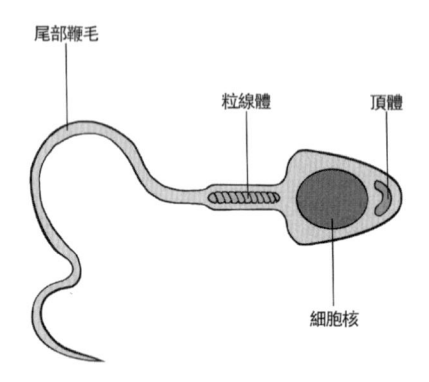

男性有多少精子？

與女性的固定卵子數量不同，男性的精子生產是一個持續的過程，成年男性每天會持續產生數百萬個精子——這是因為睪丸內的精原細胞會不斷分裂，形成新的精子細胞，以確保有足夠的精子供給。

而一次射精的精液量通常在 1.5 到 5 毫升之間，每毫升精液中含有 1500 萬到 2 億個精子。因此，一次射精大約能射出數億個精子。不過，這個數量雖然龐大，但其中只有一個精子最終能夠成功受精。

全球男性精子品質暴跌？

精液的量和精子的品質是衡量男性生育能力的重要指標。

正常男性每次射出的精液量為 2 到 6 毫升。過多或過少的精液量都可能意謂著精子的品質存在問題。

精子的存活率、活力和形態是衡量精子品質的重要標準。精子必須具備良好的活力才能抵達卵子所在處，至少 40% 的精子需要具有足夠的活力。正常形態的精子應像蝌蚪，畸形率越低，生育的可能性越高。

然而，近年來，精液品質的不合格率逐年上升。2017 年 Hagai Levine 等的研究納入了美洲中南部、亞洲和非洲的男性精子參數，包括來自 53 個國家的最新資料，研究發現，在過去 40 年裡，歐洲、北美和澳大利亞的男性精子濃度下降了一半以上。自 1972 年以來，男性精子濃度每年下降約 1%；從 2000 年開始，每年的下降幅度平均超過 2.6%。更糟糕的是，這種全球男性精子品質下降的趨勢是加速的。

精子品質的暴跌,並非單一因素的結果,而是個人以及環境多因素作用的結果。

就個人而言,排除了疾病、基因缺陷等因素,精子品質的變化受生活習慣、年齡、季節、禁慾時間等的影響。從生活方式來看,比如,吸菸者的精子密度、活率、活力和正常形態率有一定程度的降低,大量或長期吸菸者更為明顯。

再比如,肥胖或超重和精液品質低下之間也存在聯繫——而過去數十年間肥胖率飛速上揚。肥胖會導致精子密度、活動率降低,增加勃起功能障礙的風險。

此外,精子對陰囊溫度極為敏感,經常泡溫泉或三溫暖,會顯著降低精子數量。久坐不動、內褲過緊等,也會減少精子的生產。因此,男性若要保證精子品質就要維持一個健康的生活方式。

從環境來看,環境雌激素作為進入人體後具有模擬雌激素作用的環境毒素,也會對精子品質產生不良影響,比如多氯聯苯類、農用化學品類、雙酚類、酞酸酯類、金屬化合類、類固醇類、氟利昂、苯酮等,就會影響男性精子品質。

另外,今天,人們吃的大部分食物都是塑膠包裝,日常用品也多用塑膠製作,這些物質中往往含有內分泌干擾物質,也可能影響生殖健康。

此外，汽車尾氣中含有大量有害物質，如二氧化硫等。人體長時間接觸這些物質，會發生積累性損害，不但影響生殖健康，還可能增加腫瘤等疾病的發生率。更重要的是，汽車尾氣中含有的戴奧辛是極強的環境內分泌干擾物質，它可使男性的睪丸形態發生改變、精子數量減少、生精能力降低。

可以看見，男性精子品質下降既是一個臨床醫學問題，也是一個生殖健康教育問題，更是一個食品安全和環境保護問題，這是現代與現代生活的問題。儘管有很多原因導致精子品質下降，但運動、低脂飲食、限煙限酒、規律作息等均可提高精子品質的行動人們依然力所能及。

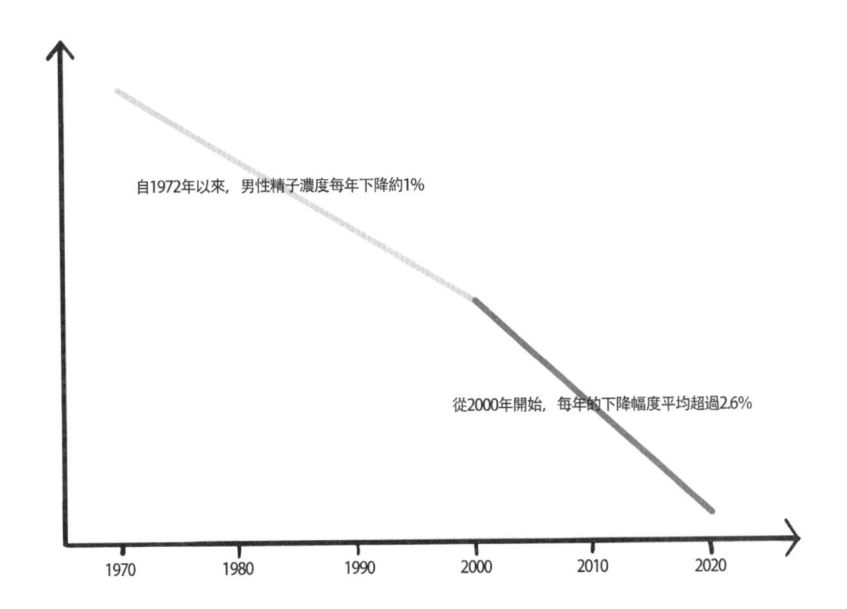

自1972年以來，男性精子濃度每年下降約1%

從2000年開始，每年的下降幅度平均超過2.6%

1970　1980　1990　2000　2010　2020

精子的壽命有多長？

精子並不擅長在這個世界存活，它的壽命會因為各種因素而減少。

一般來說，精子由睪丸產生之後，在附睪中能存活 30 天左右。但如果精子暴露在空氣中，幾分鐘內就會死亡，高溫下甚至只需要幾秒鐘。當然，這種「暴露」是指精子脫離了精漿單獨存在，而這種情況一般不會出現。

要知道，精液由精子和精漿組成，其中精漿占 95% 以上。精漿成分非常複雜，有的給精子提供能量（如果糖），有的能調節精子功能（如前列腺素），有的能維持精子膜的通透性和穩定性（如鋅離子）等等。

排出體外的精子，由於有精漿的保護，在室溫下一小時後仍能存活 60%；如果置於 37℃ 中可存活 4-8 小時；而進入女性生殖道的精子，在陰道可存活 3 天左右，在宮頸和宮腔內可存活 2-8 天。

另外，精子不耐熱，對高溫敏感，而低溫可以延長精子的存活時間。早在上個世紀，就有學者發現，低溫冷凍的精子，復甦後仍有活力，現在，隨著各種冷凍保護劑的研發，現在的冷凍技術已十分成熟。

精子冷凍是精子庫的主要工作之一。精子庫根據精子濃度，按一定比例添加冷凍保護劑後，置於 -196℃ 的液氮中冷凍。冷凍後復甦的精子，活力一般會下降 10%-30%，即便如此，冷凍後的精子仍然有相當可觀的活力。

另外，已有研究表明，在精子濃度、活力等方面，冷凍一年與冷凍十年幾乎無差異，理論上說，在精子庫液氮罐中冷凍保存的精子是可以永久存活的。

9.10 荷爾蒙是如何影響生殖系統的？

「荷爾蒙」這個詞，在日常生活中我們經常聽到。那麼，荷爾蒙到底是什麼？

其實，荷爾蒙就是激素的音譯，而激素則是人體的內分泌腺體或細胞分泌的一類重要物質。它們雖然含量微少，卻發揮著不可或缺的作用，影響個子高矮、血糖高低、吃多吃少、身材胖瘦、情緒好壞，以及生殖繁衍。

荷爾蒙對生殖系統的調節至關重要。在男性和女性中，生殖系統的發育、功能和調控都依賴於特定的荷爾蒙信號。

男性生殖系統中的荷爾蒙

在男性中，主要的生殖激素包括促性腺激素釋放激素（GnRH）、促卵泡激素（FSH）和促黃體生成素（LH）。這些激素由下視丘和垂體分泌，並調節睪丸的功能。

促性腺激素釋放激素由下視丘分泌，主要作用是刺激垂體前葉釋促卵泡激素和促黃體生成素。其中，促性腺激素釋放激素通過與垂體前葉的受體結合，促進促卵泡激素和促黃體生成素的合成和釋放。這種作用是脈衝式的，即促性腺激素釋放激素會以間歇性的方式釋放，從而維持垂體前葉對促卵泡激素和促黃體生成素的持續分泌。

促卵泡激素主要作用於睪丸中的精細管，促進精子的生成和成熟。促卵泡激素刺激精原細胞分裂和發育，支持精子發生的全過程。它還促進睪丸中的支持細胞（如塞爾托利細胞）分泌各種營養物質和激素，支持精子成熟。

促黃體生成素主要作用於睪丸間質細胞（萊迪希細胞），刺激其分泌睪固酮。促黃體生成素會通過與萊迪希細胞表面的受體結合，啟動細胞內的信號傳導通路，促進睪固酮的合成和分泌。

睪固酮是男性的主要性激素，負責促進精子的生產和第二性徵的發育，如體毛、肌肉和聲帶的變化。睪固酮通過與靶細胞內的受體結合，調節基因表達，促進蛋白質合成和細胞生長。

女性生殖系統中的荷爾蒙

在女性中，主要的生殖激素包括促卵泡激素、促黃體生成素、雌激素和孕激素等。這些激素由卵巢、垂體和下視丘分泌，調節卵巢和子宮的功能。

與男性類似，女性體內的促性腺激素釋放激素也由下視丘分泌，主要作用是刺激垂體前葉釋放促卵泡激素和促黃體生成素。同時，促性腺激素釋放激素的釋放也是脈衝式的，這種週期性的釋放模式對於維持月經週期的正常運行至關重要。

促卵泡激素會刺激卵巢中的初級卵泡發育，推動其成熟為次級卵泡和三級卵泡。它還促進卵泡細胞分泌雌激素，這種激素在月經週期的調節中起關鍵作用。

在女性體內，促黃體生成素峰值會觸發成熟卵泡的破裂，釋放出成熟卵子（排卵）。排卵後，卵泡轉變為黃體，分泌孕激素和少量雌激素，這些激素調節子宮內膜，為潛在的胚胎植入做好準備。

雌激素主要由卵巢分泌，負責調節月經週期，促進子宮內膜增厚，為受精卵的植入做準備。

孕激素由黃體分泌，會通過抑制子宮內膜細胞的過度增殖，促進其分泌轉化，增加營養物質和血管密度，為受精卵的植入和早期胚胎發育提供支援。

不管是男性還是女性，荷爾蒙在生殖系統中的作用豆至關重要，它們通過精確的信號傳遞和回饋調節，確保生殖功能的正常運行。男性和女性的生殖系統雖然存在差異，但都依賴於這些複雜的荷爾蒙機制來維持生育能力和生殖健康。

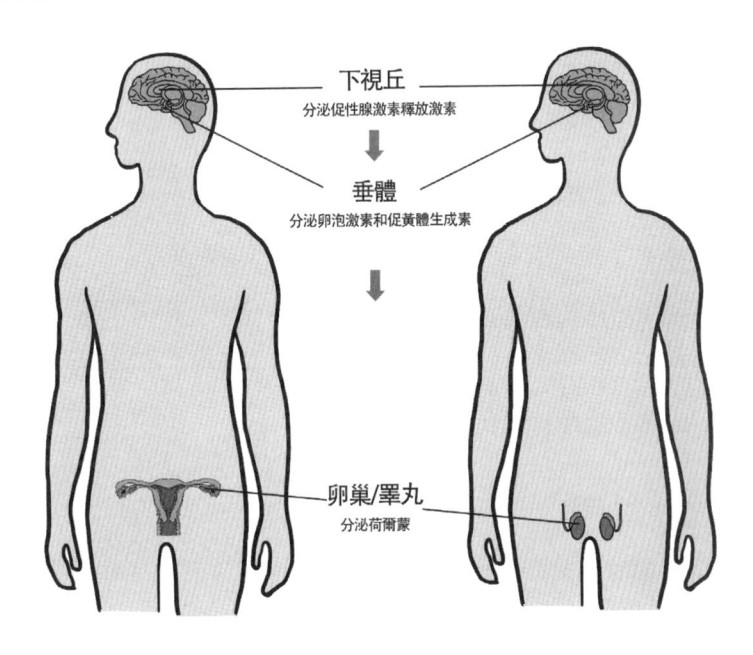

下視丘
分泌促性腺激素釋放激素

垂體
分泌卵泡激素和促黃體生成素

卵巢/睪丸
分泌荷爾蒙

Note

10 CHAPTER

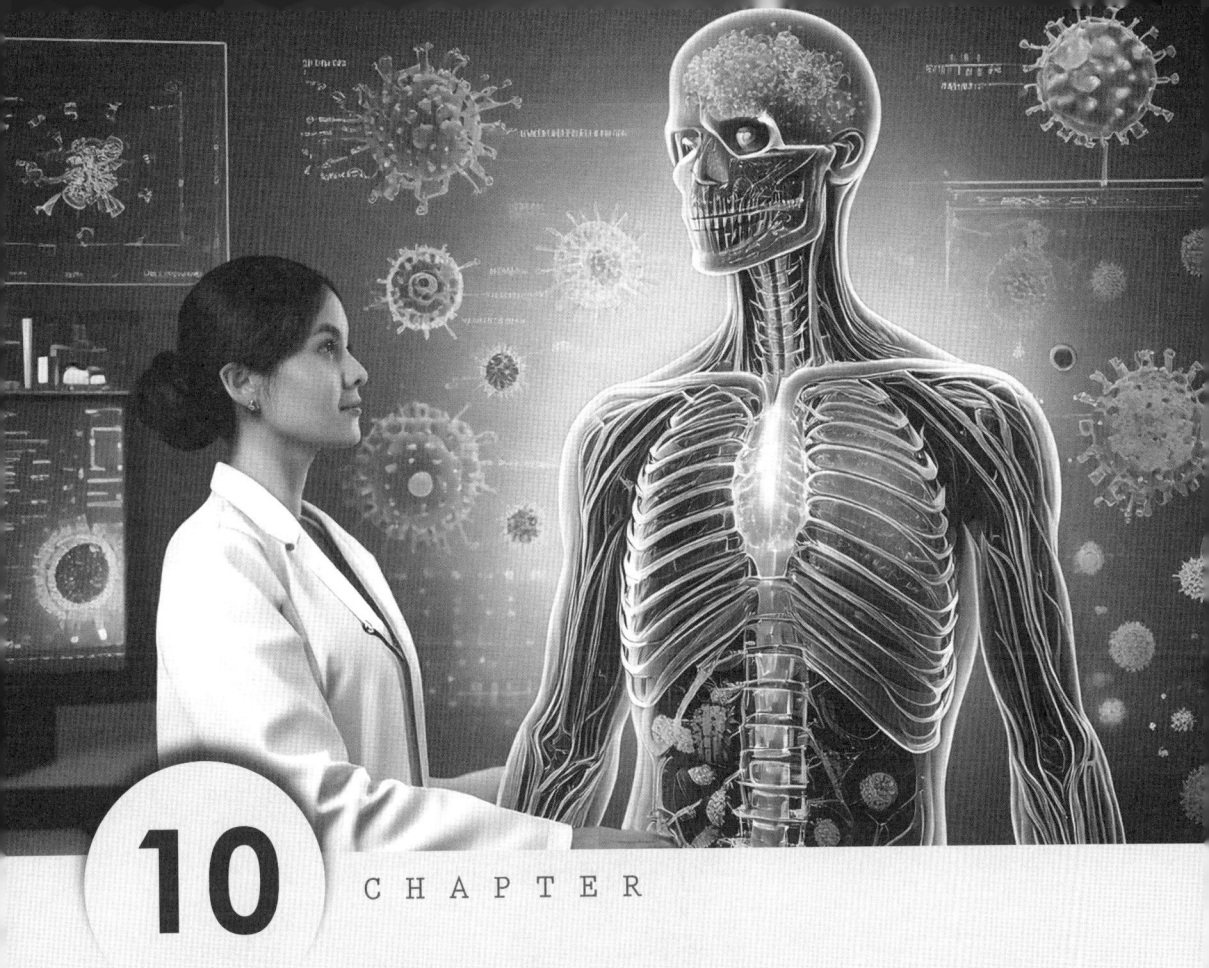

免疫系統：人體的超級防護的？

10.1 免疫全景：人體的內在保護系統

10.2 免疫系統是如何工作的？

10.3 疫苗：對抗疾病的免疫武器

10.4 皮膚：人體最大的保護器官

10.5 黏膜：內部器官的保護層

10.6 怎麼判斷免疫力強不強？

10.7 愛滋病：攻破人體免疫系統

10.8 過敏：免疫系統的過度反應

10.9 免疫系統會自己攻擊自己嗎？

10.10 急性炎症：是身體在保護你

10.11 我們為什麼會發燒？

10.12 慢性炎症的真面目

10.1 免疫全景：人體的內在保護系統

作為維持和保障人體健康正常運行的最重要的系統，免疫系統是由多個部分構成的複雜網路，主要包括免疫器官、免疫細胞和免疫分子。

免疫器官就像是免疫系統的「大本營」，這些器官包括骨髓、胸腺、脾臟、淋巴結、扁桃體等，它們在我們的身體內形成了一個龐大的免疫網路。這些器官不僅是免疫細胞的生產和成熟場所，還是免疫反應的重要發起地點。

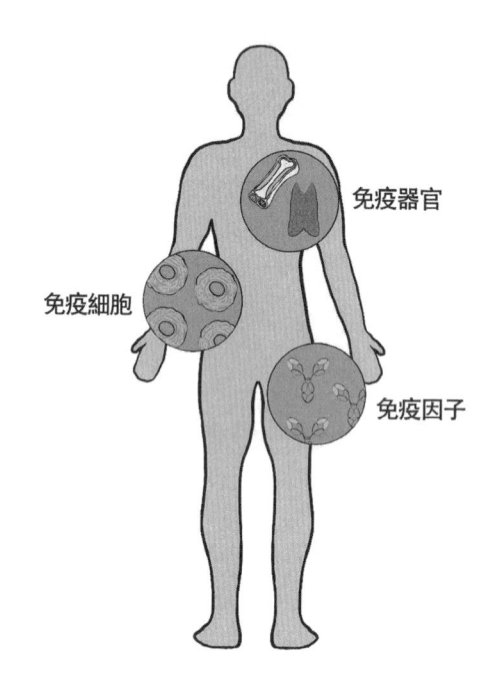

其中，骨髓是生成免疫細胞的器官，胸腺則是 T 細胞成熟的場所。淋巴結遍佈全身，是過濾淋巴液、捕捉病原體的場所。當淋巴結腫大時，往往意謂著體內存在感染或炎症。

免疫細胞是免疫系統的「戰鬥人員」，它們構成了免疫系統的核心力量。免疫細胞包括各種類型的白血球，如巨噬細胞、T細胞、B細胞、自然殺傷細胞等。它們各司其職，在發現入侵者後迅速出擊，展開免疫反應。

巨噬細胞是「吞噬者」，能夠識別、吞噬並消化入侵的病原體和細胞碎片。它們還會通過分泌細胞激素，啟動其他免疫細胞。T細胞和B細胞是適應性免疫的重要組成部分。T細胞包括輔助T細胞、細胞毒性T細胞和調節性T細胞。輔助T細胞通過釋放細胞激素，協調其他免疫細胞的行動，而細胞毒性T細胞則直接攻擊並摧毀感染細胞。B細胞產生抗體，抗體能夠特異性識別病原體，並標記它們供巨噬細胞和其他免疫細胞清除。自然殺傷細胞則負責監視並殺傷病毒感染細胞和腫瘤細胞。

免疫分子則是免疫系統的「戰鬥武器」，它們是免疫反應的關鍵組成部分。免疫分子包括抗體、細胞激素、補體蛋白等，它們在免疫反應中扮演著信號傳導、炎症調節、抗體介導等重要角色。

抗體是B細胞產生的蛋白質，能夠識別並結合到特定的抗原上，標記病原體並促使其被巨噬細胞或其他免疫細胞吞噬。抗體還可以中和毒素，阻止病原體進入細胞。細胞激素是免疫細胞分泌的信號分子，它們能夠招募和啟動其他免疫細胞，調節免疫反應的強度和類型。比如，干擾素就是一類細胞激素，能夠干擾病毒複製，增強巨噬細胞和自然殺傷細胞的活性。補體蛋白是一組能夠在血液中迴圈的蛋白質，它們在啟動後可以直接攻擊並破壞病原體，形成孔洞使病原體裂解，還能促進吞噬作用。

正是免疫系統的各個組成部分各司其職，我們的身體才能在日常生活中抵禦外界病原體的入侵，保持健康穩定的狀態。

10.2 免疫系統是如何工作的？

免疫系統是一個高度組織化和多層次的防禦網路，而免疫系統的防禦工作主要是透過先天性免疫和適應性免疫來進行的。

先天性免疫是免疫系統的第一道防線，它的特點是非特異性地快速回應入侵病原體。先天性免疫是每個人從出生就具備是，能夠立即識別和反應，不需要事先接觸病原體。

先天性免疫也分為物理屏障、化學屏障、細胞防禦等。皮膚和黏膜是最基本的物理防禦層。皮膚通過堅固的表皮細胞層和抗菌分泌物阻止病原體進入體內。黏膜則覆蓋在呼吸道、消化道和泌尿生殖道的內部，通過分泌黏液捕捉並清除微生物。化學屏障包括體液——比如唾液、眼淚和胃酸中含有多種酶和抗菌物質，這些物質能夠直接殺死或抑制病原體。另外，巨噬細胞和嗜中性球是主要的吞噬細胞，它們能夠識別並吞噬入侵的病原體，同時釋放細胞激素，招募更多免疫細胞到感染部位進行防禦。

先天性免疫雖然反應迅速，但它沒有記憶功能，無法在再次接觸同一病原體時提供更強的保護。如果先天性免疫未能完全清除病原體，人體的免疫系統就會啟動適應性免疫，適應性免疫具有高度特異性，能夠針對特定病原體產生長久的免疫記憶。

適應性免疫包括四個步驟。首先是抗原呈遞，在這一階段，樹突狀細胞和巨噬細胞在捕獲病原體後，將其分解為小片段（抗原），並通過主要組織相容性複合體（MHC）呈遞給 T 細胞。T 細胞通過識別這些抗原啟動適應性免疫反應。

其次是 T 細胞反應，T 細胞主要分為輔助 T 細胞（CD4+）和細胞毒性 T 細胞（CD8+）。輔助 T 細胞通過釋放細胞激素，啟動其他免疫細胞，協調整個免疫反應。細胞毒性 T 細胞則直接攻擊並殺死被病原體感染的細胞。

與此同時，B 細胞在接收到抗原資訊後，轉化為漿細胞，開始大量生產抗體。這些抗體能夠特異性結合病原體，標記它們供吞噬細胞清除，或直接中和病原體的毒性。

最後，在感染清除後，部分 T 細胞和 B 細胞轉化為記憶細胞，這些細胞能夠在再次遇到相同病原體時迅速反應，提供更快更強的保護。

先天性免疫和適應性免疫並非獨立工作，而是緊密合作，共同構成完整的免疫防禦體系。先天性免疫通過快速反應遏制初始感染，並為適應性免疫提供重要資訊。適應性免疫則通過特異性反應和記憶功能，確保對特定病原體的長期防護。

先天性免疫　　　　適應性免疫

樹突狀細胞：免疫系統的情報先鋒

在免疫系統中，有一種特殊的免疫細胞，它不僅是免疫系統的情報先鋒，更是先天性免疫和適應性免疫的溝通橋樑，這種免疫細胞就是樹突狀細胞。

樹突狀細胞，胞如其名，細胞延伸出樹枝狀突起，形似海星，大大的細胞長著海星一樣的觸角，這使它們能夠更有效地捕捉和處理抗原。樹突狀細胞存在於全身各個組織中，包括皮膚、淋巴結、脾臟等。

在過去的很長一段時間內，樹突狀細胞豆不被免疫學家看重。但是，後來，免疫學家意識到樹突狀細胞承擔著免疫系統的兩項重要職責：一是日常巡邏，辨別「敵人」的身份，看敵人是細菌，病毒還是寄生蟲。二是決定是否啟動適應性免疫細胞，當危險發生時，樹突狀細胞能夠設計作戰計畫，啟動 T 細胞。

具體來看，樹突狀細胞的主要功能就是捕捉病原體（如細菌、病毒）的抗原，並將這些抗原處理成較小的片段。這個過程在樹突狀細胞的內體或溶酶體中進行，類似於一個複雜的「剪切工廠」，將大分子的抗原切割成可以被免疫系統識別的小片段。

一旦抗原被處理，樹突狀細胞會遷移到最近的淋巴結。在淋巴結中，樹突狀細胞會將這些抗原片段通過主要組織相容性複合體（MHC）呈遞到細胞表面。這些抗原-MHC 複合物能夠被 T 細胞識別，啟動適應性免疫反應。這個過程就像是樹突狀細胞向 T 細胞展示「罪犯照片」，幫助免疫系統鎖定並攻擊入侵者，確保免疫系統能夠迅速有效地回應。

樹突狀細胞是最有效的抗原呈遞細胞，能夠啟動初始 T 細胞。這些被啟動的 T 細胞可以進一步分化為輔助 T 細胞或細胞毒性 T 細胞，分別負責協調免疫反應和直接殺滅被感染的細胞。樹突狀細胞在這個過程中充當了「教官」的角色，訓練和指導 T 細胞作戰。

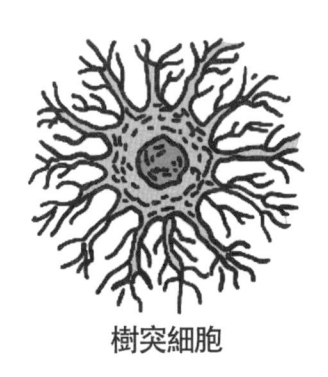

樹突細胞

10.3 疫苗：對抗疾病的免疫武器

疫苗是現代醫學的一項偉大發明，它的核心原理，就是透過激發人體的免疫系統來預防各種疾病。疫苗就像是給身體的免疫系統上一堂課，教它如何識別和對抗特定的病原體，從而在未來遇到真正的病原體時能夠迅速應對。

疫苗包含了病原體的一部分成分，這些成分可以是病毒或細菌的一小部分（如蛋白質或糖類），也可以是不活化或減毒的病原體。接種疫苗後，免疫系統會識別這些成分並生成特異性的抗體。這些抗體能夠識別並中和病原體，防止其引發疾病。

進一步來看，首先，當疫苗進入體內時，免疫系統會將其識別為外來物質（抗原），並啟動免疫反應。免疫細胞會分解疫苗中的抗原，並展示給其他免疫細胞。這個過程類似於向士兵展示敵人的樣子，幫助他們記住敵人的特徵。

在初次暴露於抗原時，免疫系統需要一些時間來產生足夠的抗體來對抗感染。然而，疫苗接種後，免疫系統會生成記憶細胞，這些細胞在身體內長期存在。如果再次遇到相同的病原體，記憶細胞可以迅速反應，快速產生大量抗體，阻止疾病發生。

一些疫苗能夠提供終生免疫，而另一些則可能需要定期加強針來維持免疫力。疫苗的有效性和持久性取決於病原體的特性和疫苗的類型。

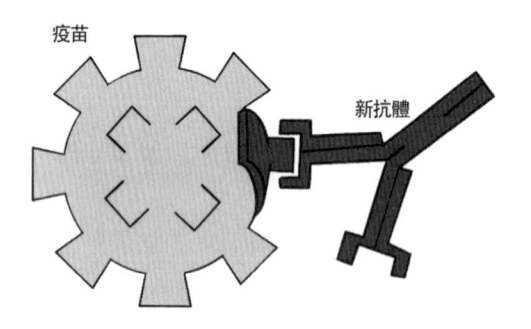

被疫苗消滅的天花

天花曾經是人類歷史上最致命的疾病之一，造成了數百萬人的死亡和無數人的終生殘疾。然而，疫苗的出現和推廣，最終讓天花成為第一個被完全消滅的人類疾病。這一壯舉既是醫學史上的里程碑，也是疫苗發揮關鍵作用的典範。

首先，天花是一種由天花病毒引起的傳染病，主要通過飛沫傳播。感染天花的人會出現高燒和全身性的膿皰性皮疹，這些疹子會在痊癒後留下永久性的疤痕。在天花流行的高峰期，死亡率高達 30%，甚至更高。

在過去的很長一段時間裡，人類對天花都毫無辦法，直到 18 世紀末，當時，英國醫生愛德華·詹納（Edward Jenner）發現，擠奶女工感染了一種稱為牛痘的輕微疾病後，不會再患上致命的天花。詹納在 1796 年進行了一項大膽的實驗，他將牛痘病毒接種到一個名叫詹姆斯·菲普斯（James Phipps）的男孩身上，後來又讓他接觸天花病毒，結果男孩沒有感染天花。這一發現標誌著疫苗接種的開始，也揭開了人類消滅天花的序幕。

雖然詹納的牛痘疫苗在 19 世紀得到了廣泛應用，但天花仍然在世界許多地區肆虐。到了 20 世紀中期，全球每年仍有數百萬人感染天花。為了徹底消滅天花，世界衛生組織（WHO）在 1967 年發起了全球天花根除計畫。

該計畫的核心策略是「環形接種法」（Ring Vaccination）。這一策略並非對所有人進行普遍接種，而是針對每一個發現的天花病例，迅速隔離患者並對其周圍的所有人進行疫苗接種，形成一道免疫屏障，防止病毒傳播。

全球天花根除計畫得到了各國政府、衛生工作者和國際組織的支援和協作。衛生工作者深入到最偏遠的地區，實施疫苗接種和監測工作。1977 年 10 月，索馬利亞報告了最後一例自然感染的天花病例。經過三年的全球監測，1980 年 5 月 8 日，世界衛生組織正式宣佈天花在全球範圍內被消滅。

天花的根除不僅挽救了無數生命，消除了巨大的公共健康負擔，還為全球疫苗接種和疾病根除工作提供了寶貴的經驗。天花疫苗接種的成功展示了疫苗在預防和控制傳染病方面的強大力量，激勵了後續對其他疾病（如脊髓灰質炎和麻疹）的根除努力。

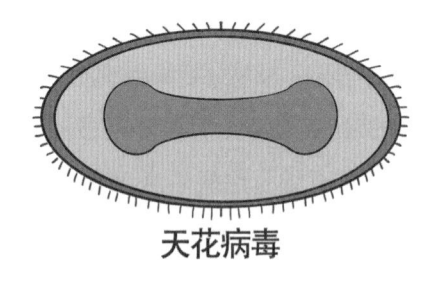

天花病毒

疫苗都有哪些類型？

常見的疫苗類型包括不活化疫苗、減毒活疫苗、mRNA 疫苗和病毒載體疫苗。

不活化疫苗含有被殺死的病原體。這些病原體雖然失去了致病能力，但仍能保留其抗原特性，足以激發人體免疫系統的反應。接種不活化疫苗後，免疫系統會識別這些無害的病原體並產生抗體，從而在未來遇到真正的病原體時能夠迅速反應。狂犬病疫苗就是不活化疫苗。當人被狂犬咬傷後，接種狂犬病疫苗可以預防狂犬病的發生。

減毒活疫苗含有活的但被減毒的病原體，這些病原體能夠在體內複製，但不會引起嚴重疾病。減毒活疫苗的好處是它們能夠激發強烈且持久的免疫反應，往往只需接種一次或少量幾次就能提供長期保護。麻疹、腮腺炎和風疹聯合疫苗（MMR）就是減毒活疫苗的代表。這些疫苗通過模擬自然感染，激發免疫系統記憶，從而在未來抵禦真正的感染。

mRNA 疫苗是一種新型疫苗技術，它利用病原體的遺傳訊息（mRNA）指導人體細胞製造特定的抗原。接種 mRNA 疫苗後，人體細胞會按照 mRNA 的指示生成抗原，激發免疫反應。輝瑞-BioNTech 和 Moderna 的 COVID-19 疫苗就是 mRNA 疫苗的典型例子。mRNA 疫苗的優點是生產速度快，且無需使用活病毒，降低了疫苗生產中的風險。

病毒載體疫苗往往使用無害的病毒作為載體，將病原體的基因引入人體細胞。這些基因會指導細胞製造病原體的抗原，從而激發免疫系統。阿斯利康和強生的 COVID-19 疫苗就是病毒載體疫苗的實例。

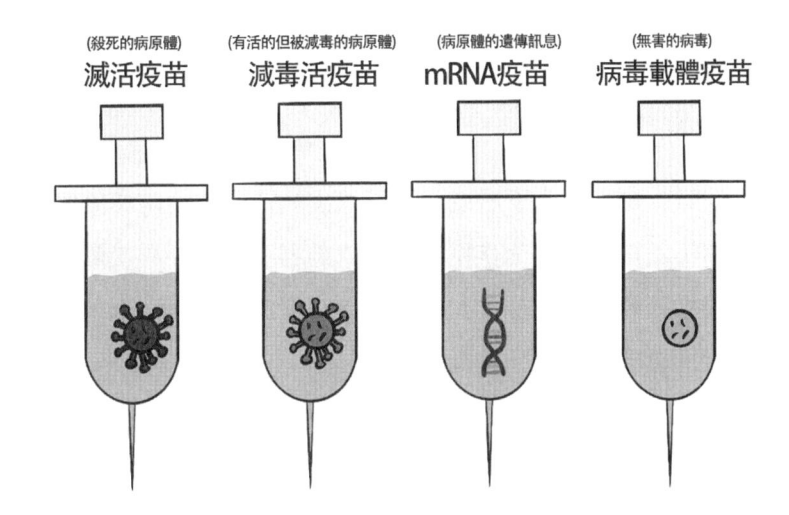

10.4 皮膚：人體最大的保護器官

皮膚是人體最大的器官，它不僅覆蓋了我們的全身，還在保護和維持我們身體的健康方面發揮著關鍵作用。皮膚由三層主要結構組成：表皮層、真皮層和皮下組織。每一層都具有獨特的功能，共同構成了一個複雜而高效的防禦系統。

表皮層是皮膚的最外層，主要由角質形成細胞組成。這些細胞會產生角蛋白，形成一個堅固的保護屏障，阻止外界病原體的入侵。表皮層不斷自我更新，每四週左右就會完全更換一次。這種更新過程確保了皮膚的防禦能力始終處於最佳狀態。表皮層中的黑色素細胞會產生黑色素，保護皮膚免受紫外線的傷害。

真皮層位於表皮層之下，由堅韌的膠原纖維和彈性纖維構成。這一層不僅賦予皮膚強度和彈性，還含有豐富的血管和神經末梢。血管通過運輸營養物質和氧氣，幫助維持皮膚的健康。神經末梢則使皮膚具有觸覺、溫度覺和痛覺等感覺能力。真皮層中的汗腺和皮脂腺通過分泌汗液和皮脂，調節體溫並保持皮膚濕潤，此外，這些分泌物還具有抗菌作用，可以抑制或殺死某些病原體。

皮下組織，也稱為皮下層或脂肪層，主要由脂肪細胞和結締組織組成。脂肪層不僅提供了緩衝作用，保護內部器官免受外界衝擊，還具有儲存能量和調節體溫的功能。此外，皮下組織中還含有大部分的微血管和淋巴管，幫助維持體液平衡和免疫功能。

可以看到，皮膚不僅是物理屏障，還具備複雜的免疫功能。除此之外，當皮膚受到損傷時，它還能夠迅速啟動修復機制。受傷後，血管會擴張，增加血流量，將營養物質和免疫細胞輸送到傷口部位。接著，新的皮膚細胞開始生長，替代受損細胞，最終恢復皮膚的完整性。視傷口的深度和嚴重程度，癒合過程可能會留下疤痕或完全無痕。

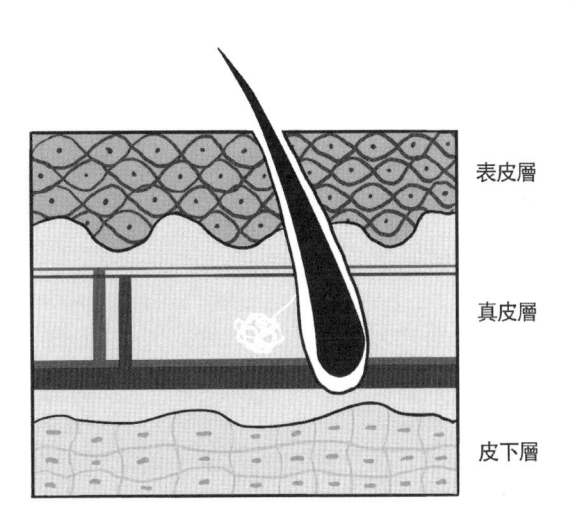

Chapter 10 免疫系統：人體的超級防護的？

表皮層

真皮層

皮下層

10.5 黏膜：內部器官的保護層

　　黏膜是覆蓋身體內部開口部位的一層重要保護層。它不像皮膚那樣明顯，卻在默默無聞中發揮著關鍵作用。黏膜主要覆蓋呼吸道、消化道和泌尿生殖道，通過分泌黏液捕捉微生物，防止它們進一步侵入體內深處。

　　在呼吸道中，黏膜通過分泌黏液捕捉空氣中的塵埃和微生物。黏液中含有免疫球蛋白（比如免疫球蛋白 A），可以特異性地識別並中和外來病原體。與此同時，呼吸道黏膜上的纖毛會不斷向外擺動，將黏液和其中的微生物推向喉嚨，最終透過咳嗽或打噴嚏將其排出體外。這種機制不僅清除了微生物，還減少了它們在肺部引起感染的可能性。

在消化道中，黏膜分泌的黏液不僅能中和胃酸，還能捕捉和消滅病原體。胃黏膜透過分泌大量的黏液和消化酶來保護胃壁免受胃酸的侵蝕。腸道黏膜則通過覆蓋一層稱為「腸絨毛」的結構，增加吸收表面積，同時分泌抗菌物質，防止有害細菌的入侵。腸道中的黏膜還含有大量的淋巴組織，能夠迅速回應和清除入侵的病原。

泌尿生殖道的黏膜通過分泌黏液和抗菌物質，防止病原體的上行感染。尿道和陰道的黏液不僅潤滑，還能捕捉並消滅外來細菌和病毒。

黏膜不僅是物理屏障，還具備複雜的免疫功能。黏膜中含有多種免疫細胞，如巨噬細胞、T細胞和B細胞，這些細胞能夠識別並攻擊入侵的病原體。

而當黏膜受到損傷時，它則會迅速啟動修復機制。受傷後，血管擴張，增加血流量，將營養物質和免疫細胞輸送到傷口部位。新的黏膜細胞開始生長，替代受損細胞，最終恢復黏膜的完整性。

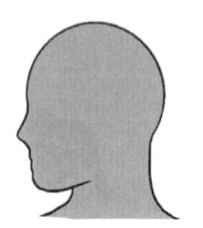

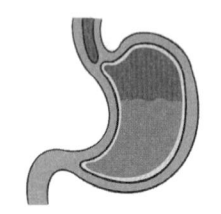

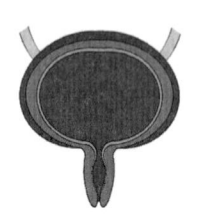

呼吸道黏膜　　消化道黏膜　　泌尿生殖道的黏膜

10.6 怎麼判斷免疫力強不強？

我們經常在各式各樣的報導裡聽到「免疫力」，但是，究竟什麼才是免疫力呢？簡單來說，免疫力就是我們身體抵禦病原體入侵的能力，是免疫系統保護我們健康的綜合表現。現代人常常依賴化學藥品，認為只有藥品才能治癒疾病，但實際上，藥物只是輔助工具。真正治癒疾病的是我們的免疫系統。可以說，人體最好的醫生是我們自己，是我們的免疫系統，是我們的免疫力。

免疫力的強弱可以從三個方面來衡量。

一是免疫防禦能力，也就是免疫系統抵禦病原體的能力。要知道，免疫系統的首要任務是保護我們免受病原體的侵襲，也就是免疫防禦。

皮膚和黏膜等組織形成了堅固的屏障，阻擋大部分病原體的入侵。如果病原體突破了這層防線，免疫系統會派遣各種免疫細胞進行反擊，如巨噬細胞、T 細胞和 B 細胞。T 細胞可以直接攻擊被感染的細胞，而 B 細胞則會製造抗體，這些抗體能夠精確地消滅病原體。

不過，免疫系統也可能出現過度反應，將一些無害的物質視為敵人，導致過敏反應。這就好比軍隊誤傷了無辜的路人，因此，免疫系統的防禦功能需要保持平衡，既能有效地抵禦病原體，又不會誤傷自己。

二是免疫自穩能力，也就是免疫系統維持體內環境穩定的能力。因為人體的細胞和組織是不斷更新的，新陳代謝過程使得老舊細胞死亡，新細胞生成。因此，免疫系統負責清除老舊和死亡的細胞，避免它們積累引發問題。如果免疫系統未能及時清理這些細胞，或錯誤地攻擊健康

細胞，就可能導致疾病的發生。自體免疫疾病就是其中的一種情況，這是免疫系統錯誤地將自身正常細胞視為威脅，進行攻擊，導致炎症和組織損傷。

三是免疫監視能力，也就是免疫系統監控並消除異常細胞的能力。要知道，細胞在生長和分裂過程中可能出現突變，如果這些突變細胞失去控制，就可能發展為癌症。而免疫系統就需要監視通過識別和清除這些異常細胞，防止其發展為癌症。比如，自然殺傷細胞（NK 細胞）和特定的 T 細胞就負責識別並殺死表面有異常標記的細胞。如果免疫監視能力不強，突變細胞就可能得以存活和繁殖，最終發展成腫瘤。

免疫防禦能力

免疫自穩能力

免疫監視能力

10.7 愛滋病：攻破人體免疫系統

愛滋病（AIDS）是一種由人類免疫缺陷病毒（HIV）引起的嚴重疾病，愛滋病之所以可怕，就是因為它攻破了人體的免疫系統——愛滋病

會攻擊免疫系統，特別是輔助性 T 細胞（CD4+T 細胞），使得身體無法有效抵禦各種感染和疾病。

具體來看，HIV 是一種逆轉錄病毒，能夠侵入並破壞人體的免疫細胞。一旦進入人體，HIV 會迅速尋找並感染 CD4+T 細胞，這些細胞是免疫系統中的「指揮官」，幫助啟動和協調其他免疫細胞。當 HIV 感染 CD4+T 細胞後，會利用這些細胞複製自身的遺傳物質，最終導致這些細胞破裂並死亡。隨著時間的推移，CD4+T 細胞的數量逐漸減少，使免疫系統無法正常工作。

HIV 還具有極強的變異能力，能夠迅速改變其表面蛋白，使得免疫系統難以識別和攻擊它。此外，HIV 還能潛伏在感染細胞內，形成「病毒庫」，即使在抗逆轉錄病毒治療下，仍能保持休眠狀態，等待機會重新活躍。

除了直接殺死 CD4+T 細胞，HIV 還通過破壞免疫系統的整體協調功能，使得身體難以對抗其他感染和疾病。免疫系統中的其他細胞，如 B 細胞和自然殺傷細胞，也會因為缺乏 CD4+T 細胞的幫助而功能受限。這導致身體對各種病原體的抵抗力大大減弱。

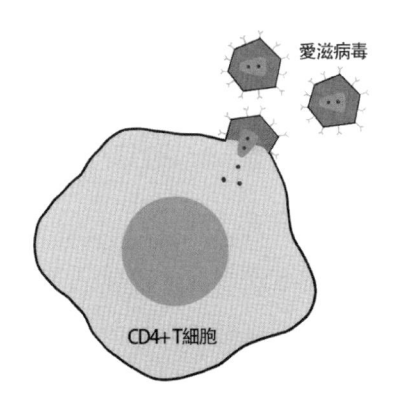

愛滋病的發病進展

HIV 存在於感染者的血液、精液、陰道分泌液、母乳等體液中，傳染的方式包括性行為、共用針頭、醫療人員的針紮事故、經由生產時的產道及母乳造成的母子感染等等。因此，避免不安全性行為、不共用針具等措施可以有效預防感染。

如果有了高危行為，但在還沒確定是否感染時，HIV 阻斷藥，即暴露後預防的藥物則可以用來防止 HIV 病毒擴散的藥。阻斷藥發揮作用的原理是，切斷愛滋病病毒複製的過程，防止病毒從已感染的細胞擴散從而感染更多的細胞。

以性傳播為例，病毒先侵犯黏膜部位，穿過黏膜屏障後進入人體的組織、細胞、淋巴結，並在淋巴結繁殖，最後進入血液。而阻斷藥的作用是在病毒到達血液之前將病毒殺死，以達到阻斷目的。

HIV 感染的 2-4 週是急性期，這一階段會出現倦怠感、發燒、關節痛、喉嚨痛等類似感冒的症狀，患者可能會以為是普通的感冒，因為症狀輕微所以沒有特別注意。這些症狀約在數週內就會痊癒，之後會進入數年至 10 年左右的長期無症狀潛伏期。

在無症狀潛伏期時，因為感染而增加的 T 細胞與破壞 T 細胞的 HIV 會悄悄地展開攻防戰。但是 T 細胞會逐漸減少，最後演變為免疫缺乏而進入發病期，引發卡波西氏肉瘤、肺囊蟲肺炎等各種感染，以及惡性淋巴瘤等疾病。

愛滋病剛被發現時還是不治之症，現在已經可以利用藥物延緩發病及控制病情的發展──對於已經感染 HIV 的人來說，抗逆轉錄病毒藥物

（ART）可以幫助控制病毒，雖然目前還不能完全治癒，但可以讓患者過上相對正常的生活。

另外，近年來也有過愛滋病治療完全治癒的案例，不過全球範圍內目前僅有 7 例。並且這些被治癒的愛滋病患者，從臨床的治療情況來看，是在為了治療患者的白血病過程中，藉助於幹細胞的治療方式，然後順帶的治癒了愛滋病。因此，目前還很難找到完全有效的針對於愛滋病的治療方式。

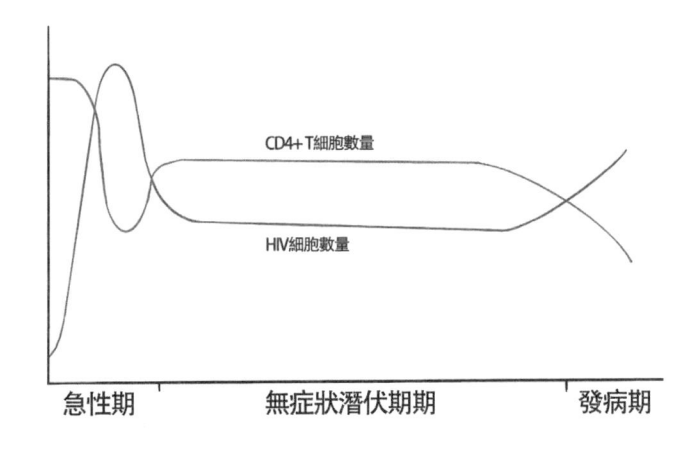

10.8 過敏：免疫系統的過度反應

過敏是一種在今天非常常見的疾病，大約每 3 個人裡就有一位過敏患者。其實，過敏就是指我們的免疫系統對通常無害的物質——比如花粉、食物、動物皮屑等——產生異常反應時所引起的一系列症狀。這些通常無害的物質被稱為「過敏原」。當我們接觸到過敏原時，免疫系統會像遇到了敵人一樣，發動一場「戰爭」，導致各種不適症狀，如打噴嚏、皮膚搔癢、眼睛發癢和水腫等。

而過敏的根本原因，其實就是免疫系統的過度反應。正常情況下，免疫系統應該只在真正需要的時候才行動，但在過敏的情況下，它對無害的物質也會「大驚小怪」，引發不必要的戰鬥。這種過度反應不僅沒有保護我們，反而給我們帶來了不少麻煩。

過敏是如何發生的？

過敏反應是免疫系統對通常無害物質的過度反應。當我們接觸到過敏原時，這些物質通過呼吸、食物或皮膚接觸進入體內。比如，花粉可以通過呼吸道進入，食物過敏原通過消化道進入，而化學物質可以通過皮膚接觸進入。

當過敏原進入體內後，免疫系統的偵察兵──樹突狀細胞會識別並捕獲這些物質。隨後，這些樹突狀細胞會將過敏原的信號傳遞給免疫系統的其他部分。樹突狀細胞會啟動 B 細胞，B 細胞開始產生一種特殊的抗體，稱為 IgE 抗體。IgE 抗體會附著在肥大細胞和嗜鹼性球的表面。

當人體再次接觸到相同的過敏原時，這些過敏原會與 IgE 抗體結合。這個結合過程會啟動肥大細胞和嗜鹼性球，使其釋放出大量的化學物質，比如組織胺。組織胺是一種主要的過敏介質，它會導致一系列的過敏症狀，比如血管擴張，使血管擴張，導致皮膚發紅；血管通透性增加，導致血漿滲出，引起腫脹；神經末梢刺激，導致搔癢和痛感；平滑肌收縮，在呼吸道引起哮喘症狀等。

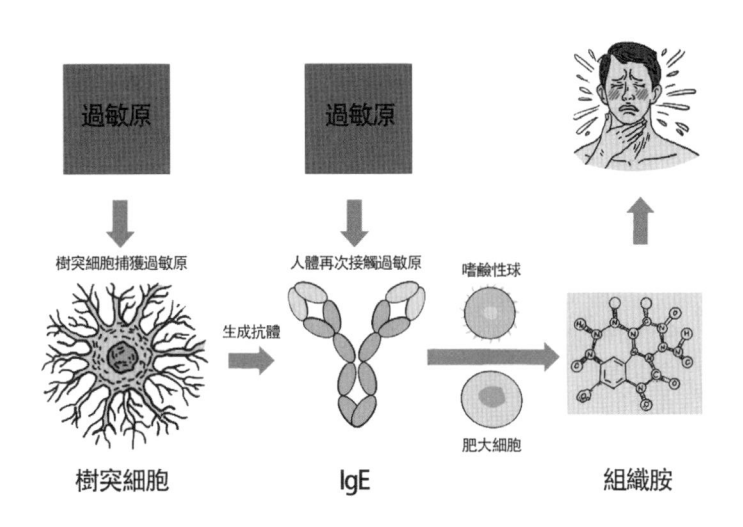

各式各樣的過敏原和過敏反應

可能引發的過敏的過敏原有很多，幾乎是防不勝防，主要包括以下幾類：

- **食物過敏**：對某些食物中的特定成分產生過敏反應。常見的過敏食物包括花生、牛奶、雞蛋、魚類和貝類等。
- **花粉過敏**：對空氣中的花粉產生過敏反應，常見於春季和秋季。症狀包括打噴嚏、流鼻涕、眼睛癢和咳嗽等。
- **藥物過敏**：對某些藥物中的成分產生過敏反應，可能引起皮疹、呼吸困難和甚至危及生命的過敏性休克。
- **動物過敏**：對寵物的皮屑、唾液或尿液中的蛋白質產生過敏反應，常見於貓狗等家庭寵物。症狀包括流鼻涕、眼睛癢和皮膚紅疹等。

◈ **皮膚過敏**：對某些化學物質、植物或其他物質的接觸引發皮膚反應。

10.9 免疫系統會自己攻擊自己嗎？

我們的免疫系統就像是一支忠誠的衛隊，日夜不休地守護著我們的身體，抵禦外來細菌和病毒的入侵。不僅如此，免疫系統還要非常小心，不能把自己的「兄弟」誤認為是敵人。如果它犯了這個錯誤，就會對我們的身體造成傷害。

在人體早期發育過程中，免疫系統的細胞就開始學習怎麼分辨「自己人」和「外人」，免疫系統必須要分辨出哪些屬於身體的正常部分（稱為「自身」），哪些是外來的不速之客（稱為「非自身」）。這種分辨能力就叫做免疫耐受性。

但是，有時候免疫系統會犯糊塗，出現誤判，把自己身體的正常細胞、組織或者器官當成了敵人來攻擊。這時候，身體內部就會爆發一場「內戰」，這場戰爭，就是自體免疫疾病（autoimmune diseases，ADs）。

簡單來說，自體免疫疾病，就是由於免疫系統功能紊亂，導致免疫系統錯誤地攻擊自身正常成分，對自身組織細胞產生強烈持續的免疫反應，並且造成正常細胞和組織的破壞的疾病。

值得一提的是，自體免疫疾病不單指某一種疾病，而是至少 100 種疾病的合稱。這是許多人對自身免疫性疾病感到困惑的原因，也是許多人不瞭解自身免疫性疾病或不確定哪些疾病屬於自身免疫性疾病的原因。按受累器官組織範圍，自體免疫疾病可分為全身性的，比如系統性紅斑狼瘡，可影響皮膚、關節、腎臟和中樞神經系統等，以及器官特異性的，比如 1 型糖尿病，主要影響胰臟。

不僅如此，很多自體免疫疾病的病名中並沒有「自體免疫」這樣的字眼，比如橋本甲狀腺炎（又名橋本病）、類風濕性關節炎、系統性紅斑狼瘡、乾燥症候群、乳糜瀉和多發性硬化症等。自身免疫性疾病不同於癌症，癌症的病名中多包含「癌」字及患病部位，如乳腺癌指乳腺中出現腫瘤，結腸癌指結腸中出現腫瘤，皮膚癌則指皮膚中出現腫瘤。而自體免疫疾病因為病名中沒有「字體免疫」這樣的字眼，所以各種自體免疫疾病聽起來與免疫系統功能紊亂毫無關聯。

八種常見的自體免疫疾病

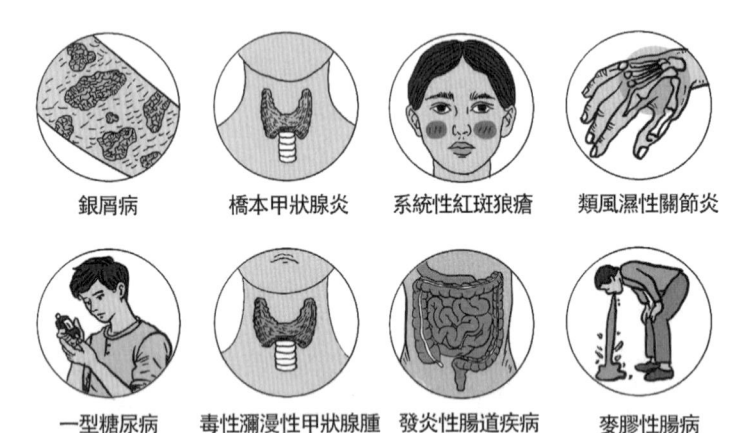

銀屑病　　橋本甲狀腺炎　　系統性紅斑狼瘡　　類風濕性關節炎

一型糖尿病　　毒性瀰漫性甲狀腺腫　　發炎性腸道疾病　　麥膠性腸病

免疫系統為什麼自我攻擊？

自體免疫疾病的發生通常是基因與環境交互作用的結果——是綜合諸多不利因素而引起免疫系統無法分辨自體與入侵者的最糟糕的狀況。

參與其中的遺傳因子極為錯綜複雜。與由單一或少數基因突變直接引起的許多遺傳疾病不同，各式各樣不同的基因都有增加罹患或引發自體免疫疾病的可能。而如果父母中有一方或雙方患有自身免疫性疾病，孩子患上這類疾病的可能性會比其他人高，但不一定是同一種疾病。這就像遺傳了一把有可能出問題的鑰匙，至於它會開哪扇「疾病之門」，則要看環境等其他因素的配合。

環境誘發因子同樣複雜，其中包括但不限於以下各項因素，諸如暴露在化學品、汙染物質及毒素中；曾經發生或正發生的細菌、病毒、真菌及寄生蟲感染；慢性或急性壓力；經生理調控或藥物調控的激素；飲

食（不僅是食物過敏，還有飲食對腸胃健康及免疫系統的影響）；缺乏微量營養元素；藥物；發胖；體內胎兒紅血球的存在；暴露在 UVB 紫外線輻射下等等。

另外，我們的生活習慣也可能是這場免疫系統「動亂」的幕後黑手。比如，吸菸不僅對肺不好，還會使體內產生一種叫做環瓜氨酸抗體的東西。這種抗體會大幅提高患上類風濕性關節炎的風險。

10.10 急性炎症：是身體在保護你

炎症就是一種身體對外來刺激的防禦反應。免疫系統就像是身體裡的軍隊，當外來物，比如病毒、細菌、寄生蟲等入侵人體時，受到侵害的細胞會釋放一些信號分子，這些分子就像是求救信號，召喚免疫系統前來支援，抵抗敵人的進攻。這個時候，身體所經歷的，其實就是炎症。

特別是當細菌和病毒等病原體侵入人體或者身體受到損傷時，會引發身體的「急性炎症」。感冒嚴重時發燒、運動後肌肉酸痛、蚊蟲叮咬後覺得癢以及其他刺激產生的腫脹等，都是急性炎症的表現。

顧名思義，急性炎症的特點就是發病急、時間短，就像一場雷陣雨，來得快，去得也快，病菌與身體裡的免疫系統交戰後就會迅速地消散。因為有免疫系統的保護，身體會很快地修復而安然無恙。

在這個過程中，我們的身體雖然會出現明顯損傷，但這個過程卻是維持生命不可或缺的。俗話說「小病不斷，大病不犯」，這不是沒有道

理的。如果沒有炎症刺激，我們身體的免疫系統長期處於「休眠」狀態，反而會導致易遭受細菌、真菌和病毒等的侵害。

▨ 急性炎症為什麼是好炎症？

炎症不一定是壞事，急性炎症的存在，使我們保持了旺盛的生命力，這對我們的身體是有益的。為什麼說急性炎症是「好」的炎症呢？這要從急性炎症的反應機制說起。

當身體檢測到病原體入侵，比如細菌或病毒時，免疫系統會啟動防禦機制，發紅、腫脹、疼痛和發熱都是常見的急性炎症反應。

急性炎症的過程分為兩個主要階段：血管階段和細胞階段。

首先是血管階段。當身體某一部位受損時，附近的小血管會迅速擴張。這種血管擴張是由多種炎症介質引發的，比如組織胺、緩激肽和補體。血管擴張的直接結果就是增加了血流量，目的是將更多的免疫細胞和營養物質送往受損部位。此這個時候，受損區域會變得紅熱，因為血流的增加使該區域溫度升高。

同時，血管壁細胞也會發生變化。在炎症介質的作用下，血管壁細胞會變得腫脹並收縮，導致血管通透性增加。換句話說，血管壁變得「漏水」，使得血液中的液體和蛋白質可以滲出到周圍的組織間隙中。這些滲出的液體富含蛋白質，形成了所謂的「滲出液」。這種液體的積累是腫脹的主要原因。

當液體滲出並積聚在組織間隙時，它不僅引起腫脹，還會施加壓力，刺激神經末梢，導致疼痛。血管擴張和滲出液的積累使受損部位顯

得紅腫熱痛。這一階段的主要目標是為免疫細胞提供一個進入感染部位的通道，同時為組織修復創造有利條件。

很多人都有過類似的經驗，比如，在扭傷後，受損的部位會出現腫脹，這正是因為血液流向了受傷區域，將免疫細胞和營養物質輸送到需要修復的地方，這種增加的液體積累不僅有助於隔離受損區域，防止進一步損傷，還能夠透過「固定」受傷部位來減少其活動性，類似於石膏的作用。同時，腫脹常常伴隨著疼痛，這種疼痛並非無益，而是一種生理上的警告，提示我們減少使用受損的部位，從而避免對已受傷的組織造成更多壓力和損害。因此，腫脹和疼痛雖然可能造成一時的不便和不適，但它們在防止傷害擴大和加速恢復過程中起著至關重要的作用。

再比如，被小刀或利器割傷，傷口周圍也會發紅和腫脹。這是因為身體啟動了凝血機制，促使血液流向受傷區域。如果傷口很淺，短時間內就會好轉。但是，如果出現任何感染的跡象，就需要及時去看醫生。

接下來是細胞階段，這是炎症反應的核心部分。此時，嗜中性球──人體最主要的免疫細胞之一會透過化學趨化作用被吸引到受損部位。化學趨化作用是指細胞對某些化學信號的反應，這些信號引導它們朝著感染或損傷的部位移動。

在細胞階段，嗜中性球首先在血管內膜上聚集，這個過程稱為邊緣化。接著，它們會沿著血管內膜滾動並黏附在內皮細胞上。這些細胞最終穿過內皮細胞間的間隙，遷移到受損組織中。一旦嗜中性球到達感染部位，它們就會識別並吞噬入侵的病原體，同時清除受損細胞和組織碎片。

常常運動或健身的人經常會出現肌肉酸痛的情況。除了運動後馬上能感受到的酸痛外，很多人在運動後的第二天也會感覺肌肉酸痛，比如頭一天跑步，第二天早上會感覺到腿部酸痛。這就是正常的肌肉損傷產生的急性炎症，這種炎症能加快有益的免疫細胞和化學物質釋放到痛點，可以幫助修復受損的肌肉細胞，然後讓人變得更強壯。

可以看到，急性炎症是一種保護機制，透過一系列精細的生物反應，快速識別並消除入侵病原體，防止感染擴散，並啟動組織修復過程。

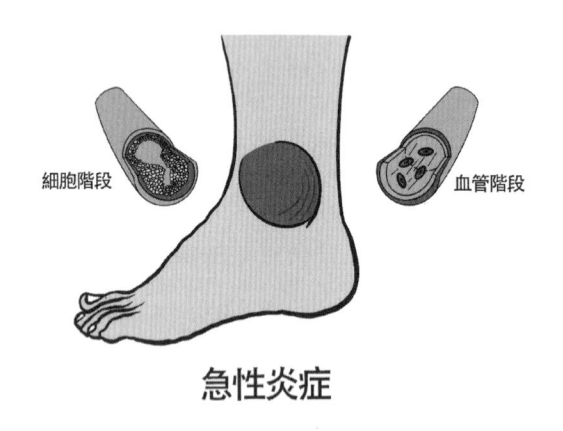

細胞階段　　　　血管階段

急性炎症

10.11 我們為什麼會發燒？

發燒是很多疾病最常見的症狀之一。首先，我們要知道的是，發燒並不是一種疾病，而是身體的一種防禦機制，是急性炎症的一種表現。

通常情況下，健康人的體溫是一個恆定的數值。根據個體情況的不同，人體的體溫是有差異的，即使是同一個人，在不同環境、不同時

間、不同身體狀態下的體溫也不完全一樣，甚至一天之內都會有變化。在身體不同部位測得的體溫也不一致。通常口腔溫度在 36.1~37.5℃ 之間通常被認為是正常的，腋下溫度偏低約 0.3℃，肛門溫度則偏高約 0.5℃。

因此，明確的對人體的體溫確定一個統一的標準是不科學的，但我們既然屬於恆溫動物，體溫的變化還是受到了嚴格的調控。這個調控中心是由大腦中的一個特殊區域——下視丘——調節的。

下視丘被稱為人體的「恆溫器」，它負責維持我們的正常體溫，它通過兩個途徑收集體溫變化的資訊，再發出升溫或降溫的指令。

一個途徑是從皮膚上的熱、冷感受器送來的信號，這些感受器極其敏感，只要溫度升高 0.007℃ 或降低 0.012℃，它們就能覺察到。另一個途徑是直接感受流經下視丘的血液溫度。當下視丘檢測到體溫過高時，會發出信號讓身體透過減少新陳代謝、皮膚血管舒張和出汗來降溫；而當體溫過低時，則會增加新陳代謝、皮膚血管收縮，並透過顫抖來產生熱量。

那麼，為什麼生病了會發燒呢？有很多種原因能夠導致發燒，最常見的是病菌、病毒感染，而身體之所以會發燒，歸根到底是免疫系統的一種反應。

比如，當病原體如細菌或病毒進入我們的身體時，首先，病原體會被血液中的巨噬細胞識別和吞噬。巨噬細胞在吞噬病原體後，會釋放出白血球介素等細胞激素。這些細胞激素會隨著血液流動到下視丘，刺激下視丘細胞釋放前列腺素 E2。前列腺素 E2 會改變下視丘的「設定點」，使得身體認為當前的體溫不足，需要增加產熱和減少散熱。

當體溫設定點被調高後，身體會採取多種措施來提升體溫。比如，肌肉會開始顫抖，這是通過快速運動產生熱量的一種方法。此外，皮膚的血管會收縮，將血液從表層轉移到體內深處，從而減少熱量的散失。這就是為什麼發燒的人會感到寒冷和顫抖的原因。而退燒藥，比如撲熱息痛（對乙醯胺酚）和阿司匹林（乙醯水楊酸）的原理，正是透過抑制前列腺素 E2 的合成來降低體溫。

　　吃了退燒藥，或者病好了，燒退了，體溫設定值恢復正常，這個時候，身體要把多餘的熱量散發出去，就會出汗。所以退燒會導致出汗，但是許多人卻倒因為果，誤以為是出汗導致了退燒，因而在民間流行著這樣的土辦法：發燒後多穿衣服、多蓋被子，捂出汗來病就會好。其實這是錯誤的方式，尤其是對於兒童，發燒了就要使用物理降溫的方法，而不是捂被子，給兒童捂被子，捂得過嚴反而可能導致體溫過高，造成健康風險。正確的做法是採取物理降溫方法，如使用濕毛巾擦拭身體、增加液體攝入等，以幫助降溫。

下視丘細胞釋放前列腺素E2導致人體體溫升高

細胞激素隨血液進入大腦

巨噬細胞吞噬病原體釋放細胞因子

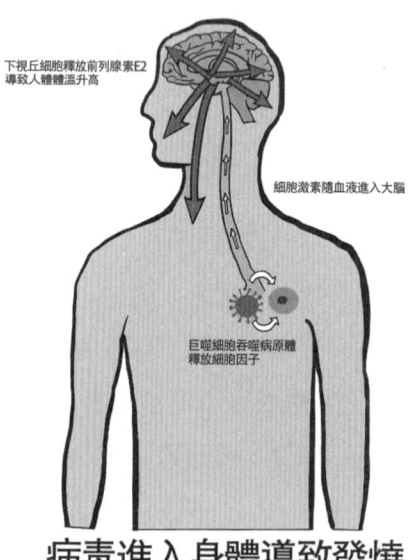

病毒進入身體導致發燒

▨ 發燒是身體在對抗感染

發燒雖然讓人不舒服，但它實際上有助於我們的免疫系統更有效地對抗感染。因為較高的體溫可以抑制病原體的生長和繁殖，高溫就像是在給這些病原體製造一個「不友好」的環境，使它們難以存活和繁殖。發燒還能增強白血球的活性和效率。當體溫升高時，白血球的移動速度和吞噬能力都會提高，這意謂著它們可以更快地到達感染部位並更有效地消滅病原體。發燒還會促進特定的免疫反應。一些細胞激素，比如白血球介素在高溫環境下的活性會增強，這些細胞激素能夠進一步激發和協調免疫系統的反應，幫助身體更迅速地應對感染。

總的來說，發燒是人體在遇到病原體入侵時產生的一種正常生理反應。哺乳動物、爬行動物、兩棲動物、魚類和一些無脊椎動物在感染了病原體後，都會出現類似發燒的反應。但是唾液具有非常好的免疫效應，因為唾液中含有免疫球蛋白和乳鐵蛋白等增強免疫能力的成分，所以一些動物受傷了之後，它們就會蜷縮起來，然後不斷的用舌頭舔自己的傷口，這其實就是動物的本能反應。

10.12 慢性炎症的真面目

急性炎症就像一場突如其來的大火，如果免疫系統反應及時，大火很快就會被撲滅。但是，免疫系統也不是萬無一失的。有時候雖然病原體會被擊退，但還是有一些漏網之魚依附在我們的身體裡，慢慢侵蝕我們的身體，而我們很少察覺。這個時候，慢性炎症就會偷偷地附著在身體中。

慢性炎症之所以可怕，就在於它漫長地蟄伏在我們的身體裡，並對健康產生廣泛的負面影響。

大病沒有，小病不斷，是今天許多人的身體狀況。大病沒有，就是說，去醫院做了各種體檢，從指標上來說確實沒什麼問題，沒有嚴重疾病，小病不斷，則是指身體各種小毛病組隊出現，三天兩頭口腔潰瘍，隔三差五牙齦腫痛，動不動就過敏、胃痛、腰痛、背痛，反正就是哪都感覺不對勁。特別是身體狀態不佳的時候，我們往往感覺情緒狀態也不是很好，更容易焦慮，然後就是失眠，一失眠，第二天就更難受，總是這樣迴圈著。

現代人的健康，是普遍的、廣泛的亞健康，誰也不能保證自己是完全健康的，而這些小病背後，其實有一個統一的原因，那就是慢性炎症。

比如，在辦公室工作的人，通常會有這樣的感受——坐太久，肩膀會感到疼痛，這其實就是關節發炎。持續的關節疼痛和腫脹是慢性炎症的典型症狀之一。你可能會感到關節腫脹、僵硬，這可能是免疫系統攻擊關節組織所致。有研究發現，長期低水準炎症，可能損害關節組織，導致疼痛和僵硬，甚至可能演變成類風濕性關節炎等關節疾病。

慢性炎症還可能導致持續的疲勞，即使休息後也難以充分恢復體力。還有研究發現，體內的炎症物質可能會干擾能量代謝和睡眠模式，導致體力不支、失眠或低品質睡眠。慢性炎症有時則會引起皮膚問題，如濕疹、皮疹或皰疹。這些皮膚基本可能與身體內部的炎症反應相關。

如果放任慢性炎症留在我們的身體裡,它不僅會持續地給我們帶來糟糕的身體感受,還會不斷攻擊、毀壞器官,各種疾病也就會隨之而來。一系列的醫學研究已經證實,慢性炎症與動脈硬化、癌症、阿茲海默症等都密切相關。

《自然‐醫學》(Nature Medicine)發表的一項研究指出,與慢性炎症有關的疾病,已成為導致死亡的主要原因,超過 50% 的死亡可歸因於此;而且有足夠的證據表明,人一生中時刻伴隨著慢性炎症的存在,增加死亡風險。

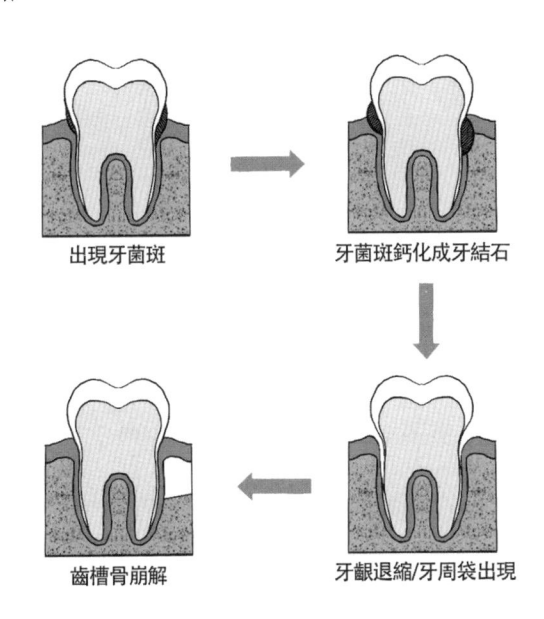

出現牙菌斑 → 牙菌斑鈣化成牙結石 → 牙齦退縮/牙周袋出現 → 齒槽骨崩解

牙周病是典型的慢性炎症

牙周病正如其名,就是牙齒周邊部位的疾病。牙周病是一種典型的慢性炎症,因為牙周病的本質,就是指牙齦和牙齒支撐結構——包括牙周膜和牙槽骨——感染牙周細菌引起的發炎。

要知道，我們的口腔記憶體在著數百種細菌，其中造成牙周病的牙周細菌，光是現在已知的種類就多達一百種以上，而且都很常見，所以任何人都有機會感染牙周病。雖然我們每天都會刷牙，但是牙縫深處的食物殘渣卻很難清理乾淨，這就給了細菌入侵的機會，它們會尋求不容易接觸到空氣的空間，潛入牙齒和牙齦之間被稱為「牙周袋」的溝槽內。

久而久之，潛藏在牙周袋裡的牙周細菌就會不斷增生，同時製造出名為「牙菌斑」的黏稠物質，持續深入牙齒根部，並引起牙齦處發炎，這就是牙周病的開端。只要平日多加留意，每天刷牙時認真去除牙菌斑，或是定期到牙醫診所洗牙即可。如果置之不理，發炎的範圍就會慢慢擴大。

並且，在唾液成分的鈣化作用下，牙菌斑會變成像石頭一樣的物質，也就是牙結石。一旦有了牙結石，細菌就相當於在嘴巴裡買了房，因為形成牙結石後，就很難靠簡單的刷牙清理掉，再加上的表面很粗糙，並且有非常多的小孔，很容易吸附更多的細菌。日積月累，牙結石和其他細菌的「基地」越來越大。

如果不及時治療，在細菌和牙結石的雙重刺激下，炎症就會進一步發展，這不僅會影響牙齦，還會擴散至牙齒周圍的支撐結構，導致嚴重的後果。

當牙齦長期受到炎症刺激時，會發生退縮，形成牙周袋。這種牙周袋就像牙齦和牙齒之間的隱蔽空間，細菌和牙結石很容易在這裡積聚，使得清潔更加困難。牙周袋的形成是牙周病發展的一個關鍵標誌，因為它表明炎症已經深入到牙齦以下的支撐結構。

很快，支撐牙齒的齒槽骨也會開始受到影響。因為炎症會導致齒槽骨的吸收和崩解，這種骨質流失會逐漸削弱牙齒的支撐力。當齒槽骨的崩解範圍超過一半時，牙齒失去穩定的支柱，開始出現鬆動現象。最初，牙齒可能只會在咬合時輕微搖晃，但如果情況繼續惡化，牙齒鬆動的程度會越來越明顯，除了牙齒排列不整齊之外，日常進食也更不易咀嚼，最後導致牙齒脫落。

牙齦從開始發炎，一直到牙齒脫落，要歷時 15~30 年。也就是說，只要在這段時間內及早察覺發炎現象，並將原因排除，就不至於造成牙齒脫落。甚至，只要在牙齦發炎的初期階段及時處置，就可以讓牙齒百分之百地恢復健康。相反，當發炎擴散至齒槽骨之後，崩解的齒槽骨、萎縮的牙齦就再也無法恢復原狀了。

然而，許多患者都是直到齒槽骨受損到一半，甚至當牙齒開始搖晃後，才前往牙醫診所就診。因為牙周病並不像蛀牙那樣會有明顯疼痛的症狀，所以往往容易被人們忽略。剛開始，牙周病只是使牙齦邊緣變紅，在刷牙時造成輕微出血。這樣微小的問題，在持續了 10 年、20 年後，結果就是失去了牙齒這個重要器官。

Note

參考文獻

第一章

[1] Hatton, I., Galbraith, E. D., et al. (2023). The human cell count and the body's cellular diversity. Proceedings of the National Academy of Sciences of the United States of America, 120(38), e2303077120. https://doi.org/10.1073/pnas.2303077120

[2] "Do my cells really change every 7 years?" Quest Diagnostics. https://www.questdiagnostics.com/patients/blog/articles/do-my-cells-really-change-every-7-years

[3] "Which human cells have the longest and shortest lifespan?" Biology Stack Exchange. https://biology.stackexchange.com/questions/10492/which-human-cells-have-the-longest-and-shortest-lifespan

第二章

[4] Verywell Health. (2023). Musculoskeletal System: Functions and Anatomy. https://www.verywellhealth.com/the-musculoskeletal-system-what-is-it-189651

[5] Khan Academy. (2023). Musculoskeletal System. https://www.khanacademy.org/science/how-does-the-human-body-work/x0fe8768432761c62:locomotion-and-movement/x0fe8768432761c62:joints-and-disorders-of-the-musculoskeletal-system/a/hs-the-musculoskeletal-system-review

參考文獻

[6] Verywell Health. (2023). How Many Bones Are Babies Born With and Why Do Adults Have Fewer?. Retrieved from https://www.verywellhealth.com/how-many-bones-babies-are-born-with-5189808

[7] Biology LibreTexts. (2023). Actin - Myosin Structures in Muscle. Retrieved from https://bio.libretexts.org/Bookshelves/Cell_and_Molecular_Biology/Book%3A_Cells_-Molecules_and_Mechanisms(Wong)/12%3A_Cytoskeleton/12.07%3A_Actin_-_Myosin_Structures_in_Muscle

[8] BrainFacts. (2021). Why Does Exercise Cause Muscle Pain?. Retrieved from https://www.brainfacts.org/thinking-sensing-and-behaving/pain/2021/why-does-exercise-cause-muscle-pain-012721

[9] Live Science. (2021). Why do muscles get sore after exercise?. Retrieved from https://www.livescience.com/why-do-muscles-get-sore-after-exercise

[10] Frontiers in Physiology. (2019). Inflammatory Effects of High and Moderate Intensity Exercise—A Systematic Review. Retrieved from https://www.frontiersin.org/articles/10.3389/fphys.2019.01550/full

參考文獻

第三章

[11] Anatomy & Physiology - Oregon State University. (2023). Structure and Function of the Nervous System. Retrieved from https://open.oregonstate.education/aandp/chapter/12-1-structure-and-function-of-the-nervous-system/

[12] Cleveland Clinic. (2023). Nervous System: What It Is, Parts, Function & Disorders.https://my.clevelandclinic.org/health/body/21202-nervous-system

[13] Britannica, The Editors of Encyclopaedia. "knee-jerk reflex". Encyclopedia Britannica, 20 Jun. 2023, https://www.britannica.com/science/knee-jerk-reflex. Accessed 20 July 2024.

[14] Gideon Nave, Wi Hoon Jung, Richard Karlsson Linnér, Joseph W. Kable, Philipp D. Koellinger. Are Bigger Brains Smarter? Evidence From a Large-Scale Preregistered Study. Psychological Science, 2018; 095679761880847 DOI: 10.1177/0956797618808470

[15] Biology Dictionary. (2023). Peripheral Nervous System - Definition, Function & Example.

[16] Matthews, Peter B.C. , Loewy, Arthur D. , Lentz, Thomas L. , Noback, Charles R. , Ratcliff, Graham , Rudge, Peter , Nathan, Peter W. and Haines, Duane E.. "human nervous system". Encyclopedia Britannica, 22 Apr. 2024, https://www.britannica.com/science/human-nervous-system. Accessed 21 July 2024.

參考文獻

第四章

[17] ScienceDirect. (2023). Melatonin and Its Functions. Retrieved from https://www.sciencedirect.com/topics/neuroscience/melatonin

[18] ScienceDirect. (n.d.). Epinephrine.https://www.sciencedirect.com/topics/biochemistry-genetics-and-molecular-biology/epinephrine

[19] ThoughtCo. "How Steroid Hormones Work in the Body." Available at: https://www.thoughtco.com/how-steroid-hormones-work-373393

[20] Britannica. "Steroid Hormone." Available at: https://www.britannica.com/science/steroid-hormone

[21] LibreTexts Biology. "Types of Hormones - Lipid-Derived, Amino Acid-Derived, and Peptide Hormones." Available at: https://bio.libretexts.org/Bookshelves/Introductory_and_General_Biology/General_Biology_(Boundless)/37%3A_The_Endocrine_System/37.02%3A_Types_of_Hormones_-_Lipid-Derived_Amino_Acid-Derived_and_Peptide_Hormones

第五章

[22] Jacob, Stanley W. , Entman, Mark L. and Oliver, Michael Francis. "human cardiovascular system". Encyclopedia Britannica, 24 Jun. 2024, https://www.britannica.com/science/human-cardiovascular-system.

[23] Matthews, Bernard Edward , Rogers, M. Elizabeth and Oliver, Michael Francis. "circulatory system". Encyclopedia Britannica, 27 May. 2024, https://www.britannica.com/science/circulatory-system.

[24] Biology Dictionary. Circulatory System - The Definitive Guide. Available at: https://biologydictionary.net/circulatory-system

[25] Frederic H. Martini, et al: human anatomy seventh edition. 2012.

[26] Frank H. Netter, et al: Netter's atlas of human anatomy. 2015.

[27] 王庭槐，生理學 (第 3 版). 2015.

[28] Schwartz, Robert S. and Conley, C. Lockard. "blood". Encyclopedia Britannica, 14 Jun. 2024, https://www.britannica.com/science/blood-biochemistry.

[29] Hematopoietic stem cell. (2016, February 16). Retrieved March 16, 2016 from Wikipedia: https://en.wikipedia.org/wiki/Hematopoietic_stem_cell.

[30] Purves, W. K., Sadava, D. E., Orians, G. H., and Heller, H.C. (2003). Blood: A fluid tissue. In Life: The science of biology (7th ed., pp. 954-956). Sunderland, MA: Sinauer Associates.

[31] National Heart, Lung, and Blood Institute (NHLBI). Varicose Veins. Available at: https://www.nhlbi.nih.gov/health/varicose-veins

[32] Cleveland Clinic. Varicose Veins: Causes, Symptoms and Treatment. Available at: https://my.clevelandclinic.org/health/diseases/4722-varicose-veins

[33] Cleveland Clinic. Blood Types: What They Are and Mean for Your Health. Available at: https://my.clevelandclinic.org/health/treatments/21213-blood-types

[34] NHS. Blood groups. Available at: https://www.nhs.uk/conditions/blood-groups/

[35] Live Science. Why Do We Have Different Blood Types?. Available at: https://www.livescience.com/33528-why-blood-types-exist-compatible.html

第六章

[36] Britannica. Human Respiratory System: Description, Parts, Function, & Facts. Available at: https://www.britannica.com/science/human-respiratory-system

[37] American Lung Association. How Lungs Work. Available at: https://www.lung.org/lung-health-diseases/how-lungs-work

[38] OHSU. Voice & Swallowing - Anatomy. Available at: https://www.ohsu.edu/ent/voice-swallowing-anatomy

[39] Cleveland Clinic. "Larynx (Voice Box): Anatomy, Function & Disorders." Available at: https://my.clevelandclinic.org/health/body/21872-larynx

[40] Cleveland Clinic. "Respiratory System: How It Works." Available at: https://my.clevelandclinic.org/health/body/21205-respiratory-system

[41] Merck Manual. "Exchanging Oxygen and Carbon Dioxide." Available at: https://www.merckmanuals.com/home/lung-and-airway-disorders/biology-of-the-lungs-and-airways/exchanging-oxygen-and-carbon-dioxide

[42] LibreTexts Biology. "Gas Exchange across the Alveoli." Available at: https://bio.libretexts.org/Courses/Lumen_Learning/Biology_for_Majors_II_(Lumen)/22%3A_Module_19-_The_Respiratory_System/22.09%3A_Gas_Exchange_across_the_Alveoli

[43] Massen, J.J.M., Hartlieb, M., Martin, J.S. et al. Brain size and neuron numbers drive differences in yawn duration across mammals and birds. Commun Biol 4, 503 (2021).

第七章

[44] Cleveland Clinic. "Digestive System: Function, Organs & Anatomy." Available at: https://my.clevelandclinic.org/health/body/7041-digestive-system

[45] National Institute of Diabetes and Digestive and Kidney Diseases (NIDDK). "Your Digestive System & How It Works." Available at: https://www.niddk.nih.gov/health-information/digestive-diseases/digestive-system-how-it-works

[46] Verywell Health. "Tour the Digestive System." Available at: https://www.verywellhealth.com/tour-the-digestive-system-4020262

參考文獻

[47] BYJU'S. "Human Digestive System." Available at: https://byjus.com/biology/human-digestive-system/

[48] Microbiome Center. "How Your Gut is Controlling Your Immune System." Available at: https://microbiome.mit.edu/microbiome-news/how-your-gut-is-controlling-your-immune-system/

[49] Memorial Sloan Kettering Cancer Center. "Your Gut Microbiome: How To Improve It, Its Effects on the Immune System, and More." Available at: https://www.mskcc.org/news/your-gut-microbiome-how-improve-it-its-effects-immune-system-and-more

[50] Seed. "The Gut-Immune Connection." Available at: https://seed.com/cultured/the-gut-immune-connection/

[51] Ancient Nutrition. "How To Support Gut Health and the Immune System." Available at: https://ancientnutrition.com/blogs/all/gut-health-immune-system-connection

[52] Amy Myers MD. "Gut Health & Your Immune System: What's the Connection?" Available at: https://www.amymyersmd.com/article/gut-health-and-immune-system

第八章

[53] Merck Manuals. "Overview of the Kidneys and Urinary Tract." Available at: https://www.merckmanuals.com/en-ca/home/quick-facts-kidney-and-urinary-tract-disorders/biology-of-the-kidneys-and-urinary-tract/overview-of-the-kidneys-and-urinary-tract

[54] Cleveland Clinic. "Bladder: Anatomy, Location, Function & Related Conditions." Available at: https://my.clevelandclinic.org/health/body/25010-bladder

[55] Gander, K. (2017). "Why Do You Pee When You're Nervous?" Live Science. Available at: https://www.livescience.com/60524-why-do-you-pee-when-nervous.html

[56] Calm Clinic. "Anxiety Urination: An Inconvenient Symptom." Available at: https://www.calmclinic.com/anxiety/signs/peeing-problems

[57] The Healthy. "Are You Drinking Too Much Water? 9 Telling Signs, From Nutrition Experts." Available at: https://www.thehealthy.com/hydration/drinking-too-much-water/

[58] ThoughtCo. "The Chemical Composition of Urine." Available at: https://www.thoughtco.com/the-chemical-composition-of-urine-603883

[59] Chemistry LibreTexts. "29.08: Urine Composition and Function." Available at: https://chem.libretexts.org/Bookshelves/Introductory_Chemistry/Fundamentals_of_General_Organic_and_Biological_Chemistry_(LibreTexts)/29%3A_Body_Fluids/29.08%3A_Urine_Composition_and_Function

[60] Urologists.org. "Urinary Tract Physiology." Available at: https://www.urologists.org/article/basics/urinary-tract-physiology

[61] Livestrong. "Will Drinking More Water Help Reduce My Edema?" Available at: https://www.livestrong.com/article/446830-will-drinking-more-water-help-reduce-my-edema/

參考文獻

第九章

[62] Rosner J, Samardzic T, Sarao MS. Physiology, Female Reproduction. 2024 Mar 20. In: StatPearls [Internet]. Treasure Island (FL): StatPearls Publishing; 2024 Jan–. PMID: 30725817.

[63] SpringerLink. (n.d.). Overview of the female reproductive system. In The Human Body and the Reproductive System. Retrieved from https://link.springer.com/chapter/10.1007/978-1-4939-3402-7_2.

[64] Khan Academy. (n.d.). The reproductive system review. Retrieved from https://www.khanacademy.org/science/hs-bio/x230b3ff252126bb6/x230b3ff252126bb6/a/hs-the-reproductive-system-review.

[65] LibreTexts. (n.d.). Introduction to the reproductive system. In Human Biology. Retrieved from https://bio.libretexts.org/Bookshelves/Human_Biology/Human_Biology_(Wakim_and_Grewal)/22%3A_Reproductive_System/22.02%3A_Introduction_to_the_Reproductive_System.

[66] BYJU'S. (n.d.). Reproductive system in humans. Retrieved from https://byjus.com/biology/reproductive-system-humans/.

[67] Stella Iacovides, Ingrid Avidon, Fiona C. Baker, What we know about primary dysmenorrhea today: a critical review, Human Reproduction Update, Volume 21, Issue 6, November/December 2015, Pages 762–778, https://doi.org/10.1093/humupd/dmv039

[68] Hagai Levine,Niels J rgensen,Anderson Martino-Andrade,Jaime Mendiola,Dan Weksler-Derri,Maya Jolles,Rachel Pinotti,Shanna H Swan.Temporal trends in sperm count: a systematic review and meta-regression analysis of samples collected globally in the 20th and 21st centuries[J].Human reproduction update.2023,Vol.29(No.2)：157-176.

[69] Nanette Santoro, Cassandra Roeca, Brandilyn A Peters, Genevieve Neal-Perry, The Menopause Transition: Signs, Symptoms, and Management Options, The Journal of Clinical Endocrinology & Metabolism, Volume 106, Issue 1, January 2021, Pages 1–15, https://doi.org/10.1210/clinem/dgaa764

[70] McCarthy, M., Raval, A.P. The peri-menopause in a woman's life: a systemic inflammatory phase that enables later neurodegenerative disease. J Neuroinflammation 17, 317 (2020). https://doi.org/10.1186/s12974-020-01998-9

[71] Male Menopause: Myth vs. Fact, The Journal of Clinical Endocrinology & Metabolism, Volume 99, Issue 10, 1 October 2014, Pages 49A–50A, https://doi.org/10.1210/jc.2014-v99i10-49A

第十章

[72] National Center for Biotechnology Information. "Functions of the Skin." In Biology of the Skin.

參考文獻

[73] SpringerLink. "Structure and Function of the Skin." In Encyclopedia of the Human Body.

[74] Abul K. Abbas, MBBS, Andrew H. Lichtman, MD, PhD and Shiv Pillai, MBBS, PhD.Cellular and Molecular Immunology, 9th Edition[M].

[75] Sharrock J. Natural killer cells and their role in immunity[J]. EMJ Allergy Immunol, 2019, 4(1): 108-16.

[76] Di Sabatino, A., Santacroce, G., Rossi, C.M. et al. Role of mucosal immunity and epithelial–vascular barrier in modulating gut homeostasis. Intern Emerg Med 18, 1635–1646 (2023). https://doi.org/10.1007/s11739-023-03329-1

[77] Britannica, The Editors of Encyclopaedia. "mucous membrane". Encyclopedia Britannica, 22 Nov. 2023, https://www.britannica.com/science/mucous-membrane. Accessed 6 August 2024.

[78] Cabeza-Cabrerizo M, Cardoso A, Minutti CM, Pereira da Costa M, Reis e Sousa C. Dendritic Cells Revisited. Annu Rev Immunol. 2021 Apr 26;39:131-166. doi: 10.1146/annurev-immunol-061020-053707. Epub 2021 Jan 22. PMID: 33481643.

[79] Ranjeny Thomas, Peter E. Lipsky, Dendritic Cells: Origin and Differentiation, Stem Cells, Volume 14, Issue 2, March 1996, Pages 196–206, https://doi.org/10.1002/stem.140196

[80] World Health Organization. "How do vaccines work?" Retrieved from https://www.who.int/news-room/feature-stories/detail/how-do-vaccines-work.

Note

Note

博碩文化

博碩文化